“十三五”江苏省高等学校重点教材
编号 2019-1-049

江苏高校品牌专业建设工程资助项目
Top-Notch Academic Programs Project of Jiangsu Higher Education Institutions, TAPP

东南大学建筑设计课教程系列　　主编　鲍莉　朱雷

Architectural Design: 2nd Year (Second Edition)

建筑设计入门教程

朱雷　吴锦绣　陈秋光　朱渊　著　（第 2 版）

东南大学出版社
SOUTHEAST UNIVERSITY PRESS
·南京·

内容提要

本书面向大类建筑设计本科二年级的教学，秉承现代建筑设计及教学研究的传统，以空间为主要线索，从空间分化、空间单元组织、空间联系到空间复合设置了系列教案，并分别考量不同类型的场地环境、使用功能和结构材料，以此建立空间主线与建筑基本问题（场地—使用—材料）之间的相互关联和促动，作为建筑设计入门教学的基本框架，帮助学生建立基本的建筑观，掌握相应的设计思维和操作方法。

本书适用于建筑学、城乡规划学和风景园林专业的学生和教师，也可供相关创意设计专业人员参考。

图书在版编目（CIP）数据

建筑设计入门教程 / 朱雷等著. —2版. —南京：东南大学出版社，2023.2

ISBN 978-7-5641-9362-1

（东南大学建筑设计课教程系列/鲍莉，朱雷主编）

Ⅰ. ①建… Ⅱ. ①朱… Ⅲ. ①建筑设计-高等学校-教材 Ⅳ. ①TU2

中国版本图书馆CIP数据核字（2020）第265139号

责任编辑：孙惠玉　　责任校对：子雪莲
封面设计：余武莉　　责任印制：周荣虎

建筑设计入门教程（第 2 版）

JIANZHU SHEJI RUMEN JIAOCHENG (DI-ER BAN)

著　　者：朱雷 吴锦绣 陈秋光 朱渊
出版发行：东南大学出版社
社　　址：南京四牌楼 2 号　邮编：210096　电话：025-83793330
网　　址：http://www.seupress.com
经　　销：全国各地新华书店
排　　版：南京布克文化发展有限公司
印　　刷：南京新世纪联盟印务有限公司
开　　本：889 mm×1194 mm　1/16
印　　张：10.75
字　　数：300 千
版　　次：2023 年 2 月第 2 版
印　　次：2023 年 2 月第 1 次印刷
书　　号：ISBN 978-7-5641-9362-1
定　　价：59.00 元

本社图书若有印装质量问题，请直接与营销部调换。电话（传真）：025-83791830

再版说明

REPRINT INSTRUCTION

《建筑设计入门教程》出版已有五年，该书所整理的教学框架和教案主体在东南大学建筑学院二年级设计课程中仍在继续使用。近年来，相关教案和教学研究有了一些新的发展。在最近的教学讨论中，一方面，有关师生互动的学习共同体的概念得到了进一步的关注和理解；另一方面，通过长短题等设置方法，尝试在统一教案框架下加入教师个人及小组专题或前期研究。总体说来，建筑设计教学是一个持续发展并具有创造性的过程：既有对建筑学基本问题的持续坚守和反思，又需不断置入现实，应对当时当地之具体问题，并不断吸纳来自教师乃至学生的理解，由此保有面向未来的开放性。

此次再版增补了近年来的部分教研内容和学生作业，修正了原版疏漏之处。如最初所愿，本书希望为更多教师和学生提供一个参照框架而非样板教条，旨在建筑基本要素与具体问题之间建立相互关联的框架和方法，并期望在持续的教学过程中呈现更多创造性和可能性。

感谢近年加入东南大学建筑学院二年级设计教学的所有老师；感谢研究生助教武诗葭对增补作业的整理；感谢东南大学出版社徐步政和孙惠玉老师及同仁的持续支持，使本书顺利再版。

朱雷

2023 年 1 月 10 日

初版序言

PREFACE TO THE FIRST EDITION

本书是近年来东南大学建筑学院二年级建筑设计教程档案的呈现。在明确的教学观念之下，“教什么”和“如何教”历来是教学的核心问题。教程设计、教学方法、教学技术大抵也都是围绕这两个基本问题而展开。同时，教学活动中的教师和学生又构成了一种学习共同体。所谓师傅领进门、修行在个人，面对初涉建筑设计的学生，要如何通过教学进程把学生领进设计的领域，既要让他们把入门的路子走正，又要为他们个体特性的发挥和对未来的拓展打开大门，这大概是设计教学在经历了以认知和工具为主导的一年级设计基础教学之后的阶段性命题。

自 20 世纪 90 年代起，对现代建筑的认知及其教学传承成为东南大学建筑设计教学中很重要的背景。二年级的设计教学一直坚持将“空间”作为设计入门的切入点，这一方面是因为空间是联系建造目标需求与建筑本体形态的核心要素，另一方面是因为空间的认知及其设计又为建筑形态的其他相关要素的引入与发展提供了必要且具包容性的基础平台。本书所展现的教程延续了空间教学的基本线索，即“空间分化—空间单元组织”。在此基础上，场地与环境、行为与体验、材料与建构以不同的维度和类型被组合进教案的设置中，从而形成一种清晰的课程内部架构。近年来，二年级设计教学实践的主要发展之一在于对上述教学主题和要素的类型覆盖与提炼，及其在设计操作中的逻辑思维训练；之二是对教学背景设置及其文化依托的本土化探讨。同时，本书也比较完整地体现了教案设置、教学进程和成果评析的动态性和开放性，参与教学进程的诸种角色都有所呈现，这些的确也都是设计教程应有的内容构成。

此刻，我们当然应该对该教程的正式出版表示祝贺！感谢为此持续付出智慧和辛劳的朱雷教授及二年级设计教学的全体在职教师和客座教师，还有亲历该教程并为此做出特别贡献的同学们！本书的出版一来是对东南大学建筑学院近年来二年级“建筑设计”教学的梳理与总结，二来也希望以此答谢各位师长、同行和朋友们对学院教学工作的长期支持和帮助！同时，我们热忱地期待借此机会促进与兄弟院校及师生的交流与探讨。

东南大学建筑学院院长韩冬青
2017 年 12 月于中大院

目录
CONTENTS

绪言
FOREWARD

本教程的撰写基于东南大学建筑学院近 10 年来本科生二年级“建筑设计”主干课程的教案和教学。

在完成一年级设计基础的启蒙之后，二年级的建筑设计课程是学生入门学习的开始。

教案设置秉承了现代建筑设计及教学研究的传统，以空间为主要线索，由浅入深地设置了若干个设计课题，包括空间分化、空间单元组织、空间联系及空间复合四个以空间为主线的练习，分别置入不同类型的城市及自然环境，并结合具体的使用功能、考量相应的材料结构，使抽象的空间形式语言与具体的建筑问题之间相互促动，以此作为建筑设计教学的基本范式，使学生建立基本的建筑观，掌握相应的设计思维、基本语言和操作方法。

教学框架及各部分撰写人员名单如下：

教学框架　　　　（朱　雷）
课题Ⅰ　空间与生活（朱　雷）
课题Ⅱ　空间与结构（陈秋光）
课题Ⅲ　空间与场地（朱　渊）
课题Ⅳ　综 合 空 间（吴锦绣）

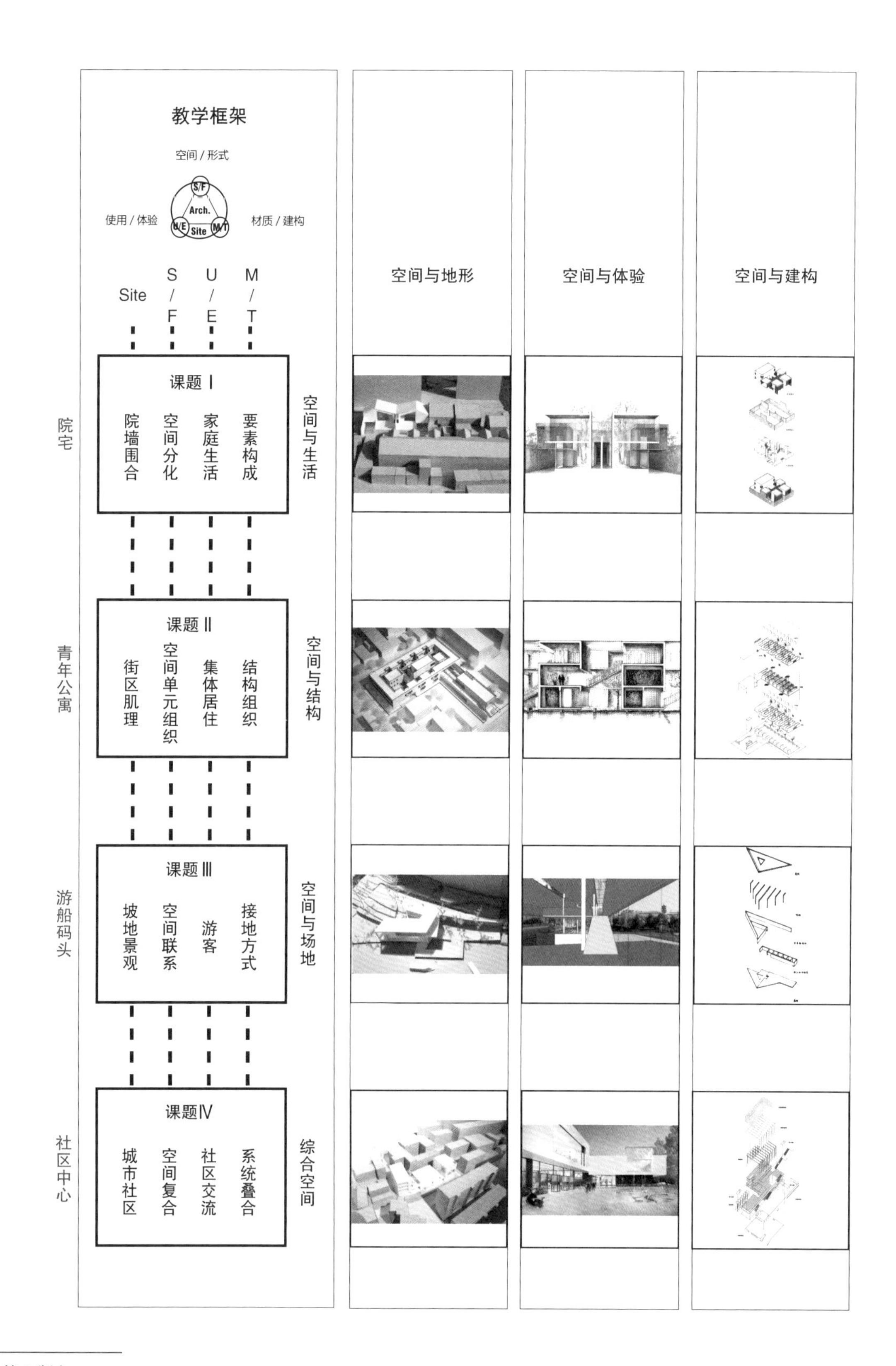
教学框架
空间 / 形式
S/F
Arch.
U/E
Site
M/T
使用 / 体验
材质 / 建构
Site
S / F
U / E
M / T
空间与地形
空间与体验
空间与建构
院宅
课题 I
院墙围合
空间分化
家庭生活
要素构成
空间与生活
青年公寓
课题 II
街区肌理
空间单元组织
集体居住
结构组织
空间与结构
游船码头
课题 III
坡地景观
空间联系
游客
接地方式
空间与场地
社区中心
课题 IV
城市社区
空间复合
社区交流
系统叠合
综合空间

院宅既作为一种居住模式，也作为一种空间类型，以此应对自然和城市社会，是东西方传统中经久的建筑类型。在当代城市高密度的居住环境下，重新讨论院宅这一生活模式和空间类型，既是对内部生活内容及空间关系的关注，也是对居住与自然关系的更多探讨，由此引发对空间特质及生活场景的想象与创造。在这一过程中，将学习有关生活空间的基本要素和关系，包括“公共与私密”“服务与被服务”“流线”“视线”“光线”等居住生活的基本要素，以及“内—外”“虚—实”“开放—封闭”“中心—边界”“上—下”“长—宽—高”等基本空间关系。

青年公寓作为空间单元组织的一种建筑类型，反映了一类特定且经典的空间组织结构在当前城市特定肌理中的重新呈现。在该课题中，重点围绕“空间与结构”“空间与组织”这两个主题，展开对于“基本房间”“单元组合”“组织结构”的学习。以理解基本房间单元的“开间、进深、层高”“围合与开放”，结构组织的“框架与墙板”“网格与线性”“交通与服务”“层级与疏密”等问题。在这种设计研究中，结构一方面表现为物质系统的组织，另一方面也表达为空间及层级系统的组织，并以此建立具体的物质构成与抽象的空间组织的关系。

建造活动使建筑与场地之间产生了不可回避的相互作用。当建筑以不同的姿态占据场地，如隐藏、显现、超越……建筑与场地之间即形成了不同程度的关联。如何让建筑以不同的方式落地？如何在建筑与场地之间激发特定类型空间的产生？如何在行为、场地、功能、流线以及结构之间产生相互促动的关联系统？这些在以空间序列为主题的“空间与场地”的设计中，成为需要关注的重要问题。该课题旨在通过地形与空间之间的互动研究，将建筑意义加以拓展，从而逐渐消解建筑与场地之间严格的边界，并从更为宏观的层面理解建筑的存在状态与生成逻辑，以激发建筑场地一体化的设计意识。

社区中心是“空间复合”训练的一个载体，反映了在城市环境的限定中建筑空间与周围环境之间协调互动的设计方法，以及所代表的一般公共建筑中场地、空间、功能和流线的组织方法。在现有的“城市社区”环境中，通过合作的方式展开对“城市环境”“社区公众”“空间复合”的研究。通过城市环境和社区生活的调研对社区的生活实态和生活需求进行深入了解，在此基础之上通过合理组织既定功能与附加功能来服务周边城市并激发社区活动，展开对社区中心的设计。

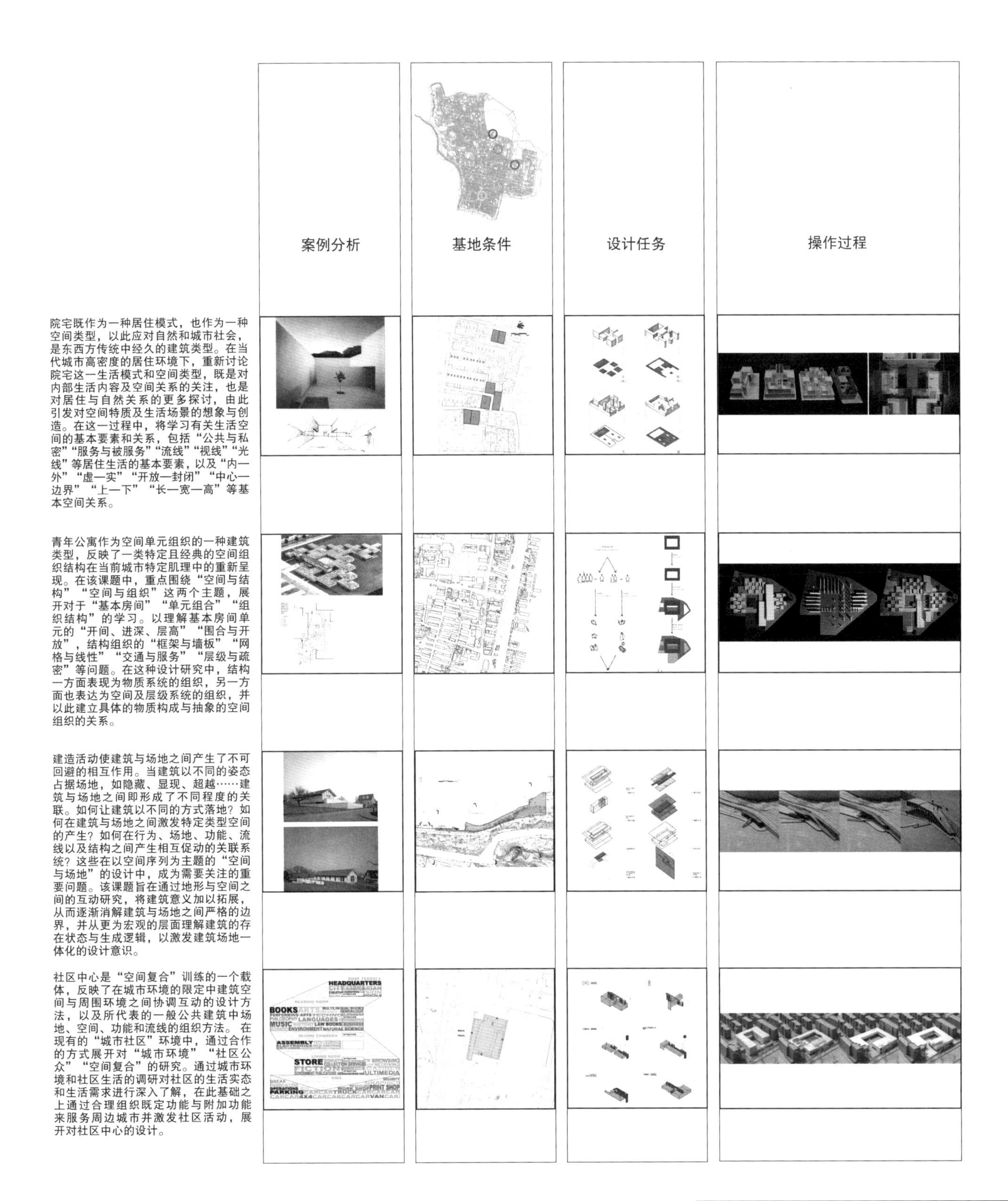

课题 I　空间与生活：院宅设计

（PHASE I　SPACE AND LIFE：Courtyard-House Design）

院宅既作为一种居住模式，也作为一种空间类型，以此应对自然和城市社会，是东西方传统中经久的建筑类型。在当代城市高密度的居住环境下，重新讨论院宅这一生活模式和空间类型，既是对内部生活内容及空间关系的关注，也是对居住与自然关系的更多探讨，由此引发对空间特质及生活场景的想象与创造。在这一过程中，将学习有关生活空间的一些基本要素和关系，包括“公共与私密”“服务与被服务”“流线”“视线”“光线”等居住生活的基本要素，以及“内—外”“虚—实”“开放—封闭”“中心—边界”“上—下”“长—宽—高”等基本空间关系。

目的和要求

（1）建立具体的生活体验与建筑空间分化的联系，在理解一般家庭生活的基本需求及功能构成的基础上，构想具有特质的生活空间场景。

（2）学习边界条件限定下的空间设计，在整体关系中理解“内—外”“虚—实”等基本的空间分化及联系。

（3）理解物质要素对空间的支撑和限定。

（4）学习通过三维实物模型与二维图纸进行设计研究的工作方法。

一　课题背景：从“方盒子”练习到“院宅”设计[1]

（Subject Background：From Cube Practice to Courtyard House Design）

自20世纪50年代以来，以“九宫格”和“方盒子”问题为代表的现代建筑空间设计与教学研究在全世界范围内产生了广泛影响。在此背景下，作为空间设计基础的入门教案，在经历了从抽象空间练习到具体场地、建构以及生活体验等问题之后，“院宅”设计尝试以新的方式重新诠释“方盒子”问题，将其置入当代中国城市之具体现实，相互生发而永无止境。

1.“九宫格”与“方盒子”练习：现代建筑空间设计与教学研究的基础

就现代建筑空间设计而言，自20世纪20—30年代以来，“空间”和“设计”这两个词汇就已开始在现代建筑界被广泛使用，与此同时，现代建筑发展中出现了一些空间设计的新的方法和原则。这些新的方法和原则对现代建筑的发展无疑产生了很大的影响，但对它们的深入认识和系统整理却是在一段时间以后才得以进行，并体现到建筑设计课程的教学之中。20世纪50年代，在美国的得克萨斯州（简称“得州”），以伯纳德·郝斯利（Bernhard Hoesli）和柯林·罗（Colin Rowe）为首的一批年轻人重新审视现代主义建筑的传统，探索和改革教授现代建筑的方式，他们后来被称为“得州骑警”（Texas Rangers）[2]。“得州骑警”以教授现代建筑为目标，其现代建筑及空间的教学具体体现为对一系列的设计过程和设计练习的重视，以此训练学生理解和掌握现代建筑。在这些设计练习中，对后来的建筑空间设计教学较有影响的有著名的“九宫格”练习（Nine-Square Practice）以及其后发展出的“方盒子”练习（Cube Practice）。

事实上，现代主义设计对“立方体盒子”（Cube）的关注由来已久。它为讨论建筑问题提供了一个最简洁也最基本的原型（或单元）。虽然对纯粹几何体量的认知更早可追溯到新古典主义时期；但在现代建筑的意义上，较早应用“方盒子”的则是建筑师路斯。这一做法后来在柯布西耶那里得到了发展，他于20世纪20年代提出的“多米诺”和“雪铁龙”（Citrohan）住宅（图1-1），被作为某种基本的“对象—类型”（Object-Type）。在“雪铁龙”住宅的设计中，柯布西耶首次做出了其典型的夹层式的双层生活空间：“光源的简化；每端一个开间，两面横向承重墙；一个平屋顶；一个可以用作住房的真正“方盒子”。”[3]它反映了现代技术和艺术概念的结合，既

图1-1

符合工业化生产的需要，也反映出对新的“塑性”(Plastic)空间形式的追求。

对于路斯和柯布西耶来说，除了简洁的几何形式控制外，“方盒子”练习的另外一个重要方面则是如何在简单形体中蕴涵丰富的空间内容。这也是路斯的容积设计（Raumplan）和柯布西耶的“新建筑五点”及“构图四则”所要回答的问题。

对这一问题的进一步讨论则与现代建筑空间设计的两个基本图式有关。其一是柯布西耶的多米诺（Dom-Ino）框架结构：以框架的形式支撑起基本的形体和空间单元，结构支撑和空间分化得以相互分离，出现了自由平面和自由立面的概念（图 1-2）。其二则是风格派范•杜斯堡的“空间构成”：它基本上是一种“反立方体盒子”（Anti—Cubic）[4]，没有了体块的概念，而是将限定立方体盒子的六个面相互分离，成为在三维空间的各个方向上相对自由穿插的水平面和垂直面（但同时也还要起到结构作用），出现了连续的空间流动，并在某种程度上打破了形体内外的空间分隔（图 1-3）。从空间形式设计的角度对上述现代主义空间设计的基本方法做出回顾和总结，并将其运用于教学实践的，正是 20 世纪 50 年代“得州骑警”的“九宫格”练习（图 1-4）[5]。在教学中，它首次采取预设的框架和形体要素（水平面和垂直面），将上述两个现代建筑的基本空间设计图式设置在了一个设计练习中，并由此开创了一种被称为“装配部件”（Kit of Parts）式的空间设计和教学模式。

在“九宫格”之后，它的主要创始人约翰•海杜克（John Hejduk）在库柏联盟的教学中又发展出“方盒子”练习：将“九宫格”的二维平面在垂直方向上升起成为一个 9 m 见方的立方体，从而更多地引入了三维空间的问题（图 1-5）。在解释“方盒子”练习时，海杜克说道：“对于建筑师来说，典型的情况是先给定功能要求，由此得出最终的形体；但确实还有一种可能的情况是与此相反的，就是先给定形体，由此产生功能。这正是“方盒子”练习的一个基本前提。”[6]

对于海杜克来说，与“九宫格”相对应，“方盒子”练习的意义还在于他一直关心的二维和三维空间之间的相互关系，尤其是“平—立—剖”这些正投形图与轴测图之间的相互关系的研究。在此，海杜克发现了一种新的特殊图面与空间表达及研究方法，即所谓的“菱形住宅”（Diamond House）系列（图 1-6）。

事实上，无论是早期的柯布西耶和风格派，还是后来的“得州骑警”，他们对有关基本形体和空间组织的研究，其背后都有很深的现代艺术文化素养作为基础，他们中大多数人本身都是艺术家——或是对艺术史有着相当深入的研究。这与他们对图面和建筑、抽象几何形式与空间的理解都是密

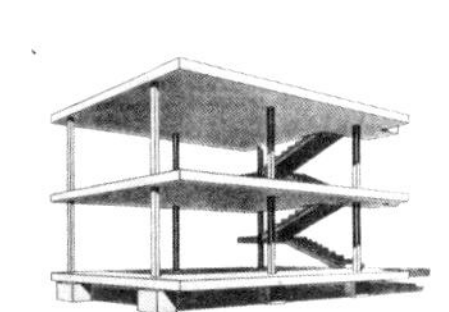
图 1-2

图 1-3

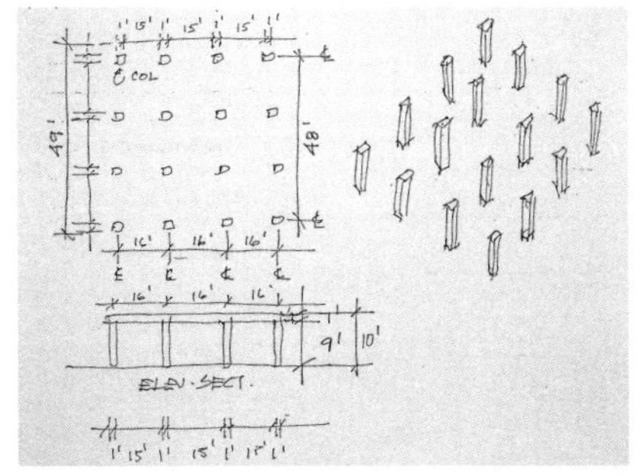

图 1-4

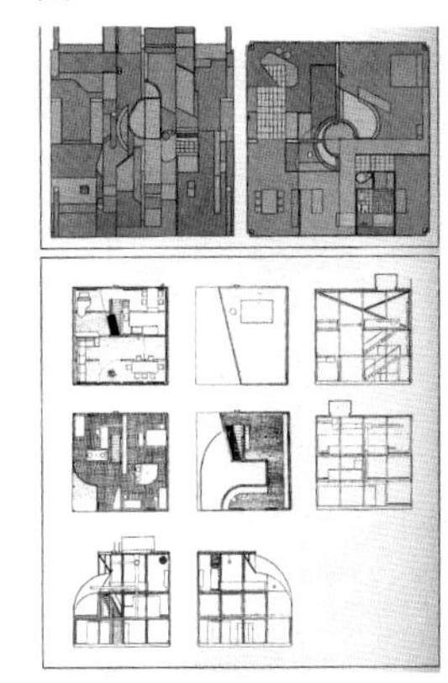
图 1-5

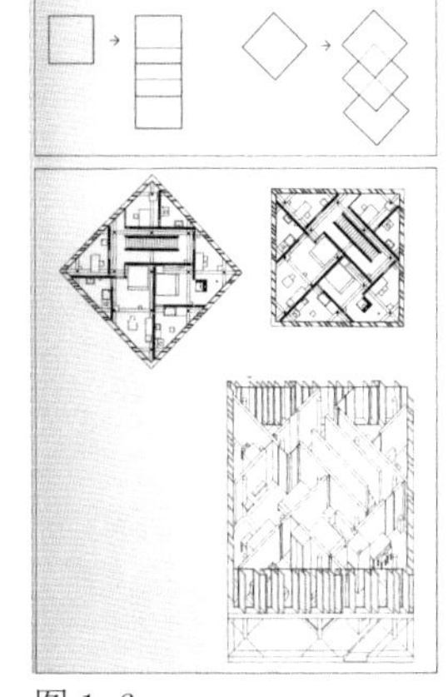
图 1-6

不可分的。这一点，往往为后来人所忽视[7]。

2. 具体问题引入抽象空间：空间设计入门教案的发展

自20世纪70年代以后，以“九宫格”“方盒子”为代表的设计练习在世界范围内传播开来，产生了广泛的影响。但在一般的埋解中，它越来越趋向于一种抽象的形式空间训练——这种训练，如果缺乏新的发展以及相关艺术方面研究的配合，则会流于简化，并且流露出过于抽象的一面。

在这种发展中，海杜克本人到库柏联盟学院后转向了一种叙事的方式。郝斯利在苏黎世联邦高等工业大学(ETH)的教学则继续发展了他的“建筑设计基础教学”（Grundkurs），分为建筑设计、构造、绘图与图形设计三个相互作用的部分。其继任者赫伯特·克莱默（Herbert Kramel）则将建筑设计与构造两门课程合而为一，将建筑设计基础课程发展成以空间为主线，包括文脉环境和材料结构因素在内的一套结构有序的教学体系[8]，形成所谓的“苏黎世模式”（Zurich Model）（图1-7）[9]。与此相对应的则是彼得·艾森曼(Peter Eisenman)的一系列建筑形式研究，也是以“九宫格”为基础，但排除了形式与功能的特定关联，而走向形式本身的操作和转化。2004年，蒂姆西·拉夫（Timothy Love）在当前美国建筑教育的普遍背景中，对由“九宫格”练习所代表的“装配部件”的设计思想进行了回顾，提出“做中学”(Learning by Making)以及“叙事”（Narrative）两种新的趋向，在某些方面弥补了“装配部件”趋于抽象化方面的不足；希望在这种情况下，继续发挥“装配部件”的意义，以提供一个基础的讨论平台，并利用其操作性的意义，将其与各种具体问题的讨论联系起来[10]。

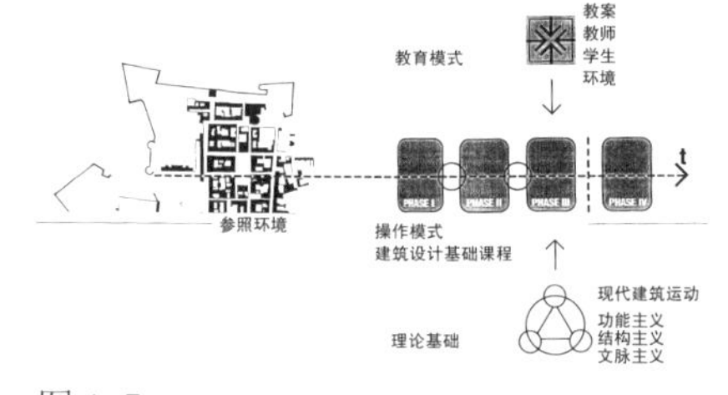

图1-7

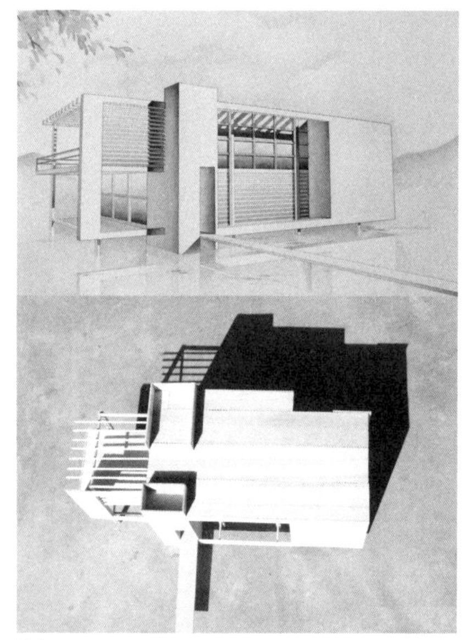

图1-8

自20世纪80年代以来，东南大学建筑学院伴随与苏黎世联邦高等工业大学（ETH）的交流，较早在国内进行了现代建筑空间设计的教学改革。在二年级的建筑设计课程中，自20世纪90年代以来，已明确以空间为主线进行教学设置和组织，并与功能—场地—材料结构等不同线索相配合[11]。以二年级建筑设计入门的第一个教案——“单一形体与空间的分化”为例，其在最近十余年来经历了一个逐步发展的过程。

1）抽象形体与空间构成

有关“单一形体与空间的分化”的问题，在很大程度上受到上述现代主义“立方体盒子”的影响。它首先关注于建筑几何体量与空间的纯粹性——海杜克曾一语道破其空间形式训练的企图，即先有形式的概念，再启发功能。

继承以“九宫格”为代表的“装配部件”的影响，该练习最初预设了结构框架以及一些基本要素，即桥、辅助体块、水平面和垂直面，并将其置于特殊的场地——水面之上。

在这里，水成为一种理想的虚化的背景，场地因素被尽可能地简化和弱化，反衬出空间形体的抽象性和纯粹性。

教学案例：临水茶室——形体构成（设计：蒋梦麟，2002 年）（图 1-8）

该设计从预设的框架和基本要素出发进行空间构成。在这种形式构成中，同时考虑外部环境和内部活动需要，在内外之间产生了诸如围合—开敞等多种空间关系。不同比例的模型反映出阶段性的深入过程，对基本要素的空间构成和形式关系进行研究，由抽象形式推进到具体构件。

在空间形式构成之外，场地环境和行为使用方面的限定相对较弱，虽然提供了一些基本线索，但没有具体深入。预设要素除了框架外，其他都是各自独立的构件，相互交接，共同演绎了基本形体的构成。

2）引入场地线索

教学案例：临水茶室——景观体验（设计：许昱歆，2003 年）（图 1-9）

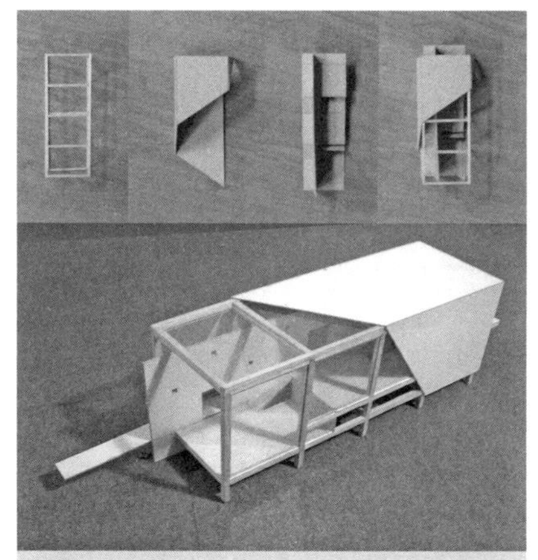

图 1-9

该设计与上述设计形成明显的对比：所有预设要素以及环境和功能条件都非常类似，但在空间设计上却表现出明显的差异。预设的要素（桥、辅助体块、水平面和垂直面等）与框架一起经过重新组织，形成了一系列诸如“外皮”—“骨架”—“动线”（纵墙、桥和走道）—“上折面”等结构性的体系，相互包裹或穿插，以此对一个简单的“盒子”进行多重解释，形成空间构成的丰富性。

这种差异源自该设计对场地环境的特殊理解，突出了远景中现有高塔的视线关系，由此组织了“桥”和“纵墙”、走道以及往上方引导的折面，形成了最初的方案构思。在这个设计过程中，由一条具体的场地线索和相应体验出发而进行的设想，无疑推进了该设计形式结构的生成，最终将各个独立的“构件”整合为一整套“体系”，以与这一线索和设想契合。

3）引入材料建构

上述练习中均采用了预设框架作为结构，虽然可以局部增加自承重墙体，但总体来说，结构设计本身被弱化了，结构承重与空间围合两类关系被区分开来考虑。

接下来一轮的教学则强化了建构方面的线索，取消了结构的预设，在规定的形体中需要重新考虑结构设计，以及更为重要的——结构与空间的相互关系⑫。

教学案例：公园书屋——木构盒子（设计：张荩予，2006 年）（图 1-10）

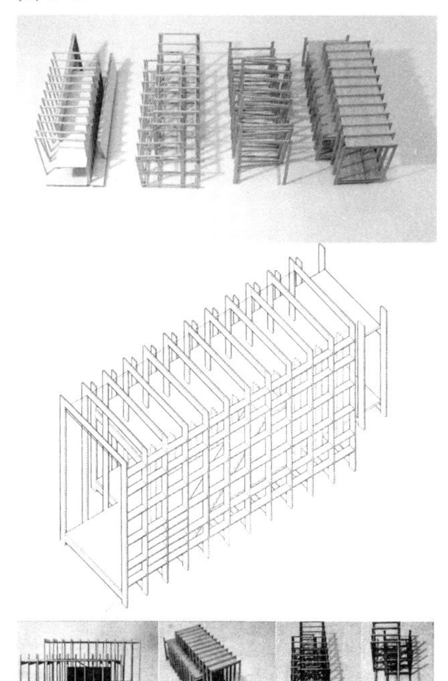

图 1-10

该设计研究木构建筑的特点，在一个“木构盒子”中，将建筑构件与使用家具、结构与构造融为一体，进行空间形式和功能的组织。

该设计最初由水平方向上四面平行的墙（亦即书架）构成，由此形成一定的空间划分和流线组织。这四面墙（书架）与顶面结构相连，又形成了相互错动、穿套在一起的两个盒子。

在接下来的研究中，两个盒子的设计及相互关系则成为重点。顺应开始的设计构思，两个盒子采用同样的构件作为书架和梁架。为了达到结构和构造的清晰，所有这些构件在长—宽—高三个方向上都相互错开。在整体空间形式上，两个盒子也分别作为双层空间和单层空间，相互穿插形成了夹层、平台、外廊（内含楼梯）以及前后两个入口转折过渡空间。由此，该设计以统一而简洁的方式完成了从细部构件到整体框架的所有内容。

4）引入生活体验

与上述场地及结构因素的限定类似，不同的功能因素对空间的限定也可强可弱，或普遍或具体，有着很大的弹性。

在最初的茶室设计中，具体功能限定在很大程度上被弱化了。一部分基本功能由预设的要素反映出来：诸如“水平面”（夹层）、“辅助体块”（卫生间、操作间）和“桥”等。空间构成与具体功能体验的关系较为松弛。如何使空间形式的练习与学生的生活经验和真实感知连接起来，遂成为接下来的教学内容。

为此，最新一轮的教案——“院宅”设计做了较大调整，通过院墙的设定，将抽象的形体空间置于当代城市之真实场景，并试图引入学生的生活经验，以此在新的条件下重新回应海杜克提出的“方盒子问题”。

教学案例：院宅设计——空间场景（设计：田梦晓，2010年）（图1-11）

该设计构思从真实体验与空间形式的互动出发，以生活场景的创造为目标，研究“院—宅”的相互关系，采取散落式的策略，以扩大和加强内外空间的联系。

根据基地条件和任务要求，首先设置了三个功能体块散落于院墙之中，并通过与院墙之间不同的位置、退让或连接关系，形成了前院、边院、后院以及中院等多样的庭院生活空间。接下来的研究着重于流线组织以及庭院空间的分化与整合，加入交通联结体，并调整各个功能体块的大小、位置、高低及虚实关系。该设计最终选取并联式的“双宅”形式，在避免视线干扰的条件下，进一步整合了入口空间和流线，扩大了中部庭院的空间感，并改善了采光、通风等基本条件。

由此，在有限的条件下，该设计通过内—外、虚—实以及上—下等基本空间关系的处理，满足了不同的使用要求，扩大了空间感，创造出多样互动的室内外空间生活场景。

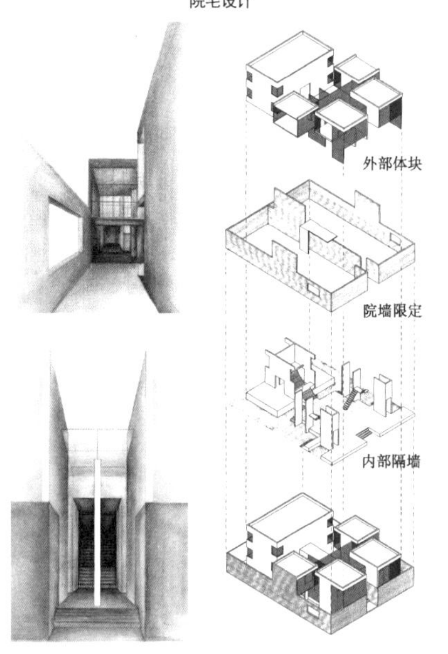

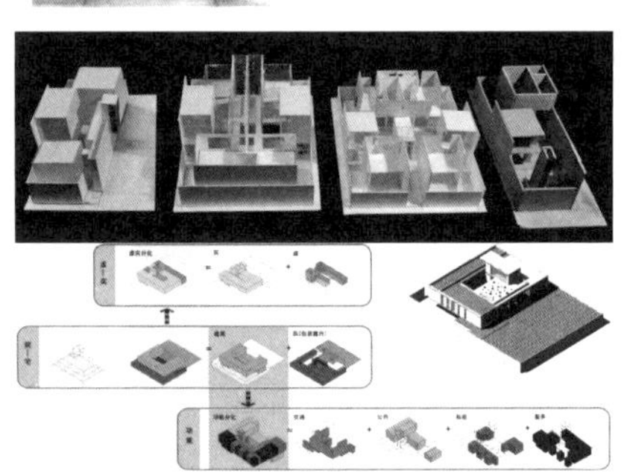

图 1-11

3. 从生活感知出发的空间设计：三个教学案例⑬

对生活的关注意味着设计出发点不仅仅是建筑基本要素的设定，而且要回到现实感知和体验，以此提出问题、发展设计。这对于习惯于书本知识和课堂传授的初学者而言，是一个新的开始和挑战。在这一过程中可以发现，感知和体验的来源大致有三个方面：最直接的感知来自基地现场的观察和体验；大量的网络及书刊案例提供了最方便的途径，可由此启发空间感知想象；而学生自身的生活经验则成为最珍贵和独特的资源。

1）从现场观察和感知出发

课题场地位于南京桃源新村，该处保留有较多低层近代建筑，经由多次街区改造更新，形成了以院墙分隔道路和住户的统一格局。街区内部分布有较多小地块和小院落，居住密度较高，生活气息浓郁，踏勘调查将学生带回对生活的关注。

教学案例：儿童追逐的内外环游空间（设计：刘昌铭，2016年）（图1-12）

基地条件南北相异，经踏勘发现：北侧临街，相对热闹嘈杂；南侧为街区内部小弄，相对安静闲适，并充满生活气息——有老人闲聚、晒太阳，小孩在屋子内外跑进跑出、追逐打闹，给安静的小巷增添了生气。通过现场访谈，我们了解到这里家家户户都有自己的故事。

设计从让人印象深刻的两个小孩的追逐出发，让孩子留下故事。由此探讨儿童的行为、空间穿梭的经验，包括内与外、大与小、动与静、明与暗等，进而讨论家庭内部父母与孩子的交流以及相对独立、不受监视的儿童空间

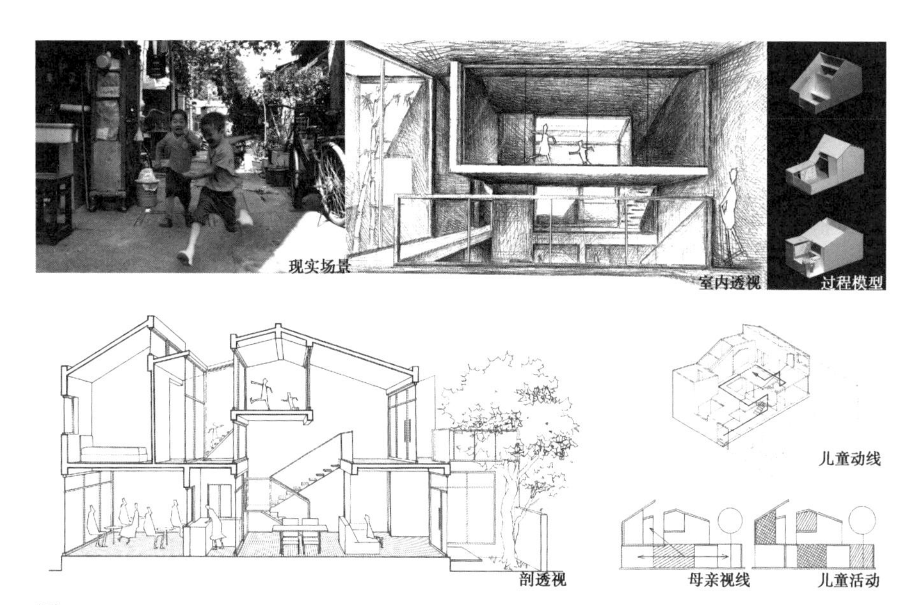

图 1-12

等。在此过程中，以儿童活动为线索，逐步梳理出家庭内部的功能配置和空间组织：沿街开咖啡店的母亲可同时照顾店铺和家庭，将操作间和厨房结合，置于底层过渡区域；小孩拥有自己独立的居住、学习和游戏空间，这些空间配合院落穿插及屋顶起伏，利用上下前后错动，与家庭起居相互交流，并形成立体化的漫游路径——高低上下、内外进出、动静相宜。

由此，设计从现场观察出发，感知生活氛围，设定家庭人物，从儿童追逐玩耍的场景引发内外空间的启承开阖，并置于现实基地，展开家庭生活的具体内容和情景。

2）案例场景的感知启发

现今的在校学生，其获取信息资料最主要的来源是网络或期刊。对于初学者而言，图像信息无疑是其中最易于理解的部分，为进行空间场景感知想象提供了便捷途径，由此回归现实场地，重置人物活动和生活场景。

教学案例：围绕庭院展开的家庭生活场景（设计：刘璇，2016 年）（图 1-13）

该基地与桃源新村相邻，为双宅并置的基地条件，同样位于北侧喧闹的街道和南侧安静的里弄之间。两者所不同的是，该设计对生活场景的讨论首先来自案例图片的启发：一处类似于庭院的中庭空间连接家庭生活的多个场景，前后相通、上下相望，由此可以感知、想象家庭生活的整体气氛和丰富内涵。

设计构思也从一处内庭院开始，围绕内庭，在有限的空间内，从前后、左右、上下三个方向组织起连续的家庭起居活动空间，并在其中插入较为

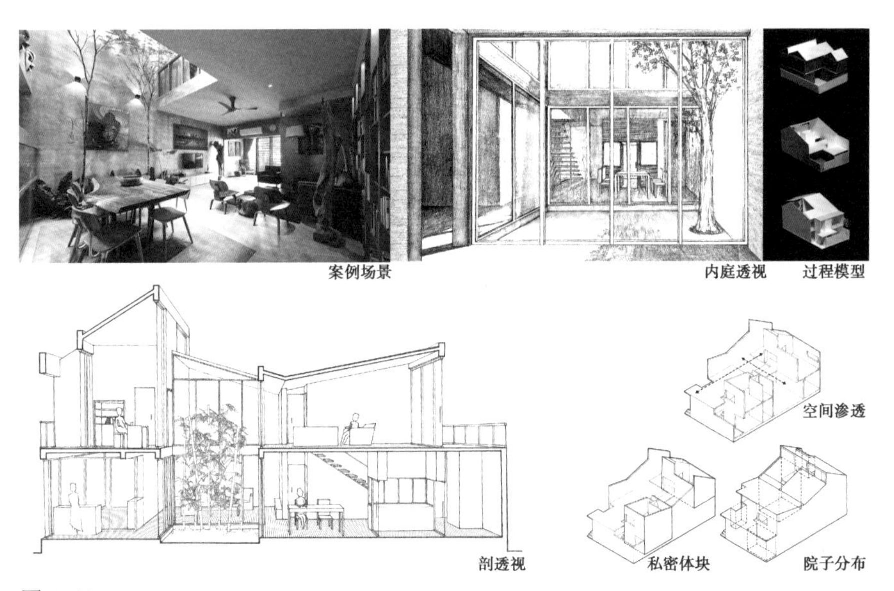

图 1-13

私密的卧室体块，满足老、中、青三代不同的居室要求。在此基础上，设计者根据现场的观察，进一步扩展空间的连续性，以更加积极的态度应对外部街道和巷弄：沿街设置店铺，院子作为家庭与店铺间的过渡，适度开放。从北往南，隔着店铺展示间（面包制作）和内庭院可以看到餐厅、厨房，透过小院西南入口一直望穿至南侧内部巷弄。二层北侧书房也对街道适度打开，并透过内庭上空与南侧家庭活动室及平台相望。

由此，设计通过案例图片启发空间场景想象，设定家庭人物和活动，围绕内院中庭创造内外连续的家庭空间氛围，并根据对现场环境的观察，局部打破封闭感，将城市生活适度引入院宅内部。

3）从生活经验出发

在现代化的城市建设中，传统的院宅类型正在消失。这一代的青年学生，尤其是来自城市的学生，对与之相关的生活方式已愈见陌生，有关院宅生活的体验往往来自祖父母辈的老宅或儿时生活的记忆。

教学案例：田园生活经验在城市的再现（设计：吴康楠，2016年）（图1-14）

对生活场景的讨论来自儿时乡村生活的场景：老人和小孩在场院里种菜、玩耍，父母在二层阳台上晾晒衣物，彼此看到对方活动，形成对家庭生活场景的深刻记忆。

图 1-14

设计一开始似乎是将乡村的场景直接置入城市：建筑形体简单方整，底层留出大院子，二层面向院子设置一圈外廊（阳台）。问题是，城市用地相对紧凑，不如乡间那样开敞，更逼近外部街巷，因此对私密性的要求更高，内部空间也要求更加细化的功能设置。对此，在下一步发展中，首先后退东侧入口，引入外廊对场院进行分化：西南主院依然养花种菜，东侧临街则留出入口过渡庭院。与此相应，二层东侧外廊向南延伸围合主院，向北则下行成为室外楼梯，通达入口庭院。该外廊既分隔又联系两个院子，其南侧尽端略做放大，形成一小处平台和角亭，并应对街道转角局部敞开——在养花种菜的间隙，家人可在此休憩，并向街坊展示其劳作成果。

与连续开敞的外部庭院环境相对立，内部建筑空间保留了初始构思，采取相对紧凑的格局，以留出尽量多的庭院，并进一步分化以满足现代城市家庭所需的诸多功能：老人居于一层，紧邻主院一隅；厨房作为日常生活的重要场所，介于入口庭院、外廊和客厅之间，可以第一时间招呼家人回家；父母和孩子居于二层，通过外廊与庭院相望，内部另有楼梯抵达，互不干扰；半层处另设工作室，可由室外楼梯独立出入；通高的小餐厅位于客厅与工作室之间，于体量中央打通上下楼层，引入光线。

由此，设计从儿时记忆出发，将一部分乡村的田园生活经验引入城市，重新组合，由相对放松的外部环境和紧凑的内部空间共同构成新的生活场景。

4. 空间与生活："院宅"设计教案

1）案例研究

作为一种生活模式，也作为一种应对自然和城市之道，院宅成为东西方建筑中经久的类型。对于这一代的青年学生而言，与院宅相联系的生活模式显得既熟悉又陌生。

作为一种空间模式，院宅回应了现代建筑的"九宫格"和"方盒子"问题，重新演绎了 "内与外""上与下""虚与实""中心与边界""深度与宽度"等基本空间关系（图 1-15）。

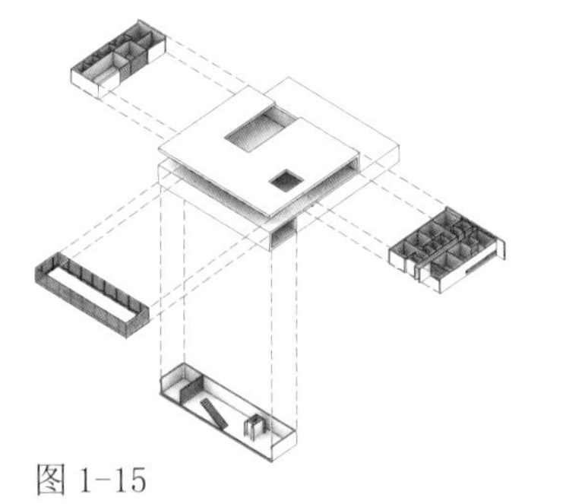

图 1-15

2）场地界定

在现代化的城市建设中，传统的院宅类型正在迅速消失。在当前高密度的城市更新和改造背景下，重新讨论院宅这一生活模式和空间类型获得新的可能（图 1-16）。

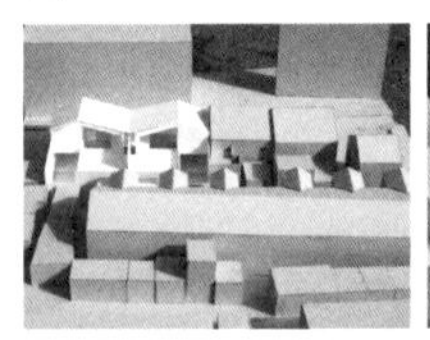

图 1-16

选取位于南京梅园新村地段的若干基地，该区保留了较多低层近代建筑，并且在城市的更新改造和整治过程中，形成以院墙分隔道路和住户的统一格局。

作为练习的设定，预设 2 m 高的院墙将抽象的空间形体置于真实的城市场景。一方面，既清晰地界定出空间的边界，又留有与场地互动的余地；另一方面，院墙的作用并不止于空间分化，其自身也可能成为一部分建构要素加入整体结构中。

3）任务设置

院宅这一生活模式和空间类型，对于理解“公共与私密”“服务与被服务”以及“内与外”“虚与实”等基本的建筑问题展开了一个框架（图 1-17）。

基地面积为 130—200 ㎡；容积率为 1.0（±10%）；建筑高度≤ 8 m。

基本功能配置要求凸显生活内容，尽量充实紧凑，鼓励学生根据现场调研或生活经验设定家庭结构和人物，满足 5—6 人（三代居）的家庭居住功能，或根据场地现状，满足 3—5 人的家庭居住功能，并同时考虑“生活 + 工作 / 商业”的模式。

4）操作过程

在操作过程中突出实物模型的方法，引导初学者在既定的空间分化下展开设计构思，并强调模型与二维图纸互动，加入“场景透视”（或剖透视）的要求，以激发真实感知体验。与此相应，放大比例的“建构模型”也试图引向更多的物质性和感知性问题。

若干主题词提示了该设计所回应的空间形式训练的基本问题，并将其与使用性及物质性要求并置。

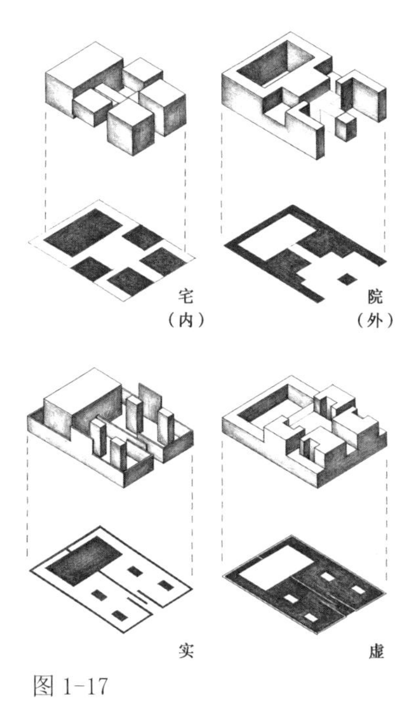

图 1-17

5. 小结：空间与生活

作为空间设计基础的入门教案，“院宅”自身已暗含了某种双重性的理解：它既是一种内外空间的有效组织模式，也是一种应对自然和社会的特殊生活方式，因此同时连接了抽象空间形式与具体生活经验两个重要方面，为两者之间的关联和互动提供了良好的契机。

预设 2 m 高的院墙将抽象空间形体置于真实的城市场景中，既清晰地界定出空间的边界，又留有与场地互动的余地。此外，院墙的作用并不止于空间分化，其自身也可能成为一部分建构要素加入整体结构中，并进一步引发空间与结构及材料的讨论。

由此，从抽象空间形式到具体的场地、材料以及生活体验，“院宅设计”试图重新诠释以“九宫格”“方盒子”为代表的现代建筑形式与空间设计传统，将其置入当代中国城市之具体现实，引导学生回归自身的感知体验，学习建筑空间形式的相关语言，建立起感知与理性、经验与操作之间的联系，由此步入空间设计之门径。

注释

① 相关内容参见：朱雷 . 从“方盒子”到“院宅”：建筑空间设计基础教案研究 [J]. 新建筑，2013（1）：13–18.

② “得州骑警”这个名称源于当时一部美国电影名称，后被援引，用于所谓当时在得克萨斯州的这批青年建筑新锐。

③ 转引自：［美］肯尼斯 • 弗兰姆普敦 . 现代建筑：一部批判的历史 [M]. 张钦楠，等译 . 北京：三联书店，2004：166.

④ 参见：VAN DE VEN C. Space in architecture[M]. 3rd ed.[S.l.]: Van Gorcum, 1987: 200.

⑤ 关于现代建筑这两个基本图式及其与“得州骑警”的关系，可参见：CARAGONNE A. The Texas Rangers: notes from an architectural underground[M]. Cambridge, Mass.: The MIT Press, 1994: 34–35.

⑥ 参见：HEJDUK J, CANON R. Education of an architect: a point of view, the Cooper Union School of Art & Architecture[M]. New York: The Monacelli Press, 1999: 121.

⑦ 有关“得州骑警”与“九宫格”练习，可参见笔者相关文章：朱雷 .“德州骑警”与“九宫格”练习的发展 [J]. 建筑师，2007（4）：40–49.

⑧ 参见：ETH 教授赫伯特 • 克莱默编的有关教学小结的内部资料，即 KRAMEL H. Basic design & design basic[Z]. Zurich, Switzerland: ETH, 1996: 3.

⑨ 参见：吉国华 .“苏黎世模式”：瑞士 ETH–Z 建筑设计基础教学的思路与方法 [J]. 建筑师，2000（94）：77–81.

⑩ 参见：LOVE T. Kit–of–parts conceptualism[J]. Harvard Design Magazine, 2003（Fall）/2004（Winter）: 40–47.

⑪ 参见：丁沃沃 . 环境 • 空间 • 建构：二年级建筑设计入门教程研究 [J]. 建筑师，1999（10）：84–88.

⑫ 空间建构的强化得益于 2006—2007 年与香港中文大学顾大庆教授的合作教学。

⑬ 相关内容参见：朱雷 .“院宅”设计：基于现实感知的建筑空间入门教案研究 [J]. 建筑学报，2019（4）:106–109.

图片来源

图 1–1 源自：肯尼斯 • 弗兰姆普敦 . 现代建筑：一部批判的历史 [M]. 张钦楠，等译 . 北京：三联书店，2004.

图 1–2 源自：CORBUSIER L. Euvre compl è te, volume 1, 1910—1929[Z].Zurich: Les Editions d’Architecture, 1964.

图 1–3 源自：CARAGONNE A. The Texas Rangers: notes from an architectural underground[M]. Cambridge, Mass.: The MIT Press, 1994.

图 1–4 源自：HEJDUK J. Mask of Medusa[M]. New York: Rizzoli International Publications, Inc., 1985.

图 1–5、图 1–6 源自：MONEO R. The work of John Hejduk or the passion to teach[J]. Lotus International, 1980（27）: 65–85.

图 1–7 源自：KRAMEL H. Basic design & design basic[Z]. Zurich, Switzerland: ETH, 1996.

图 1–12 源自：刘昌铭绘制.

图 1–13 源自：刘璇绘制.

图 1–14 源自：吴康楠绘制.

图 1–15 源自：案例分析 [爱德华多 • 柏林 • 纳兹米利克（Eduardo Berlin Razmilic）设计，住宅 2（HOUSE TWO），智利，2008 年]，于矛（东南大学硕士研究生助教）绘制 .

图 1–17 源自：田梦晓绘制 .

注：其他未注明来源的图片均为作者拍摄。

二　案例分析（Case Study）

生活场景与空间特质

管式住宅　设计：查尔斯·柯里亚

（图片来源：CORREA C.Housing and urbanisation [M]. New York：Thames & Hudson Ltd.， 2000）

代田的町家　设计：坂本一成

［图片来源：多木浩二．住宅—日常の詩学[M]．东京：TOTO出版社，2001］

莱利亚住宅　设计：艾利斯·马特乌斯

（图片来源：此时此地建筑网）

平野城市住宅　设计：安藤忠雄

（图片来源：此时此地建筑网）

生活内容与空间分化
（公共与私密、服务与被服务）

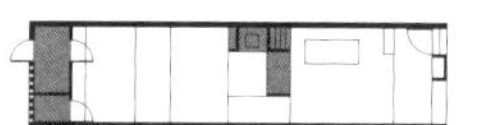

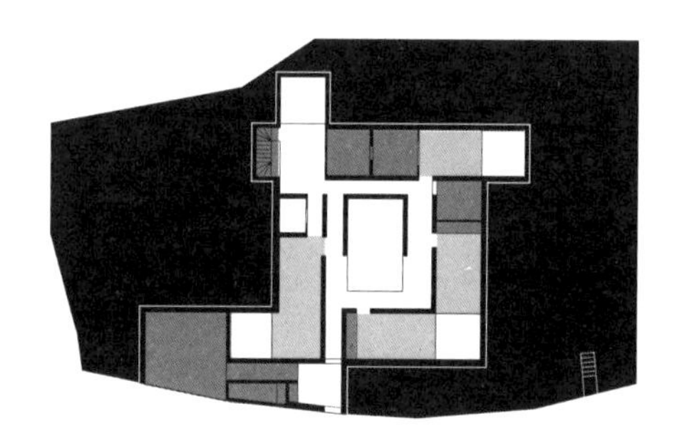

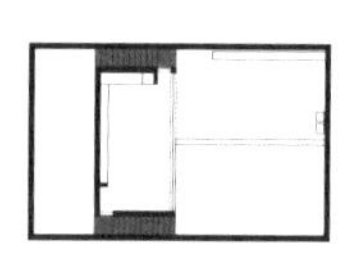

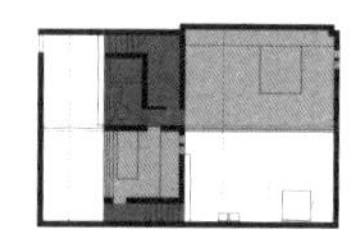

空间关系与形式结构

（内—外、虚—实、开放—封闭、中心—边界、上—下、长—宽—高）

建筑要素与空间分化

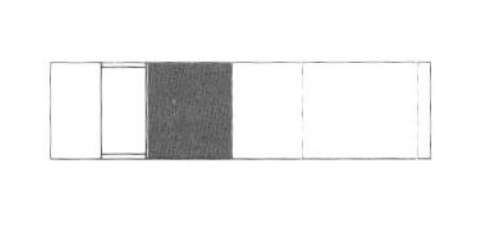

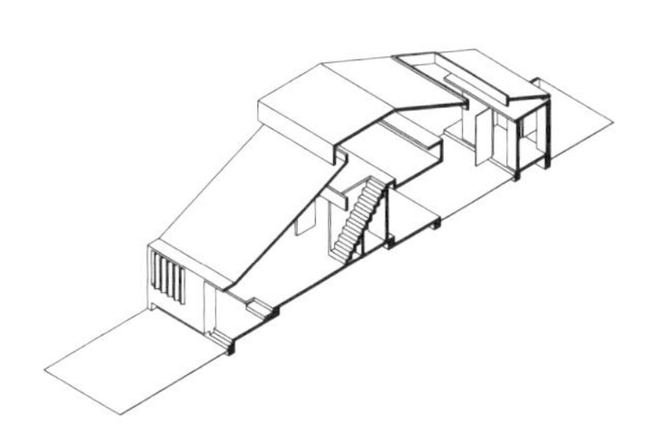

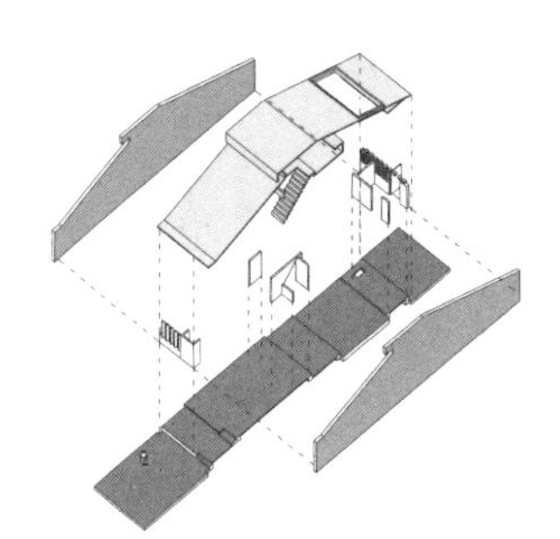

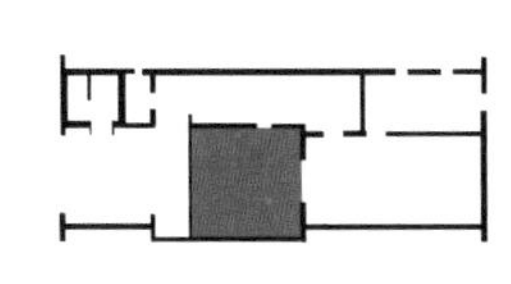

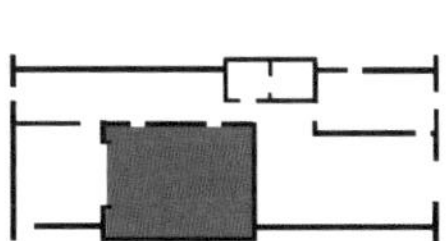

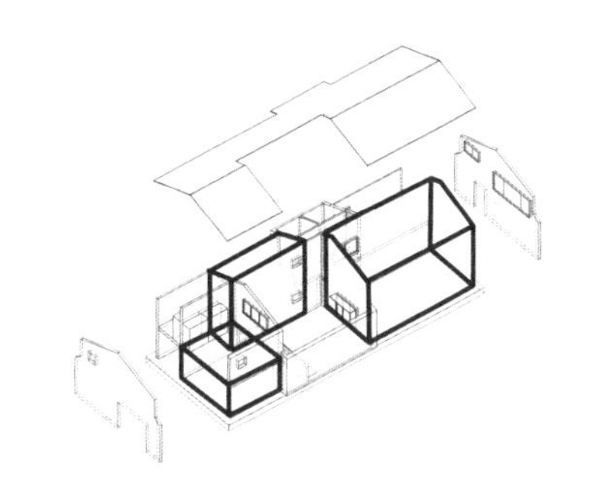

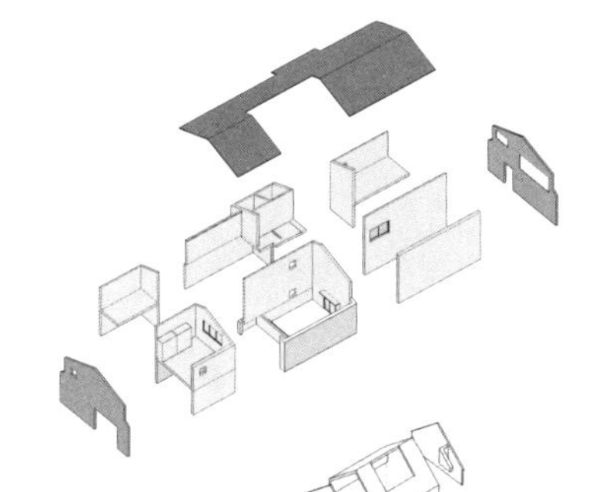

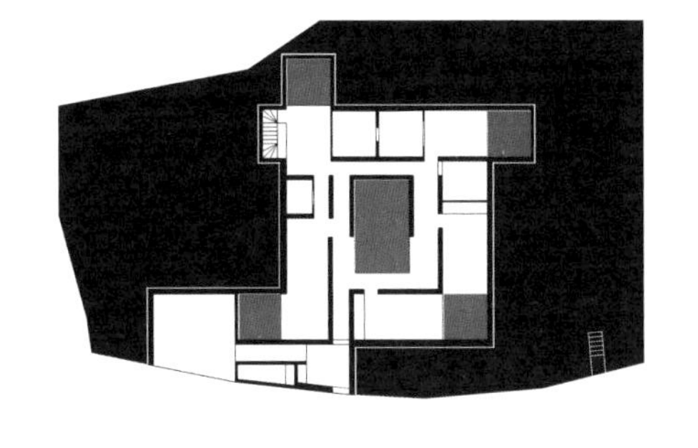

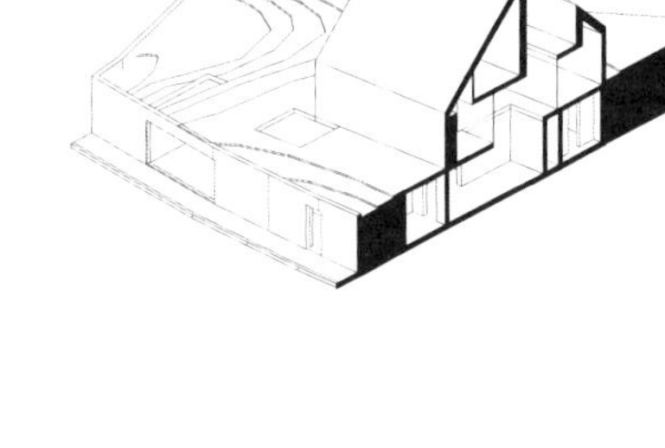

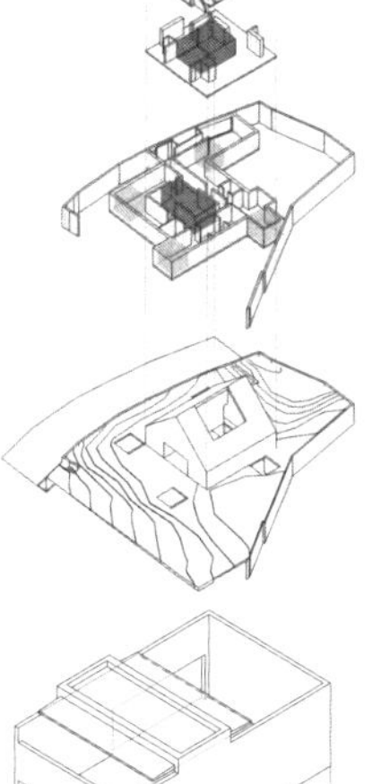

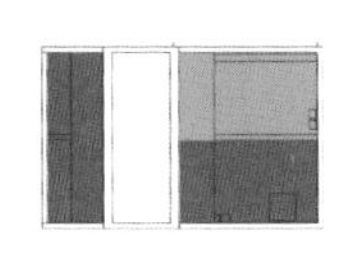

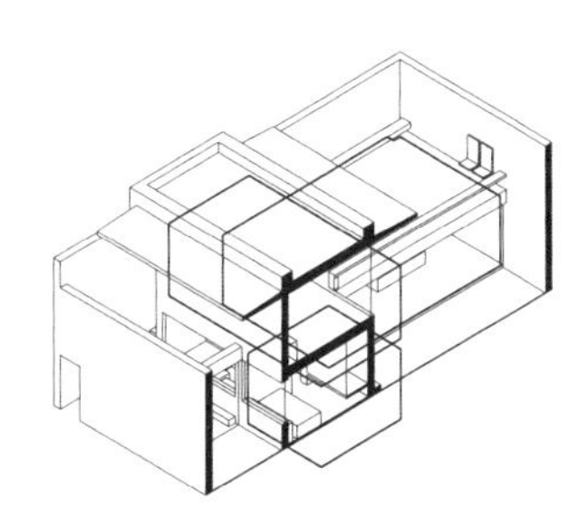

生活场景与空间特质

生活内容与空间分化
（公共与私密、服务与被服务）

三院宅　设计：密斯·凡·德·罗
（图片来源：查理之家网）

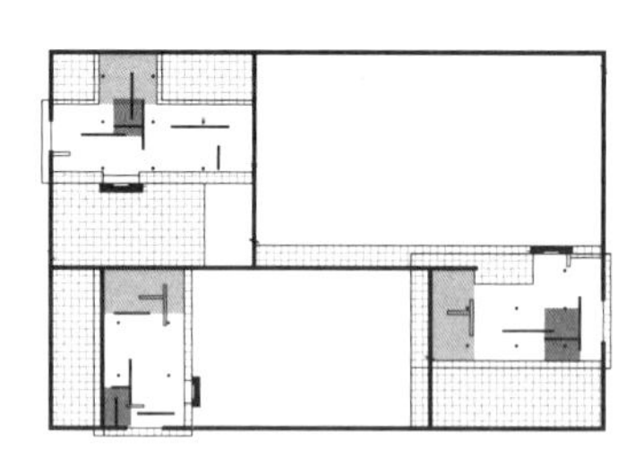

加西亚·马科斯住宅　设计：坎波·巴埃萨
（图片来源：阿尔贝托·坎波·贝扎网）

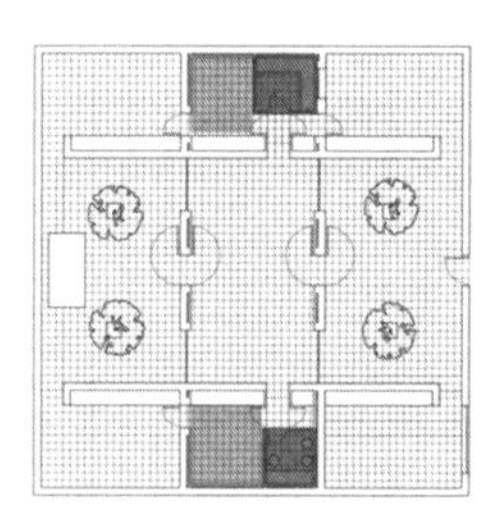

周末住宅　设计：西泽立卫
（图片来源：孔宇航、克里斯汀·史蒂西（Christian Schittich）："AAA"，《建筑细部》1992年第2期）

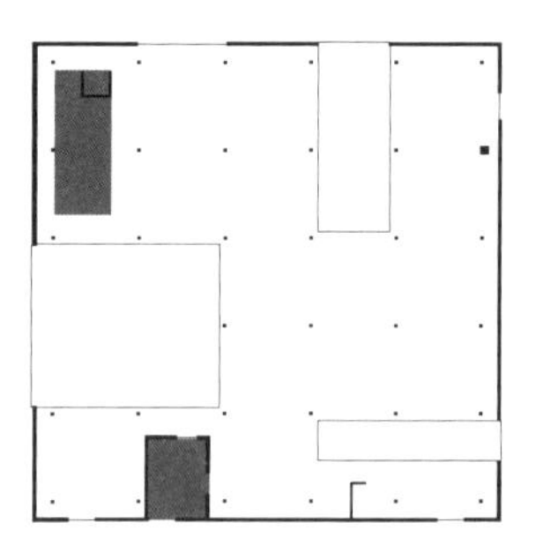

洛克菲勒宾馆住宅　设计：菲利普·约翰逊
（图片来源：中村好文．住宅巡礼[M]．林铮觊，译．北京：中国人民大学出版社，2008）

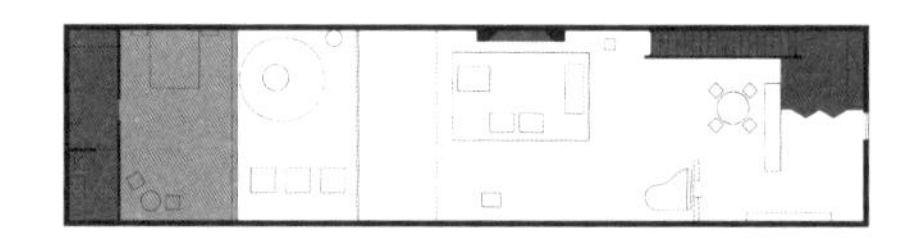

空间关系与形式结构

（内—外、虚—实、开放—封闭、中心—边界、上—下、长—宽—高）

建筑要素与空间分化

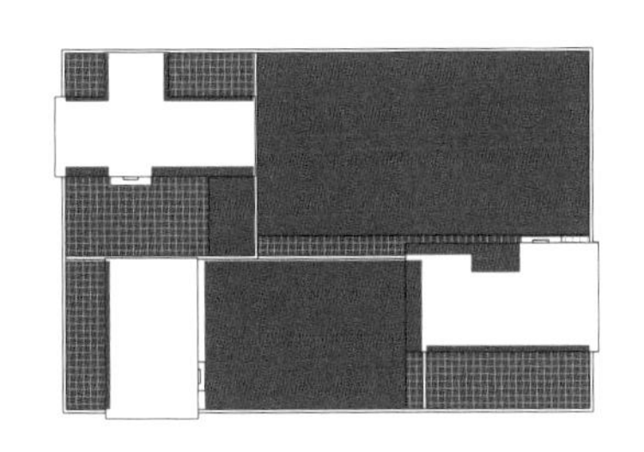

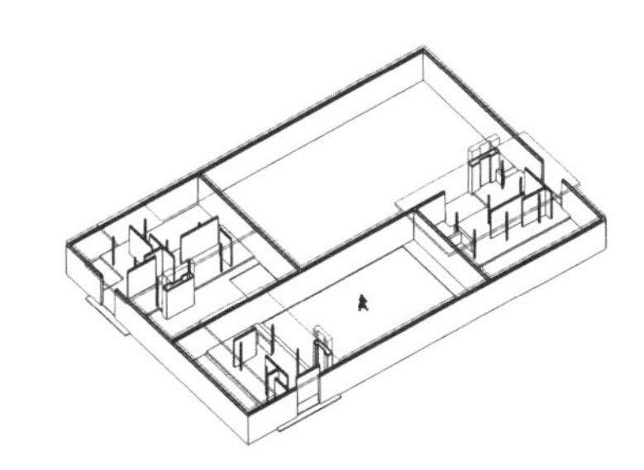

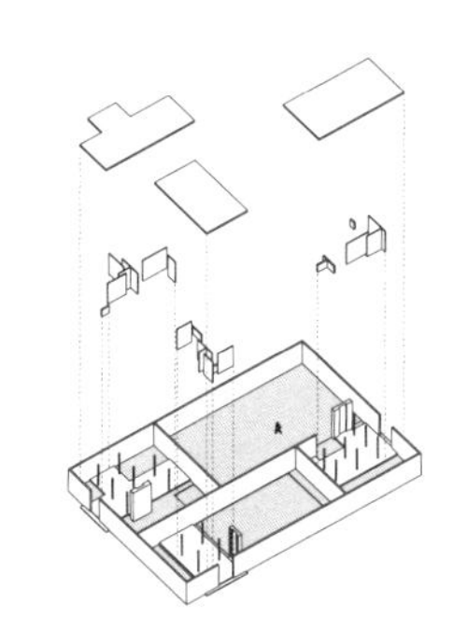

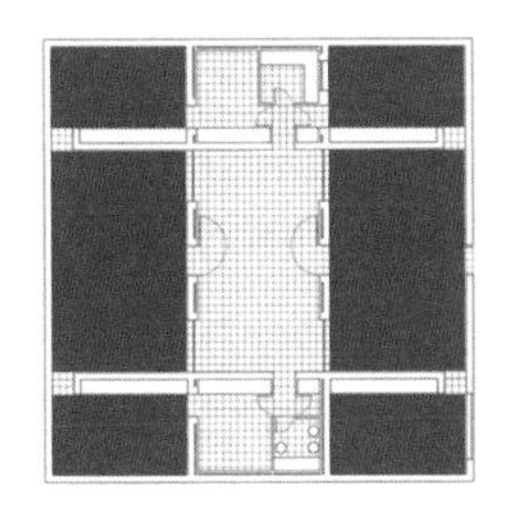

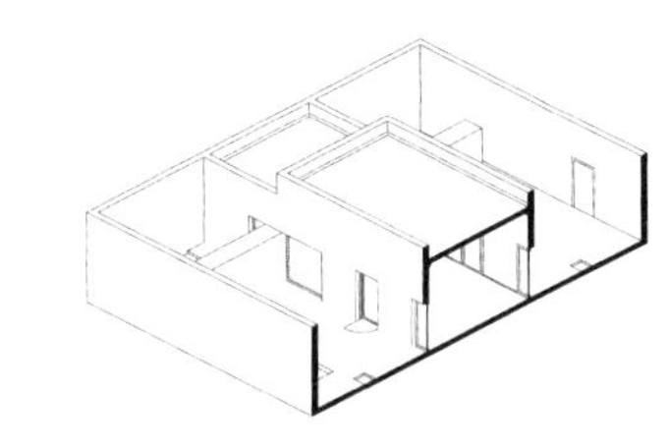

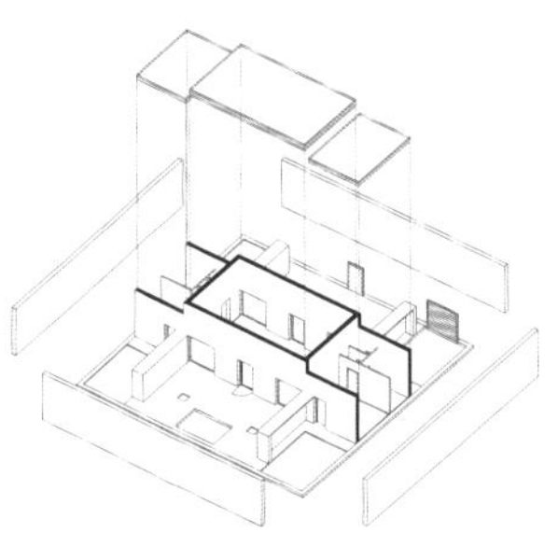

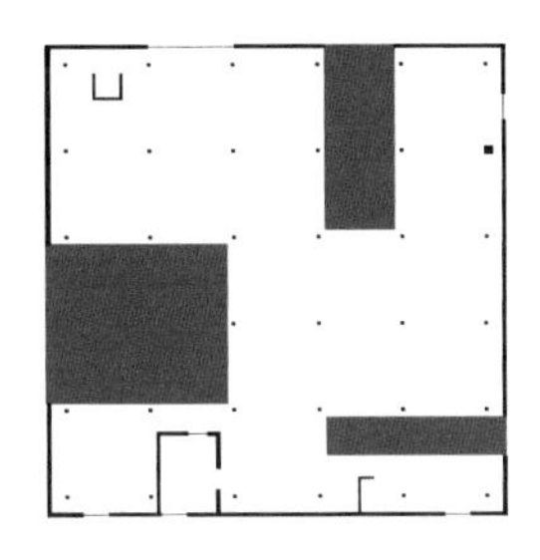

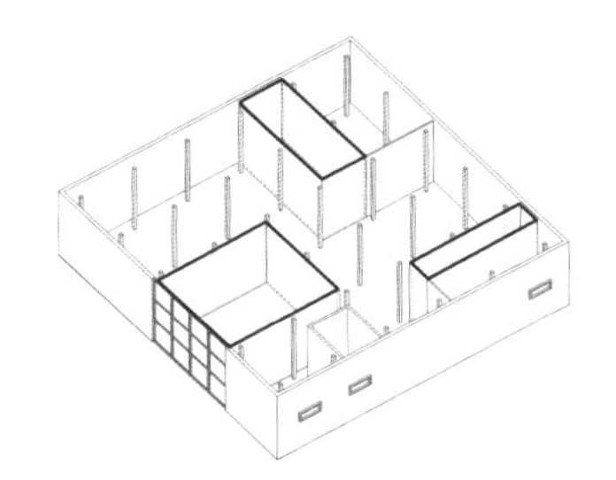

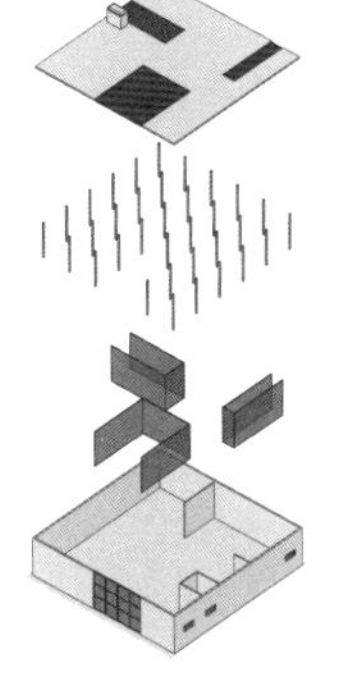

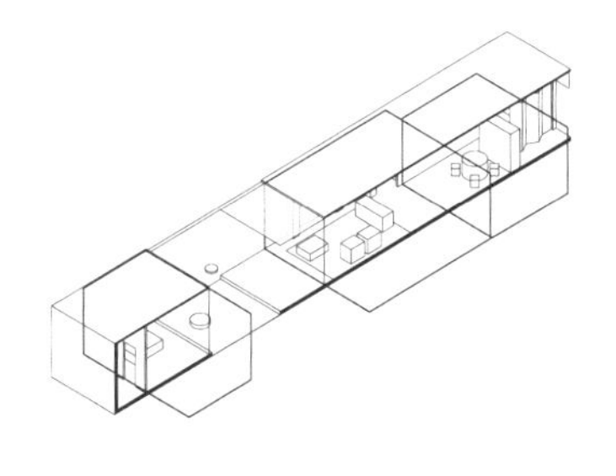

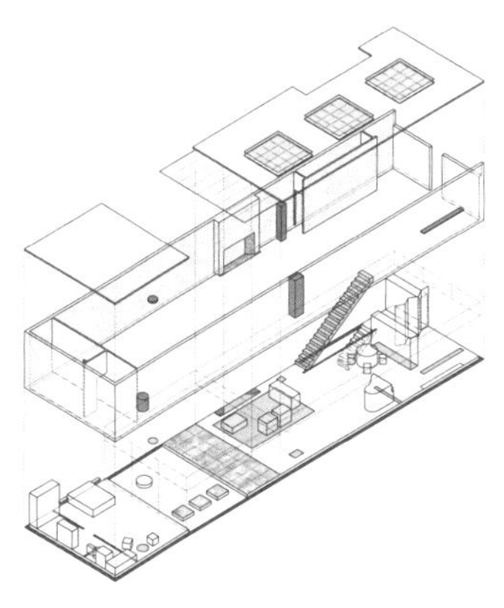

三　基地条件（Site Conditions）

基地位置

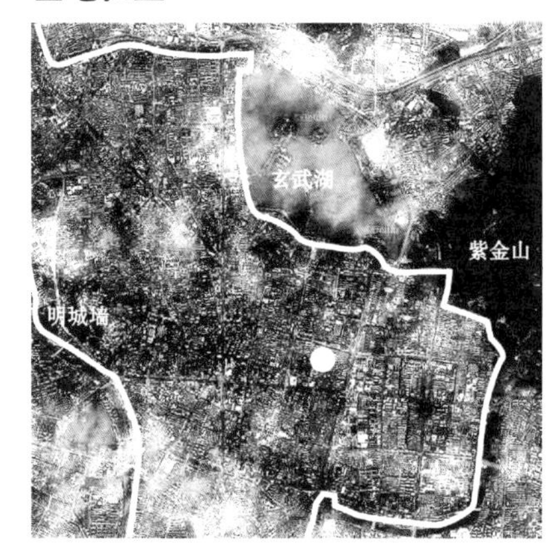

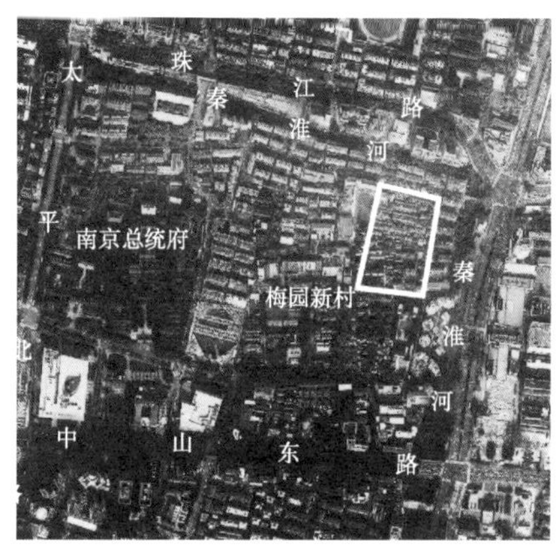

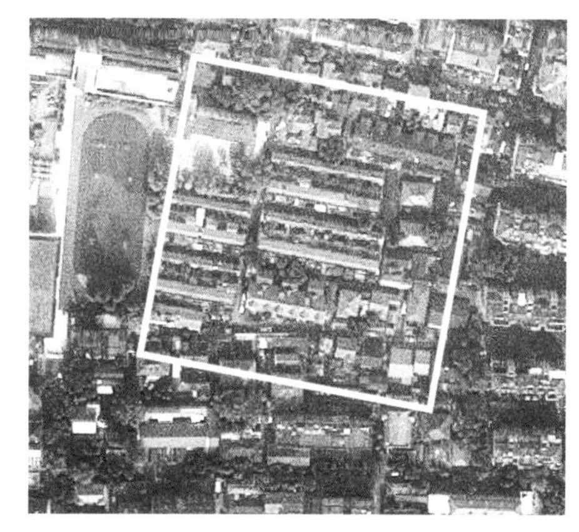

基地“桃源新村”位于南京玄武区梅园街道东北部，西邻大悲巷，东南接雍园，北至竺桥。该区域保留了较多民国时期的建筑风貌，存有较多原先独立式的低层住宅——由于居民构成的转变和居住密度的增加，这些独栋住宅在很大程度上转变为多户杂居，并历经增建，形成目前多栋房屋交叉散落、相互搭接的状况，由纵横交错的窄小街巷连通。在当前的街区风貌整治中，各个小地块周边，尤其是临近街巷一侧设置了连续统一的院墙（部分借用已有墙体、部分新增院墙），以此维持各个地块的私密性，并保持了公共街巷界面的整齐与完整。

基地设定条件如下：与已有环境整治相适应，地块周边预设连续的围墙，墙高 2 m，设计中可根据需要加高或适当改造；基地内部现有建筑考虑拆除重建，相关树木可予以保留；建筑高度和退让需考虑与周边建筑的关系，满足主要居室的日照和私密性要求，檐口高度≤ 8.0 m；汽车停放拟由梅园新村社区统一规划解决，基地内部可不考虑。

基地现状

基地总平面
基地剖面
桃源新村
A
B
C
D
E
F
G
N
0
5
10
20 m

基地 A

面积：173.7 m^2

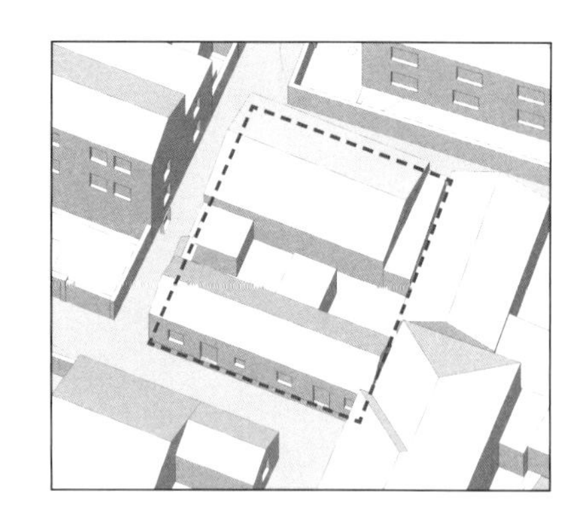

基地 B

面积：190.9 m^2

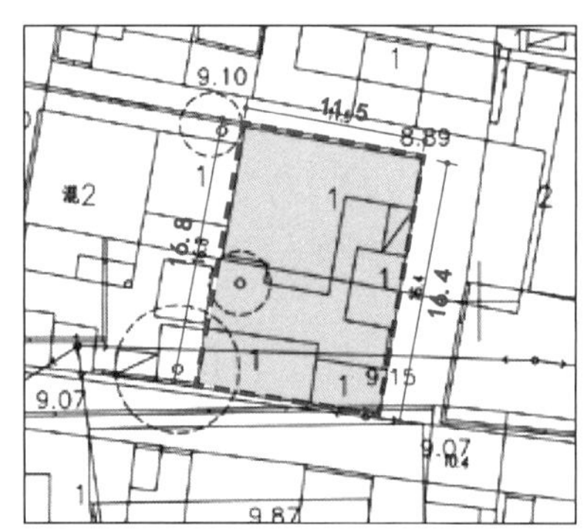

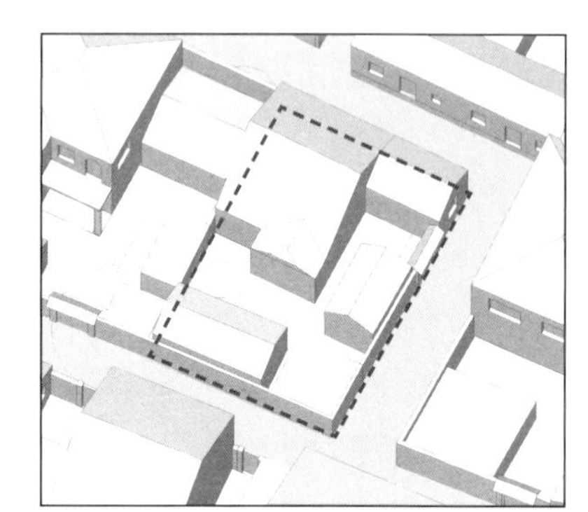

基地 C

面积：181.8 m^2

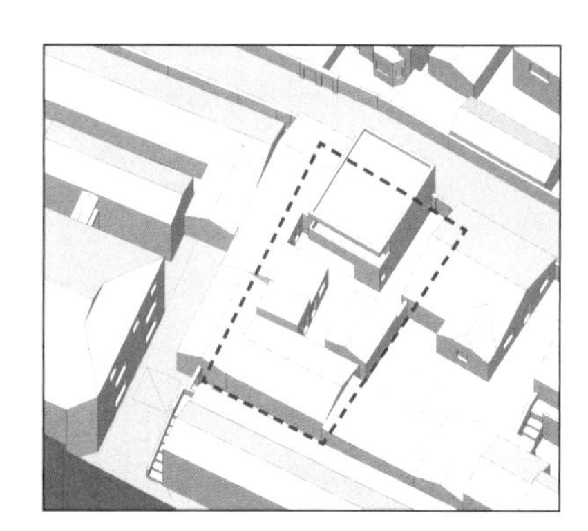

基地 D

面积：198.0 m^2

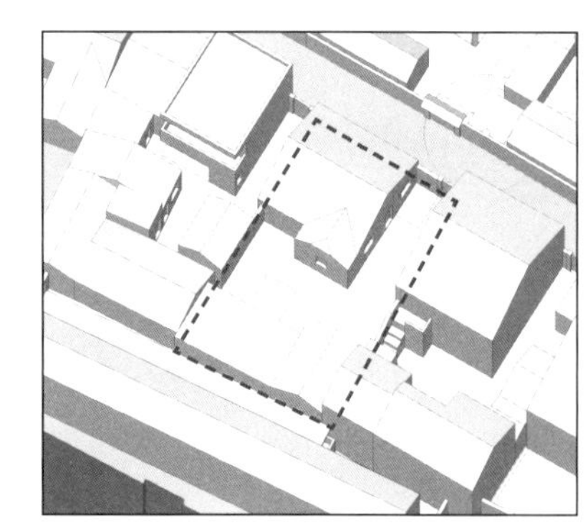

基地 E

面积：214.4 m^2

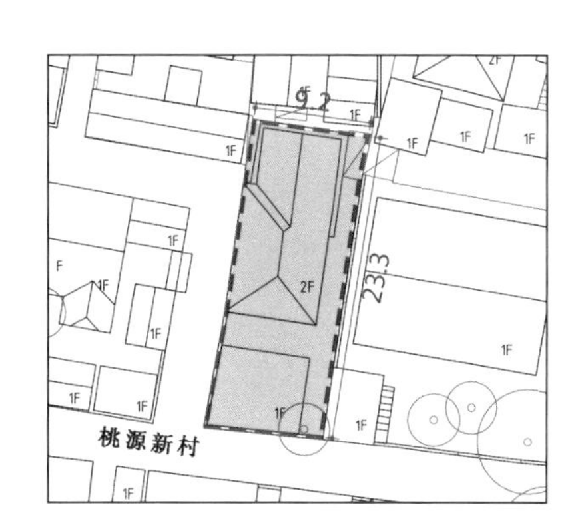

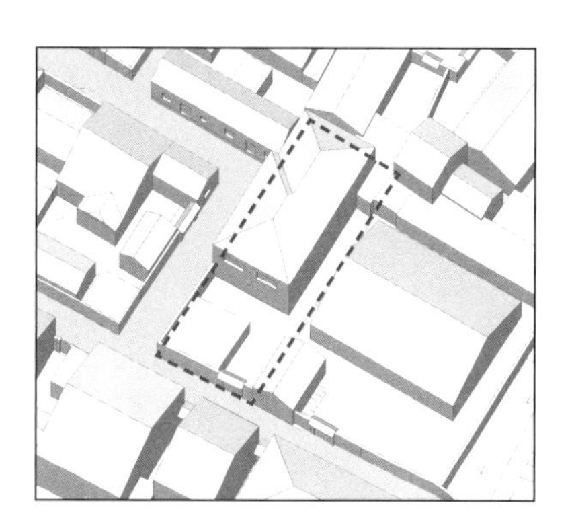

基地 F

面积：128.4 m^2

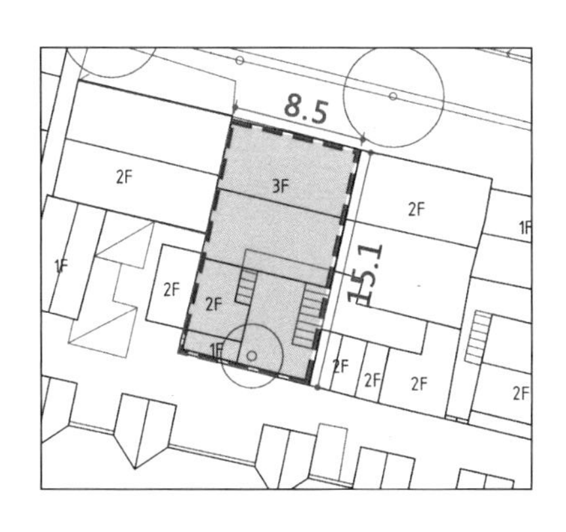

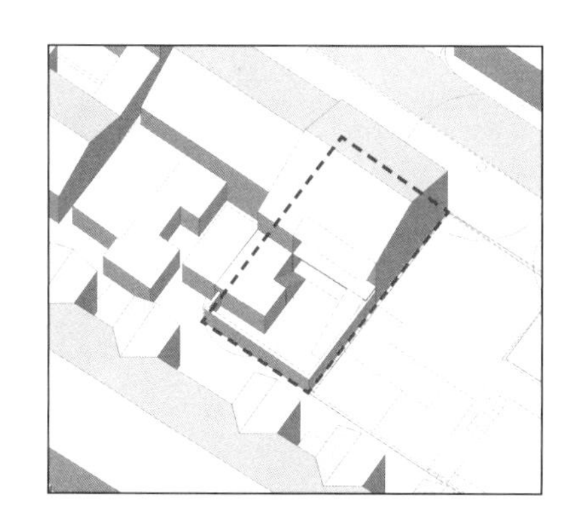

基地 G

面积：150.1 m^2

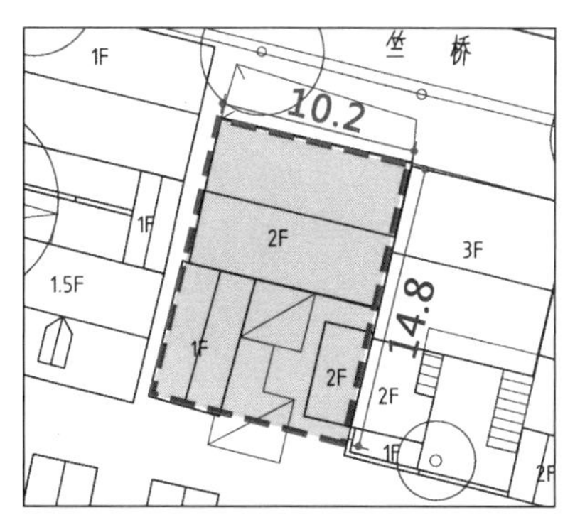

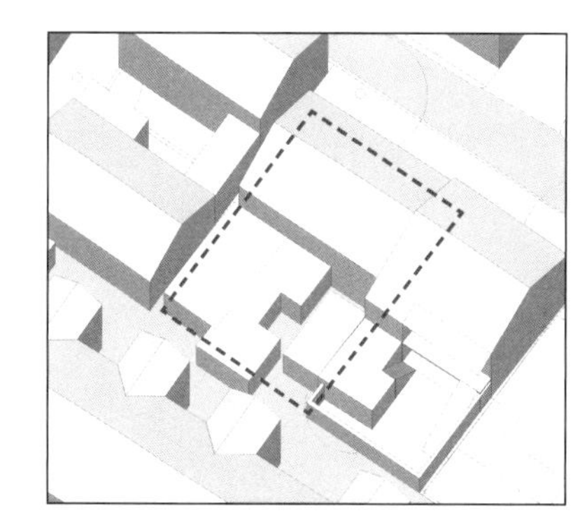

注：上述图片中的数据单位为米（m）。另外，本书中的标高单位均为米（m），图中不再一一标注。

四　设计任务（Design Program）

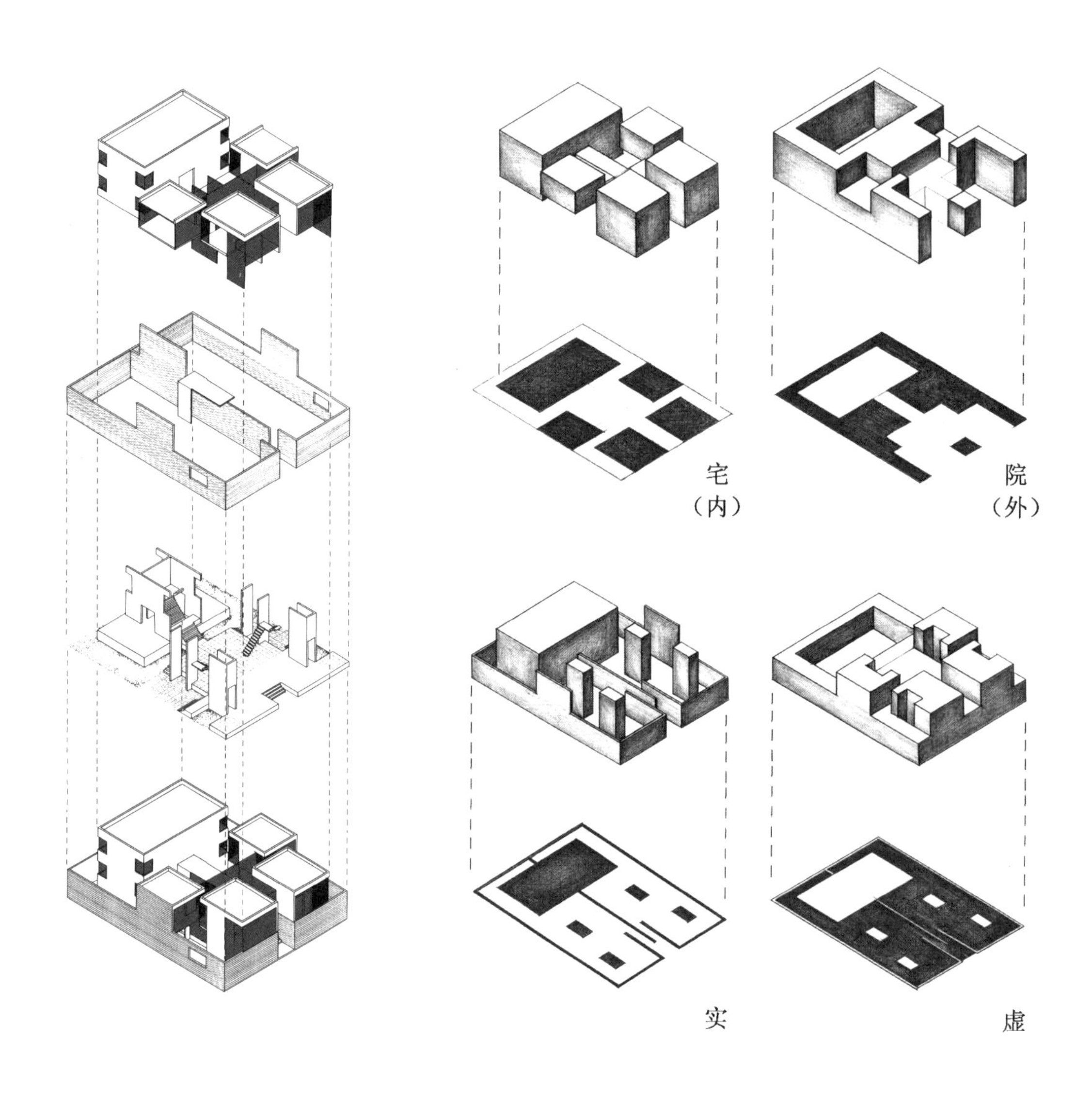

总体要求

- 基地面积：130—200 m^2。
- 容积率：1.0（±10%）。

功能配置与面积要求

类别	总建筑面积为160（±10%）m^2	
满足5人以上的家庭居住功能	不同家庭成员的私密性居室	卧室（可带卫生间）：60 m^2
	家庭成员共同使用的区域	起居室：30 m^2 餐厅：20 m^2
	服务设施	厨房：10 m^2 卫生间（包括洗衣、储藏等功能）：20 m^2
	其他	门厅、书房等：20 m^2
满足5人以上的家庭居住功能，并考虑『生活+工作/商业』模式	不同家庭成员的私密性居室	卧室（可带卫生间）：50 m^2
	家庭成员共同使用的区域	起居室：20 m^2 餐厅：15 m^2
	服务设施	厨房：10 m^2 卫生间（包括洗衣、储藏等功能）：15 m^2
	其他	门厅、书房等：15 m^2 工作或商业服务空间（供部分家庭成员及相关工作人员使用）：35 m^2

注：在两类模式中选择一种。

五　操作过程（Operation Process）

讲课 1　院宅：空间与生活
Lecture 1　Courtyard House: Space and Life

场地分析
Site Analysis
案例研究
Case Study
空间构思
Space Concept

场地模型 Site Model(1/100)
构思模型 Concept Model

构思草图 Concept Sketch

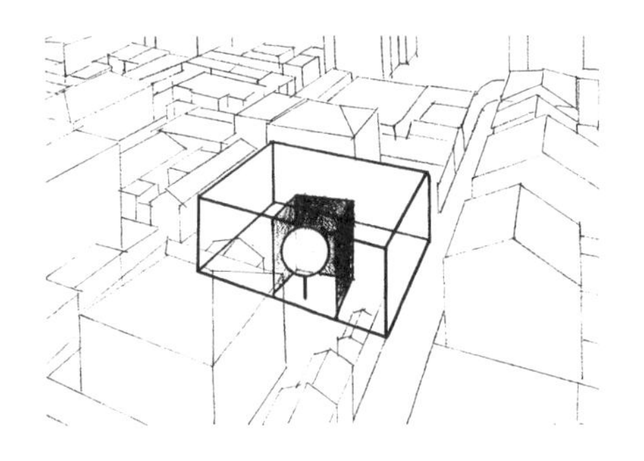

讲课 2　案例分析
Lecture 2　Case Study

空间设计：家庭生活
Space Design: Family Life
内外环境与空间分化
Environment & Space Division

空间模型 Space Model(1/100)

平面、剖面草图 Plan & Section Sketch (1/100)

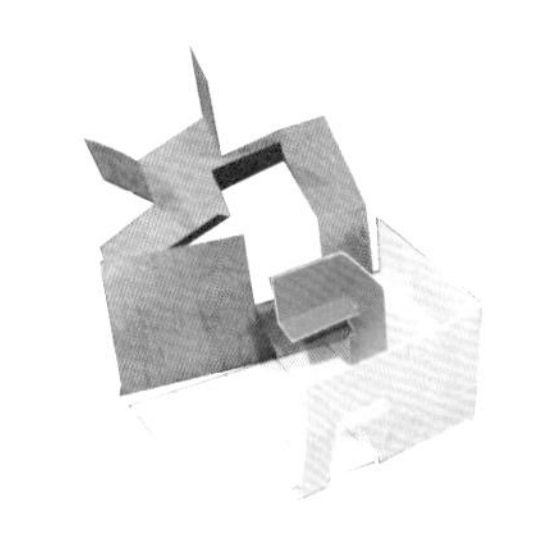

中期评图
Midterm Review

场地模型 Site Model (1/100)
构思模型 Concept Model (1/100)
空间模型 Space Model (1/100)

总平面图 Site Plan (1/500)
平面、立面、剖面图 Plan, Elevation, Section (1/100)
其他：照片、小透视、分析图等
Others: Photos, Perspectives, Diagrams

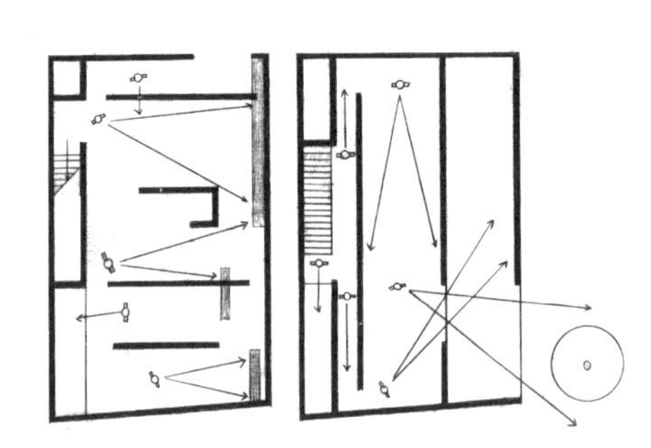

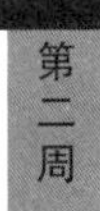

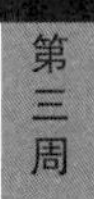

调研、院宅参观

小组讨论

中期评图

讲课 3　基本建筑结构
Lecture 3　Basic Architectural Structure

设计调整 / 深化
Design Developing
空间建构
Space Tectonic

讲课 4　建筑绘图
Lecture 4　Architectural Drawing

制图、排版
Drawing & Layout
模型整理
Model Making

终期评图
Final Review

空间模型调整（Sketch-Up 模型）
Space Model（1/100）
建构模型 Construction Model（1/50）

场景透视 Scene Perspective
建筑绘图 Architectural Drawing（1/100）

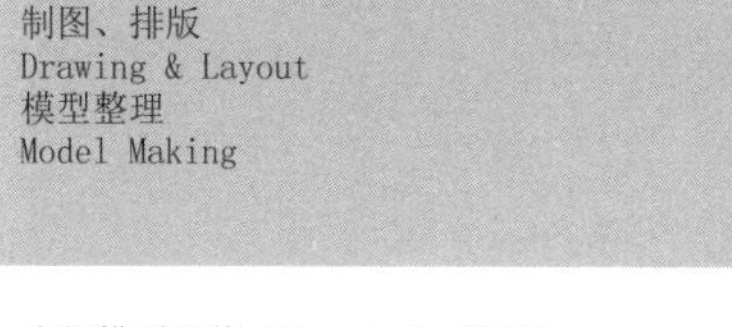

空间模型调整（Sketch-Up 模型）
Space Model（1/100）
建构模型 Construction Model（1/50）

场景透视 Scene Perspectives
建筑绘图 Architectural Drawing（1/100）

场地模型 Site Model（1/100）
构思模型 Concept Model（1/100）
空间模型 Space Model（1/100）
建构模型 Construction Model（1/50）

总平面图 Site Plan（1/500）
平面、立面、剖面图 Plan，Elevation，Section（1/100）
场景透视 Scene Perspective
其他：照片、小透视、分析图等
Others：Photos， Perspectives，Diagrams

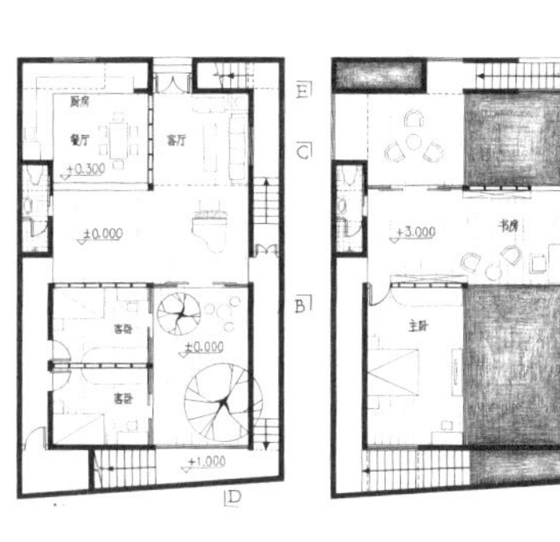

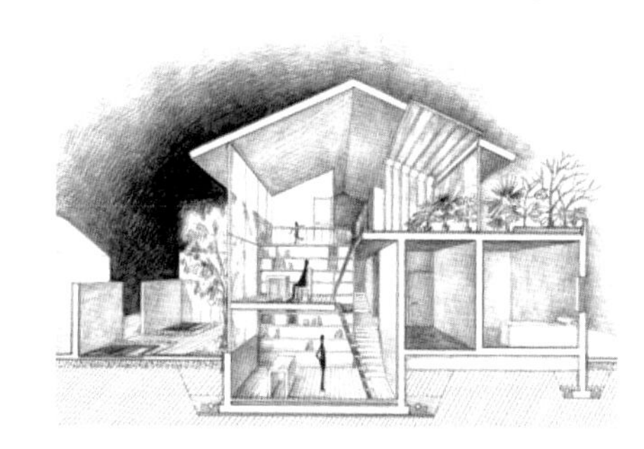

第五周

第六周

第七周

第八周

授课

终期评图

六　教学讨论（Teaching Discussion）

场地调研及空间构思讨论（第一周）（2016-09-05）

讨论中场地分析需注意的问题：

（1）宏观层面上，基地“桃源新村”处于高密度的民国时期建筑群中，需要关注场地周边的建筑形态和城市肌理，关注周边原有居民的生活方式和习惯。

（2）院宅的重点在于处理宅与院之间的关系，用院墙去界定空间，用院子去划分空间。

（3）生活场景的构想：从熟知的生活经验中提取空间，对设计居住人群的限定进行思考。

（4）对场地要素的选择：以能够导向设计为主，选择能使设计清晰的元素，提出生活场景愿景，使其成为功能组织的契机。

对学生下一阶段方案的任务要求：

（1）根据生活经验提出对生活场景的设想，用最简洁的方式说明建筑的应对方式和为此提供需求的空间特点。

（2）案例分析：从内部空间场景、家庭生活、与社会城市的关系、与场地环境的关系入手。

教学讨论 1

中期评图（第四周）（2016-10-31）

答辩小结及对作业的要求：

（1）生活场景的限定不应只是对人群的简单限定，更应该关注到每一个人的生活方式和习惯。

（2）空间亮点的组织，应同功能、人群的使用特点相结合。

（3）流线中的空间序列，应考虑流线中功能的关系与人的空间感受。

（4）对建筑的思考逻辑：应考虑功能、空间之间的联系，以及同室外环境的过渡关系，维持内部空间的私密性。

（5）建筑高度和退让需考虑与周边建筑的关系，满足主要居室的日照和私密性要求。

（6）考虑材料对空间塑造的作用。

（7）后期应对院子及内部空间做进一步分化。

教学讨论 2

终期评图与教案讨论（第八周）（2016-11-10）

马克·德诺西欧
（米兰理工大学建筑学院，教授，评图督导）

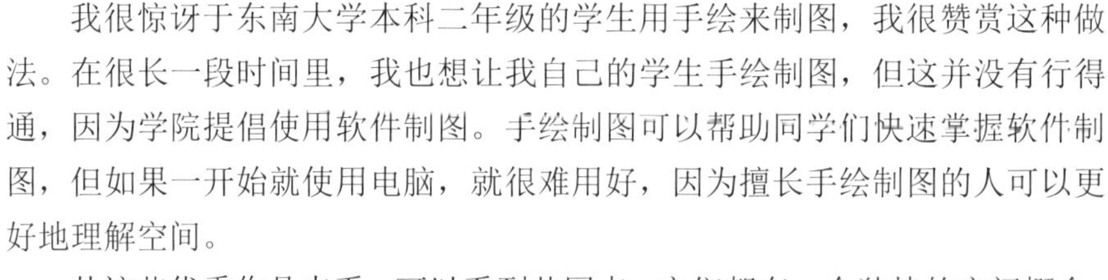

我很惊讶于东南大学本科二年级的学生用手绘来制图，我很赞赏这种做法。在很长一段时间里，我也想让我自己的学生手绘制图，但这并没有行得通，因为学院提倡使用软件制图。手绘制图可以帮助同学们快速掌握软件制图，但如果一开始就使用电脑，就很难用好，因为擅长手绘制图的人可以更好地理解空间。

从这些优秀作品来看，可以看到共同点，它们都有一个独特的空间概念。在东南大学有一个共识，即“Working on Space”（空间研究）。让二年级的学生开始接触空间不仅是正确的而且也是学生们所期望的，同时也是老师们工作的重心。之前在西方的一些建筑院校，学生们只有在研究生毕业阶段才会接触到这种思想。

鲍莉
（东南大学建筑学院建筑系主任，教授，评图督导）

院宅这个设计主题较以往的几年越来越有趣，无论是设计切入的途径还是最后结果的呈现所展现出的多样性都应当被鼓励，学生的设计过程和着手的方法的多样性仍需继续讨论。例如场地选择的多样性，也为成果多样性增加了很多可能。应该鼓励学生自己做研究，而不是顺着一个既定的程序去走。

虽然最后呈现的形式很多样，但是好的方案都具有自己独特的切入点，不是对人群简单的设定，而是对某种生活方式很细致准确的策划，这可以帮助同学们找到空间的组织和空间的原型。设计概念已经超越了前几年片面追求结构的形式逻辑。任何的空间形态和结构逻辑都应该是有意义的，不仅仅是空间自身的意义，在院宅这个设计中这个意义更应该与生活有关。让学生建立这样的意识，最终才会出现形式丰富的结果，而且这些结果都有它内在的逻辑。设计课作为学生的训练，设计的过程比结果更加重要，老师应该帮助学生建立设计的逻辑，且在过程中不断强化。

这个设计还有一个重要的元素是所处的环境，如何处理与致密肌理的关系，好的方案都会对环境做很多考虑和回应。学生特别在意方案的形体关系和内部空间关系，却会忽视外部空间界面，例如缺少外部街景的透视图，都是建筑内部的透视。立面开洞不应只追求艺术效果，而是由内在的生活空间需求来决定。

葛明
（东南大学建筑学院副院长，教授，评图督导）

学生要加强剖面的概念，一层、二层的剖面往往是不一样的，一层剖面是可以扩充的，空间会显得更大，应当扩充到院墙的边界。一层平面要画出院墙，院子和内部空间也要一起理解。剖面的绘制可以帮助同学们更好地思考和体验空间。

这是本科生一年级到二年级的第一个设计题，应该有一个积极的方法与一年级的训练有个衔接，形体空间的练习需要同真实的内容结合起来，这是院宅这个设计课最需解决的问题。与以往的院宅设计相比，今年的设计基地变小了、内部的居住内容强化了，如果这对同学们有帮助的话应当继续推进。

朱雷
（东南大学建筑学院建筑系副主任，教授，指导老师，课题主讲）

关于具体的感知，在这次设计中有新的尝试，主要的感受是设计表达对于设计的推动。我们曾经讨论过让学生画剖面，用剖面以及进一步通过剖透视将学生带入场景。这种方法是有效的，学生被要求画过几次之后，他们会有体会。所以这种用剖面、剖透视将学生带入场景的办法可以强化，在几个设计中都要用，让学生有更深刻的理解。

之后我们可以考虑进一步缩小场地规模，与下一个青年公寓设计形成一定的差异，让同学们把院宅可以做得更加细致，考虑得更加周全。

各公共课课程也可以配合设计课进行，可以围绕设计课主题做一些专项训练，来帮助同学们更好地理解院宅这个设计题目。针对学生画图规范性欠缺的问题应该着重关注，在手绘图纸的阶段就要树立规范制图的意识，从而更好地推动学生进行下一步软件制图的学习。

从某一个阶段开始，需要让学生加入结构、材料，这样就可以深化。即使学生想继续修改空间设计，甚至完全推翻，也必须同步加入结构、材料。

王正
（东南大学建筑学院，副教授，指导老师）

同学们不应该局限于一年级对于板片杆件的操作思维训练，而应该更多地关注对院宅这个设计主题更深层次的思考。设计不应只有唯一的评判标准，应该支持设计的多样性发展。

教学讨论 3

七　作业选例（Assignment Examples）

姓　　名：田梦晓

指导教师：朱　雷

教师点评：

构思策略：该设计构思从“院—宅”的相互促动出发，在长向的基地中采取了散落式的布置方式，以增进内外空间的联系；进而采取双宅并联的方式，以整合和扩展空间关系。

设计发展：根据基地条件和任务要求，首先设置了三个功能体块散落于院墙之中，它们与院墙之间不同的位置——退让或连接关系，形成了前院、边院、后院以及中院等多样的庭院空间。该设计接下来研究了流线组织和庭院空间的分化与整合，加入了交通联结，并调整了各个功能体块的大小、位置、高低及虚实关系。该设计最终选取并联式的“双宅”形式，在避免视线干扰的条件下，进一步整合了入口空间和交通流线，扩大了中部庭院的空间感，并改善了采光、通风等基本条件。

成果点评：由此，在有限的院墙限定下，该设计通过内—外、虚—实以及上—下等基本空间关系的处理，满足了不同的功能要求，扩大了空间感，创造出多样互动的室内外空间生活场景。

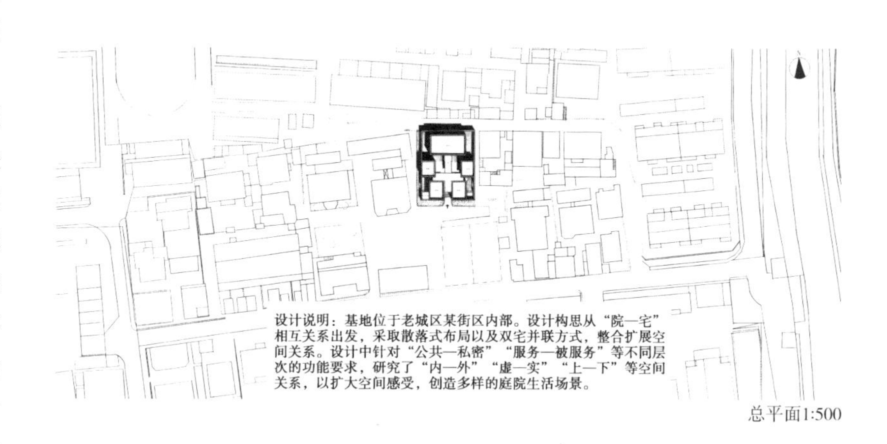

总平面1:500

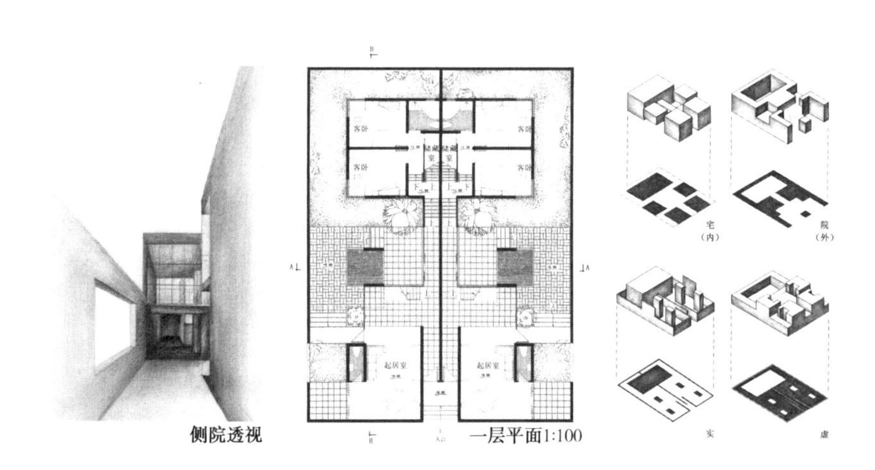

侧院透视　　一层平面1:100

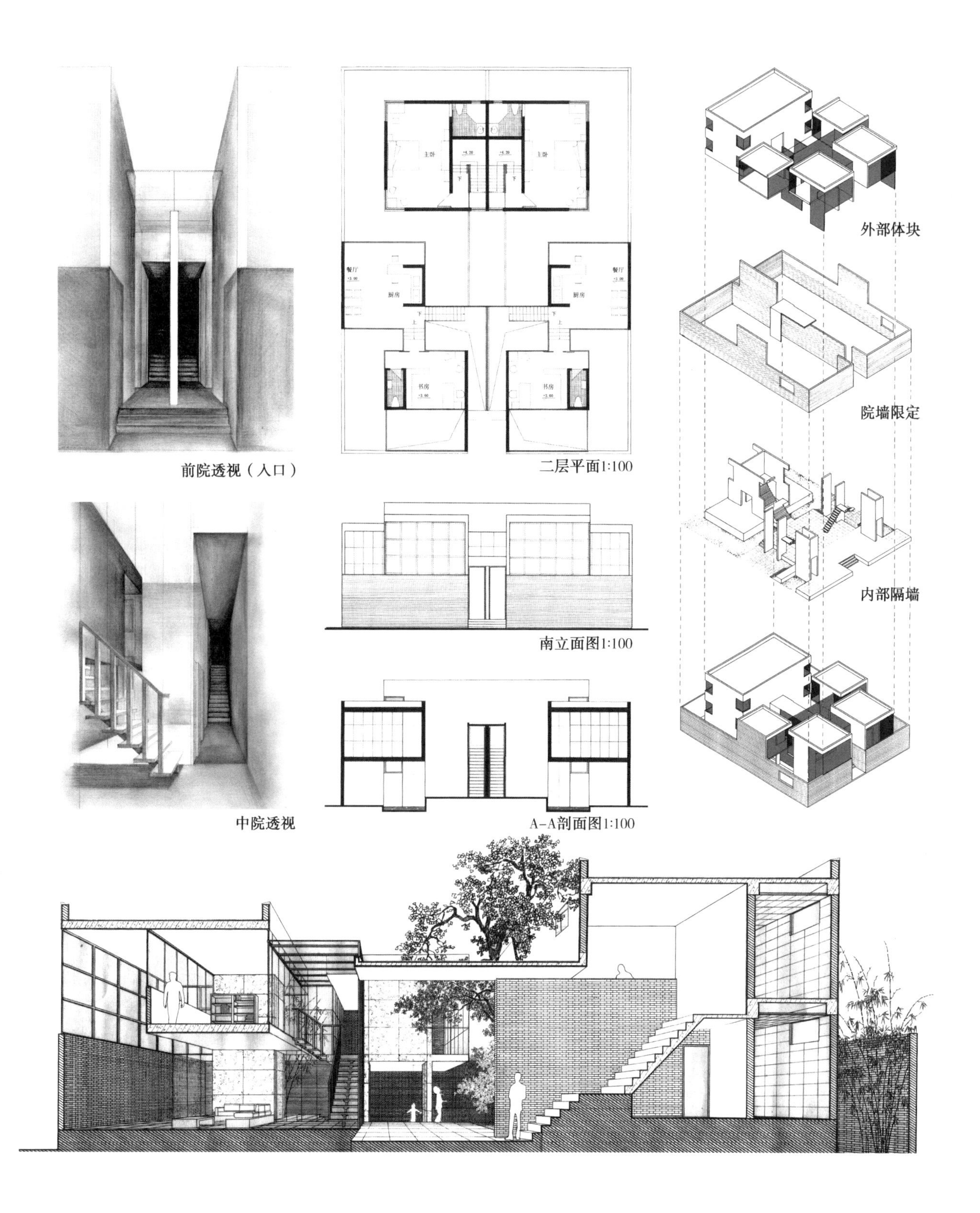

前院透视（入口）

二层平面1:100

外部体块

院墙限定

内部隔墙

南立面图1:100

中院透视

A-A剖面图1:100

姓　　名：张锦松

指导教师：韩晓峰

教师点评：

异化的住宅：该设计突破了传统的中国院落居住模式，院子在设计中被转化为与实体空间相互依存的虚体空间。设计者更多地讨论了现代空间模式下虚与实的二元依存关系。而人的生活也一并被拉进了此种概念空间中。

服务与被服务：设计者显然受到路易斯·康有关现代建筑空间中服务与被服务空间理念的影响，将楼梯、必要的厕所和交通空间归入服务性空间要素中，并且以此建构了一圈建筑的外围界面。这样的策略非常简洁明晰，它为被服务空间的虚实转换提供了最大化的操作性。

人视体验与景框：这部分的设计则体现了设计者难得的将身体置入虚拟空间的意识，这使得建筑盒子外立面的开口有了人文的意义。

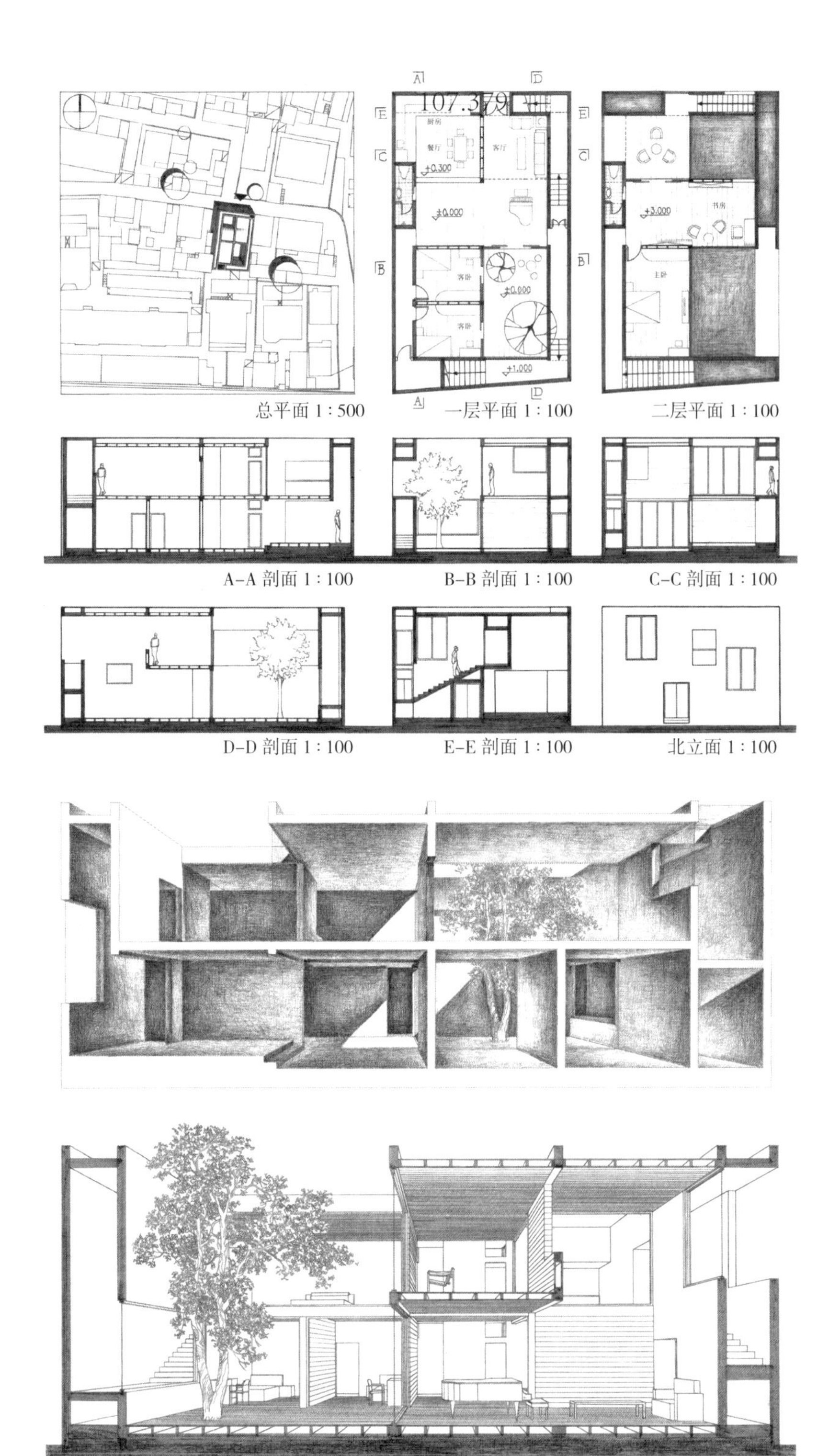

总平面 1:500　一层平面 1:100　二层平面 1:100

A–A 剖面 1:100　B–B 剖面 1:100　C–C 剖面 1:100

D–D 剖面 1:100　E–E 剖面 1:100　北立面 1:100

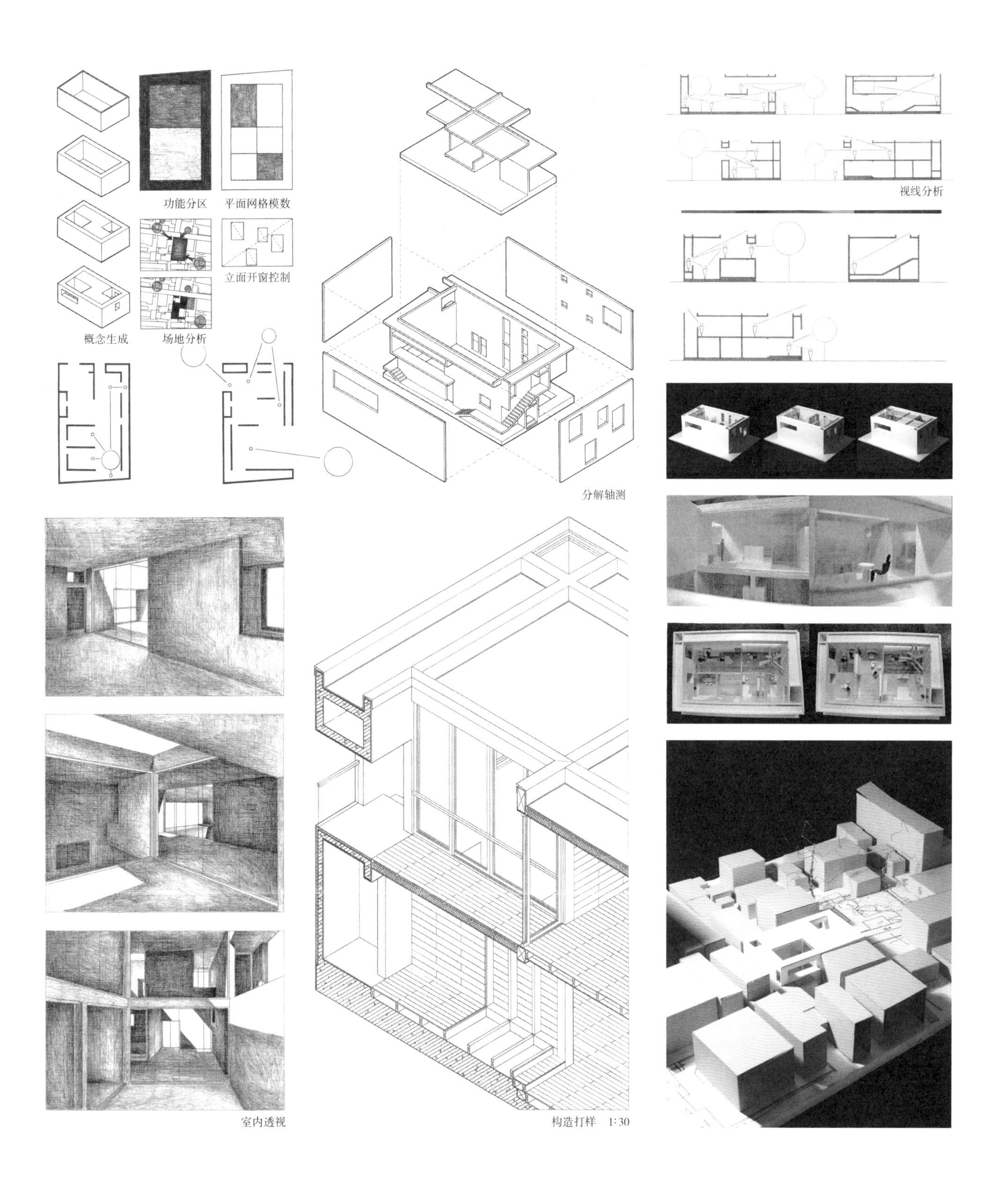
功能分区
平面网格模数
立面开窗控制
概念生成
场地分析
分解轴测
视线分析
室内透视
构造打样 1:30

姓　　名：隋明明
指导教师：蒋　楠

教师点评：

构思策略：从住户的人物设定出发，业主为有藏书癖的小说家及其妻子与小孩，于是将“书”作为院宅的主题，阅读空间与思考空间成为设计的切入点，并基于此对光线、视线等做出限定，使之契合书宅之主题。

设计发展：基于周边建筑较为密集的现状，通过三个不同大小的院落对基地进行切割，并生成建筑体量。南北两个体量在剖面上形成交错咬合的关系，丰富庭院空间的同时也带来了更多的光线。分析住户可能发生的活动，如写作、阅读、劳作、思考、邀客、运动等，并着意营造相应的生活场景，将人的行为与建筑空间建立起直接的关联。

成果点评：概念表达完整清晰，功能安排动静有序，交通流线较为合理，空间体验具有一定的丰富性，并能将“书”作为一种空间分割的方式有效地组织到室内家具的布置之中，进一步强化了书宅的主题。

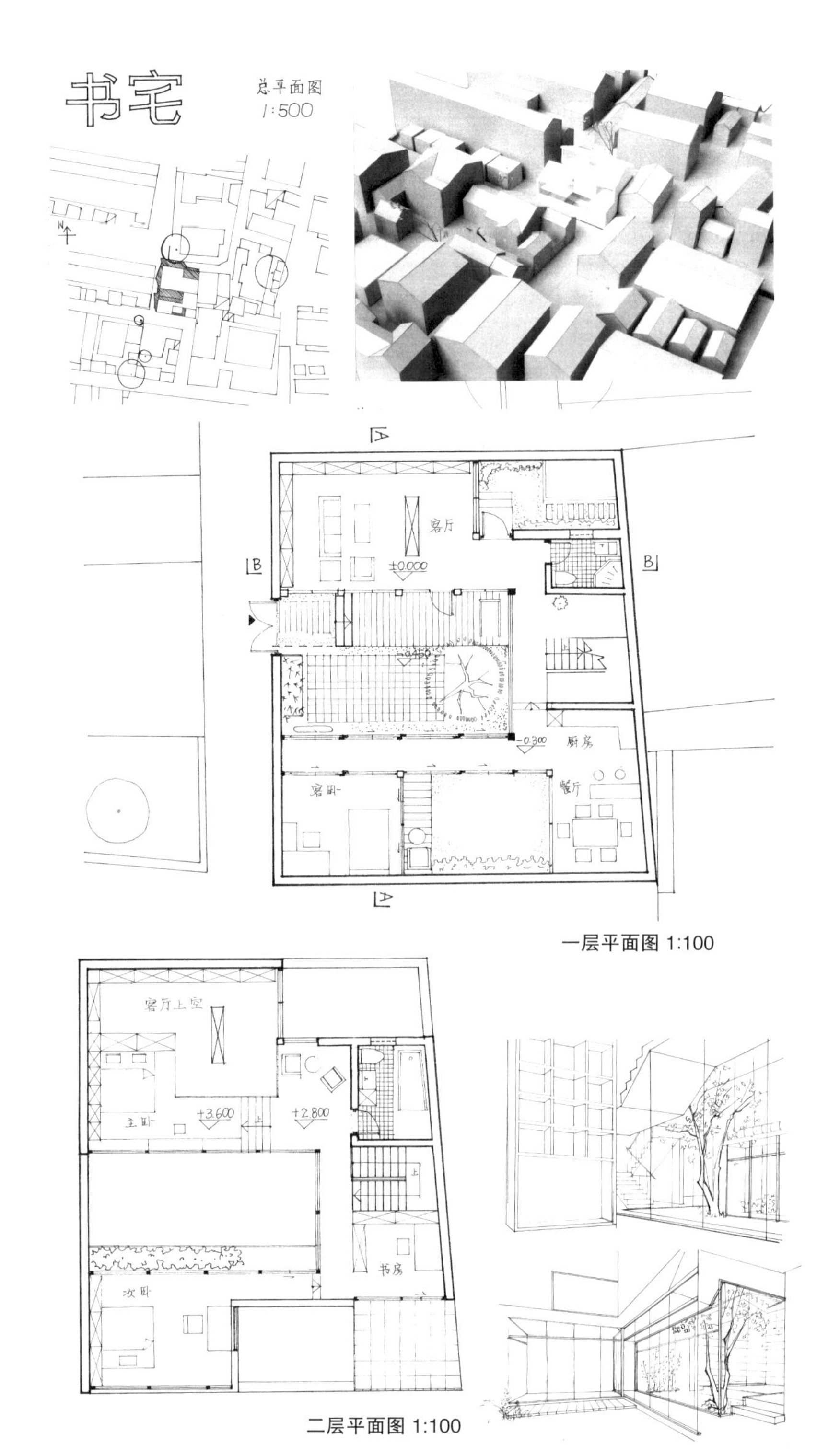

一层平面图 1:100

二层平面图 1:100

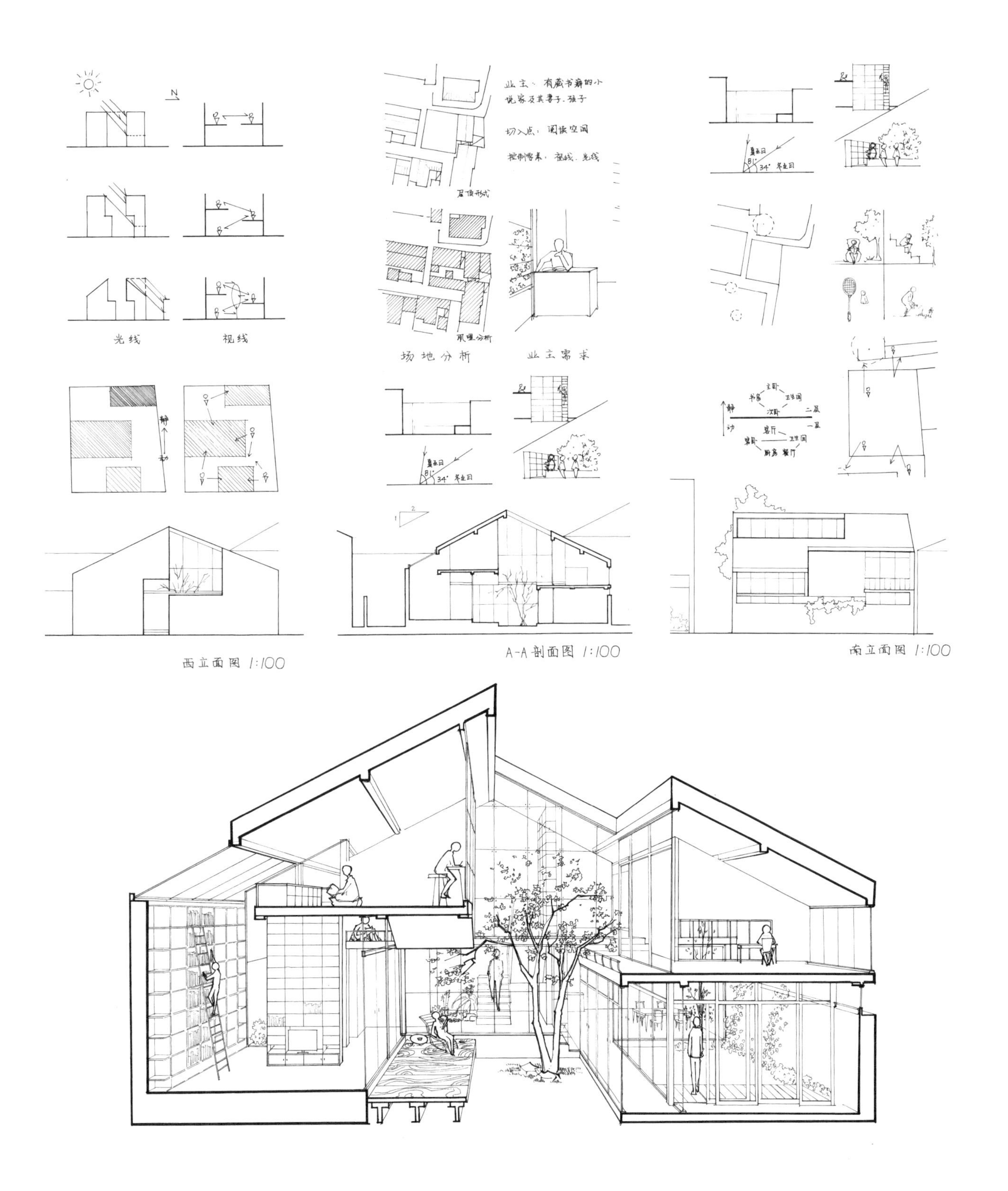
光线
视线
业主：有藏书癖的小说家及其妻子、孩子
切入点：阅读空间
控制要素：视线、光线
屋顶形式
肌理分析
场地分析
业主需求
静
动
主卧
书房
卫生间
次卧
二层
一层
客厅
客卧
卫生间
厨房
餐厅
西立面图 1:100
A-A剖面图 1:100
南立面图 1:100

姓　　名：程苏晶　曹　慧
指导教师：葛文俊

教师点评：

东户的东侧从基地上来看与其他住宅紧贴，不能开窗。

东户竖直方向上是否需要视觉通廊，它是否需要做这么长，还要斟酌一下。比如说只从餐厅通到最后的院子。竖直方向的通廊和水平方向的观景存在矛盾。

在面对城市的界面上，需要用与周围住宅相似的方式处理坡顶。靠近城市界面的辅助空间可能不需要有很高的高度。

院子的划分与利用可能还可以更加有效。

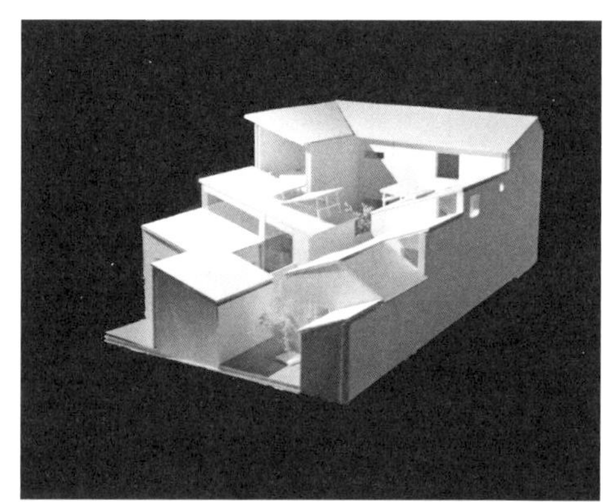

主入口
二层平面图 1:50
A-A剖面图 1:50
D-D剖面图 1:50
C-C剖面图 1:50
F-F剖面图 1:50

姓　　名：高居堂
指导教师：陈秋光

教师点评：

该设计选址于一较为狭长的街角用地，针对特定的场地特征和场所条件，强调对街区肌理形式的呼应和对街角的合理退让距离，以院墙（线要素）和建筑体块（面要素）的相互交错形成院宅的主入口和街角退让空间，院墙参与院宅空间的组织。

对空间和功能的处理并非采取简单的“泡泡图”式的空间与功能划分，通过对建筑空间内各功能要素、结构要素的有序组织，明暗光影的形成以及下沉式庭院空间和其间悬浮板片引导的进入方式，形成水平与垂直向的空间流动和视觉渗透、流线的控制与引导，有意识地进行空间层级的划分和秩序的组织。

在院与宅的组合方式上，依纵深方向设置三个主要庭院，分别对应于附加功能和家庭主要起居、居住空间，入口空间；同时在建筑体量内部插入三个小尺度天井，对应于交通与其他辅助功能空间；北端一层的灰空间将入口庭院与竖直天井建立彼此关联。

该设计采用网格化的模数控制与对位关系，强调结构与空间理性、建筑的逻辑生成关系；简洁的清水混凝土与木质百页的材质在融入场地青砖黛瓦背景的同时，也以自身体量的整体性彰显着自身的形式特征。

追求经济、简洁明晰和适用，注重建立有意义的秩序，强调空间与结构要素的组织逻辑，这些现代主义的设计特征在该设计中均有所体现和追求。

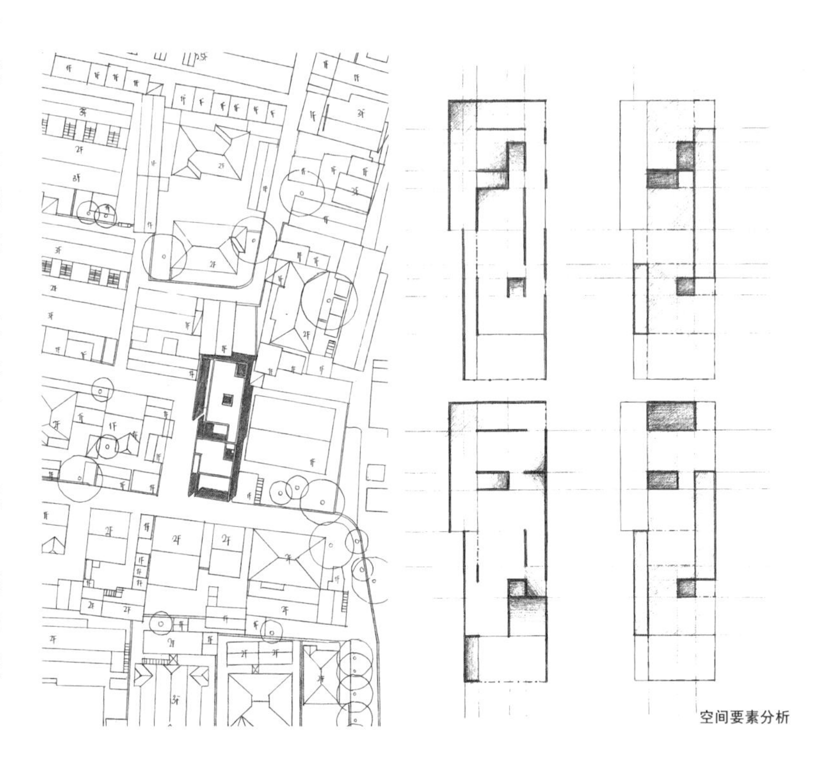

空间要素分析

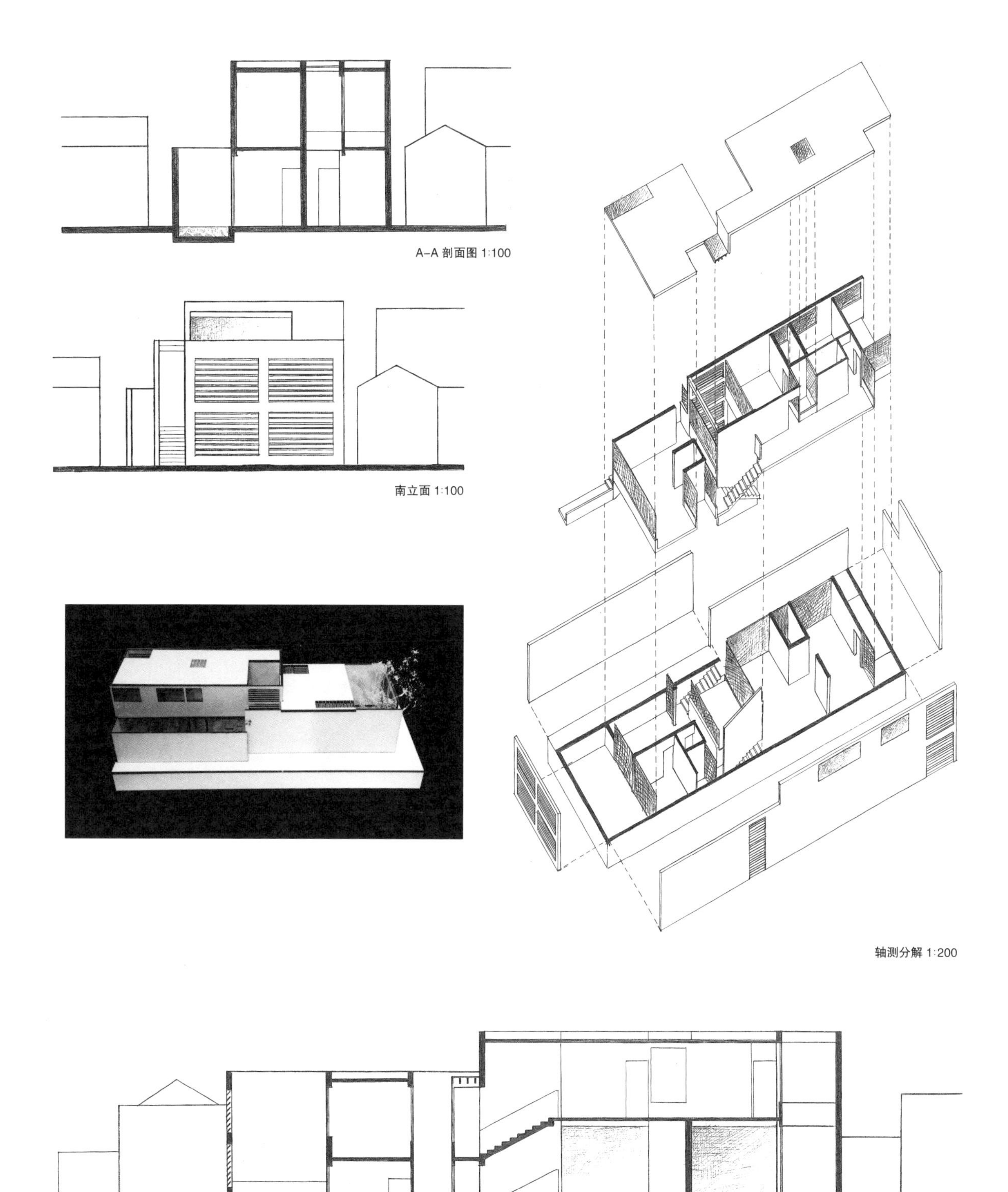

A–A 剖面图 1:100

南立面 1:100

轴测分解 1:200

B–B 剖面图 1:100

姓　　名：刘　璇　刘昌铭
指导教师：朱　雷

教师点评：

这是双宅并置的基地：北侧临街，相对热闹嘈杂；南侧为内部小弄，相对安静闲适，具有生活气息。两位设计者各设计其中一宅，共同决定北侧沿街开店，南侧利用现有大树作为入口共享的过渡空间；同时呼应周边街区肌理，协调屋顶坡度、高度及视线、采光等因素。

西宅：为孩子设计的内外环游空间。

设计起始于现场观察，从儿童追逐玩耍的场景出发，探讨孩子的行为、空间穿梭的经验，即内与外、大与小、动与静、明与暗等，进而讨论家庭内部父母与孩子的交流。沿街开咖啡店的母亲可同时照顾店铺和家庭；小孩拥有自己独立的居住、学习和游戏空间，配合院落穿插及屋顶起伏，与家庭起居空间相互交流，形成立体化的漫游路径——高低上下、内外进出、动静相宜。

东宅：围绕庭院展开的生活场景。

对生活场景的讨论来自案例的启发：围绕内院中庭，从前后、左右、上下三个方向组织起连续的家庭起居活动空间，并在其中插入私密的卧室体块，满足老、中、青三代不同的居室要求。在此基础上，设计者根据现场的观察感知，以更积极的态度应对外部街巷，扩展空间的连续性：隔着店铺、内庭，从北侧街道隐约可见餐厅、厨房，并透过入口小院，一直望穿至南侧巷弄，将城市生活适度引入院宅内部。

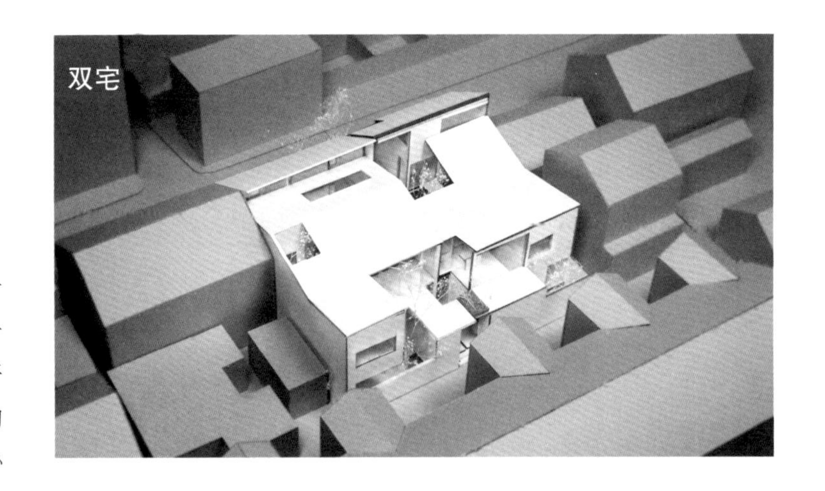

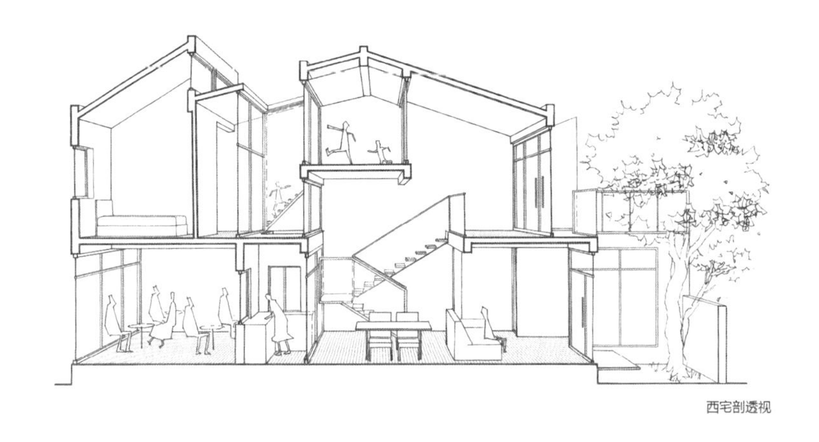

西宅剖透视

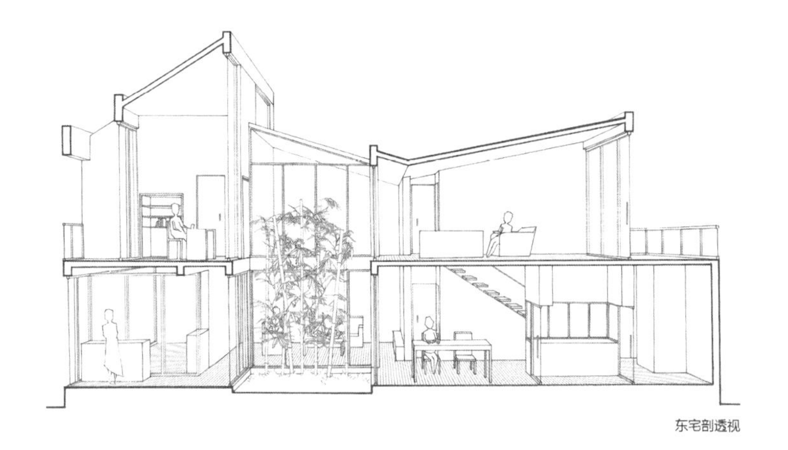

东宅剖透视

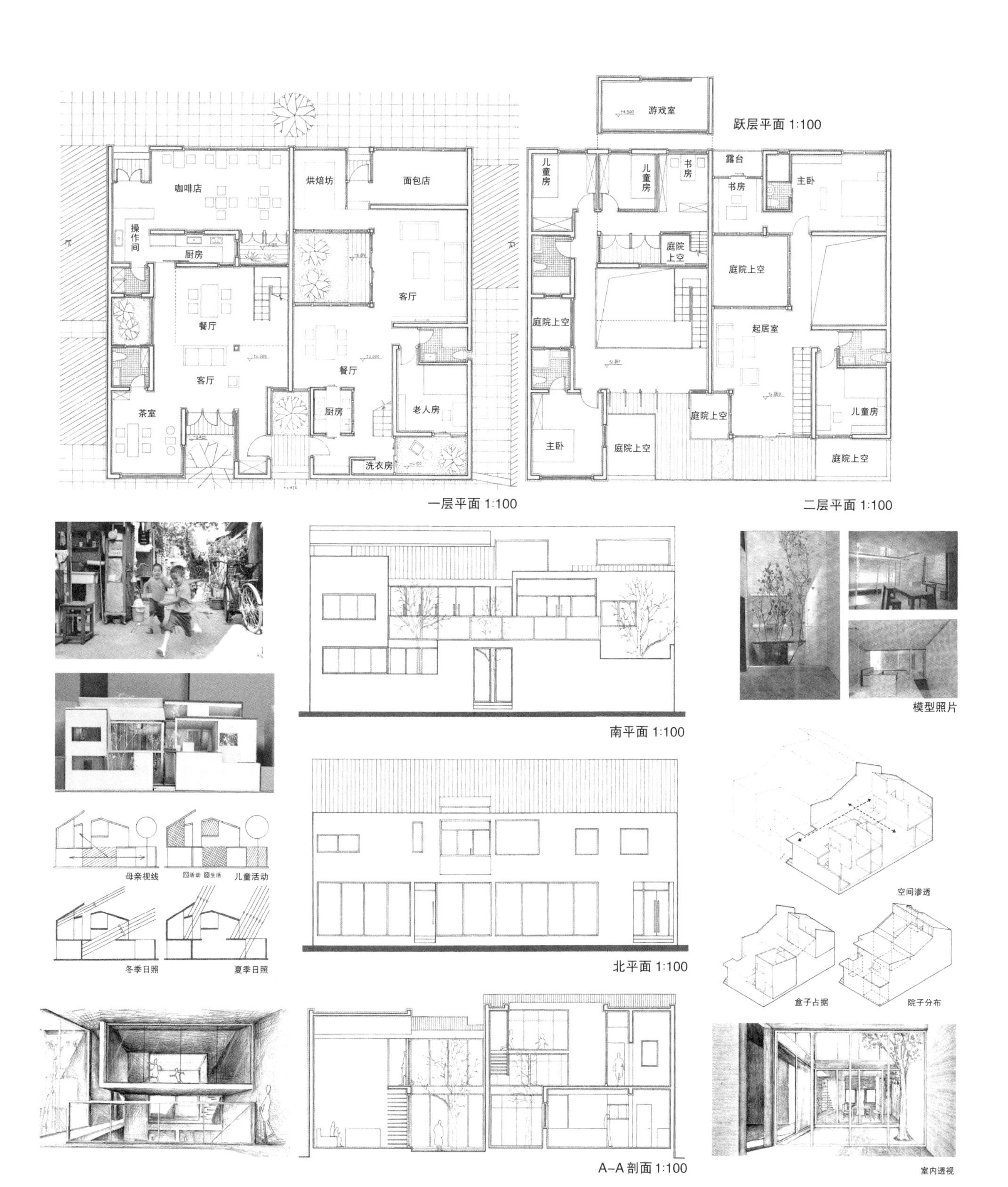

游戏室
跃层平面 1:100
咖啡店
操作间
厨房
烘焙坊
面包店
客厅
餐厅
茶室
厨房
老人房
洗衣房
一层平面 1:100
儿童房
儿童房
书房
露台
书房
主卧
庭院上空
起居室
主卧
儿童房
二层平面 1:100
南平面 1:100
模型照片
北平面 1:100
母亲视线
儿童活动
冬季日照
夏季日照
空间渗透
盒子占据
院子分布
A–A 剖面 1:100
室内透视

姓　　名：周楚茜
指导教师：高　勤

教师点评：

构思策略：该设计从对一家三代六口人生活场景的想象以及与自然结合的生活方式的想象出发，思考院宅这种传统居住类型与当代生活需求碰撞所产生的新的可能。在南北长向的基地中，采取分散体量的方式，形成院—宅错落的布局，并以此场地策略回应三代人生活中对领域感和交流性的双重需求。

设计发展：对不同家庭成员生活习惯的想象发展出具体的空间要求，并结合场地条件发展出大小高低不同的四个体量，它们相互之间以及与院墙之间围合出空间感和领域感各异的三个一层庭院和一个屋顶庭院。家庭生活流线经过反复推敲将这些内外空间合理地定义并组织在一起。同时在剖面上考虑院宅一层与二层边界的不同，利用虚实的处理扩大一层公共部分的空间感，而在上层实体的部分通过合理开窗达到视线与庭院的联系并维护家庭成员的私密性。

成果点评：设计成果体现了最初的意图，四个单坡体量提示不同家庭成员的私有领域，一层院与宅的相互渗透促进家人的活动交流。共享餐厅的前院、家庭的起居院、老人居与茶室围合的后院以及孩童卧室之间的屋顶活动平台，这四个院子在合理的空间关系中形成各自的定义和特征，而一条清晰的流线串联起内外交错高低不同的院—宅空间。设计实现了一种被仔细考量过的有意义的空间丰富性。

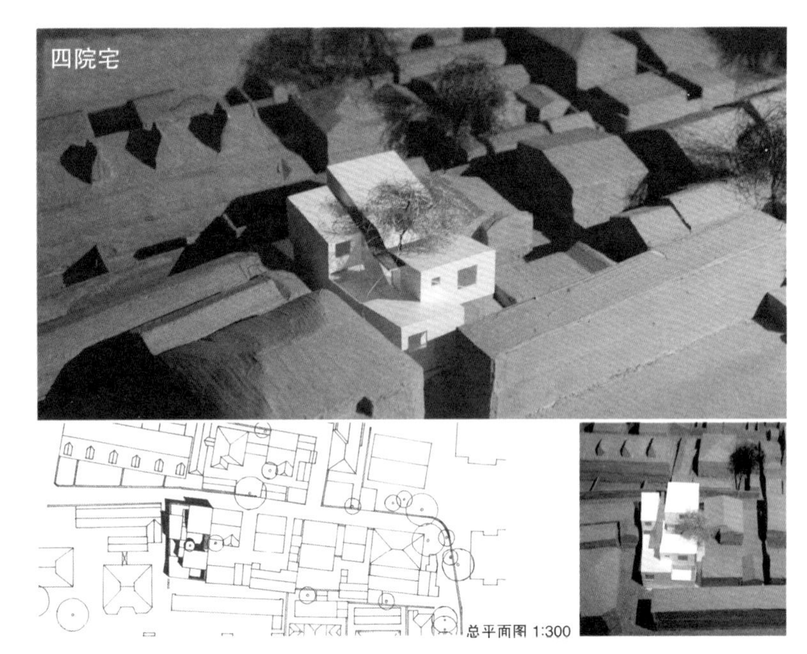

总平面图 1:300

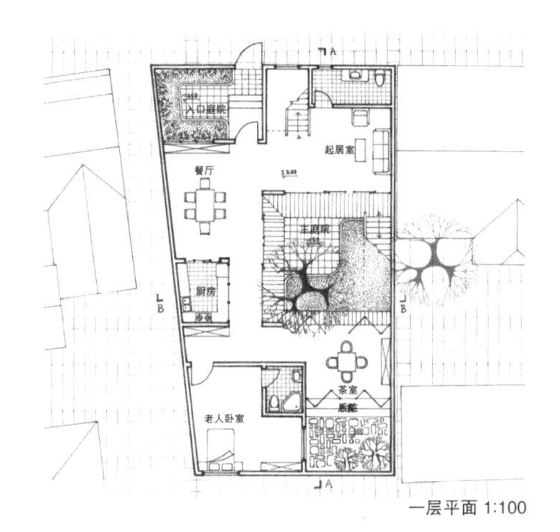

一层平面 1:100

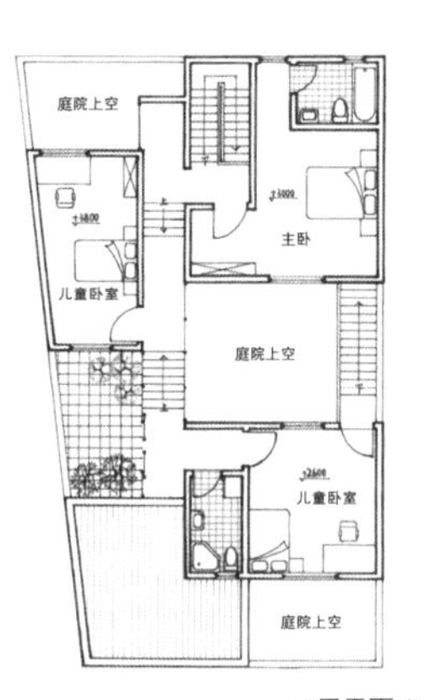

二层平面 1:100

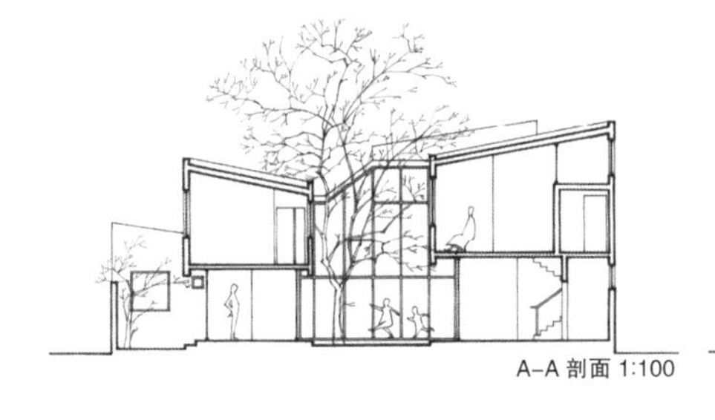
A–A 剖面 1:100

B–B 剖面 1:100

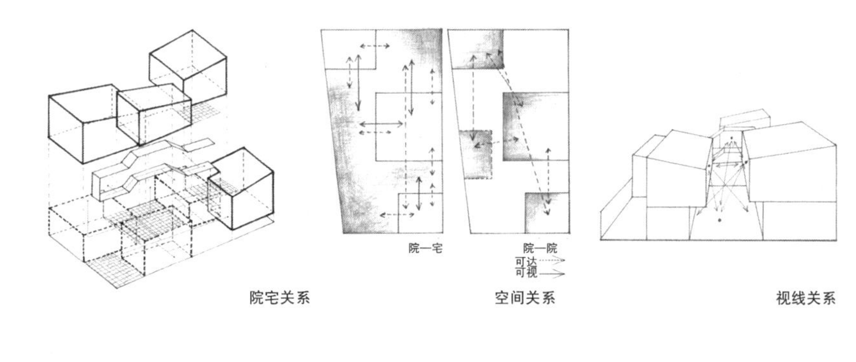

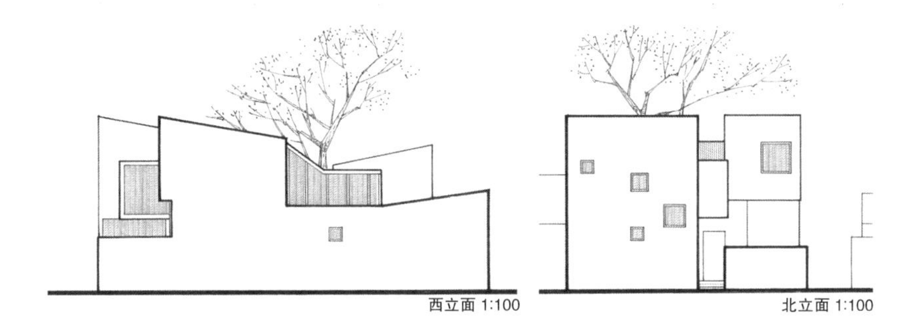

剖透视

姓　　名：殷子衡
指导教师：薛凯臻

教师点评：

设计应“三代居”家庭的需求，于南北临街的狭长地块将主人与老人的生活空间相对独立布置，向内汇聚于餐厅及起居的核心空间，并以楼梯作为公共—私密、上层—下层空间的转换节点；前院、边院、后院与房间一体组织，充分引入阳光等自然要素，多方向延续拓展建筑空间；以简明的空间结构为基底，探讨视线、流线、活动的连通与限定，精心组织空间要素，呈现出可以多重解读的空间关系和深入品味的空间意趣。

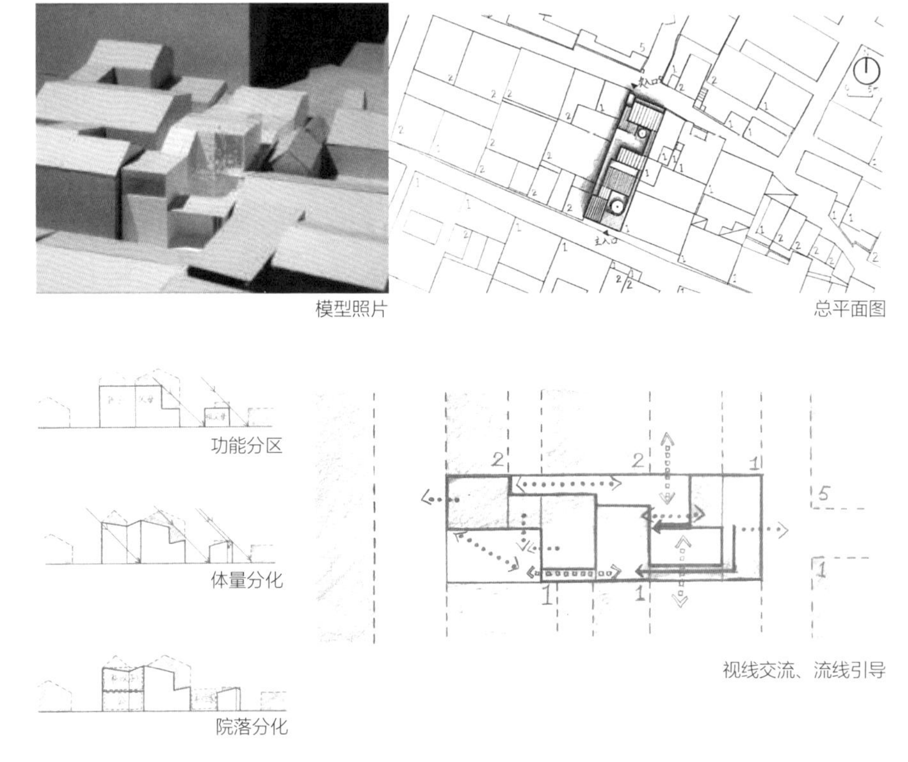

模型照片　　总平面图

功能分区

体量分化

院落分化

视线交流、流线引导

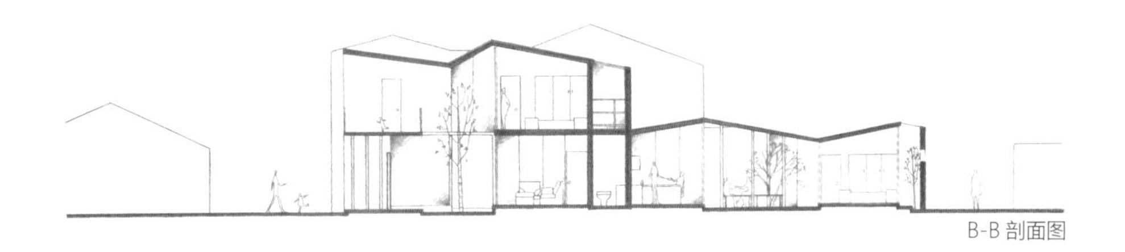

B-B 剖面图

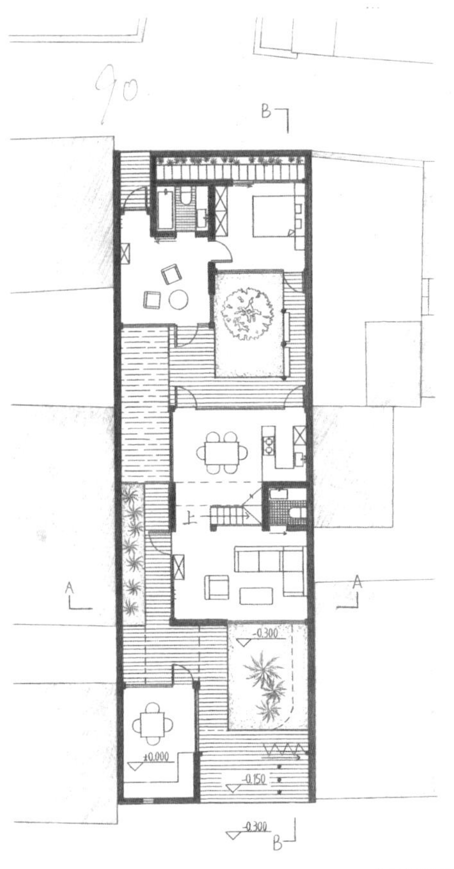

首层平面图

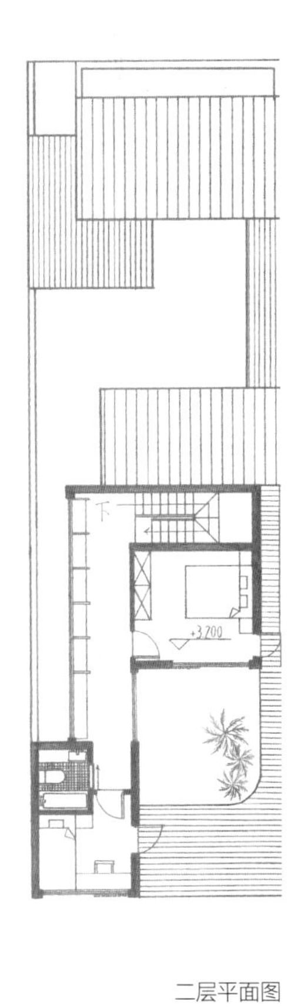

二层平面图

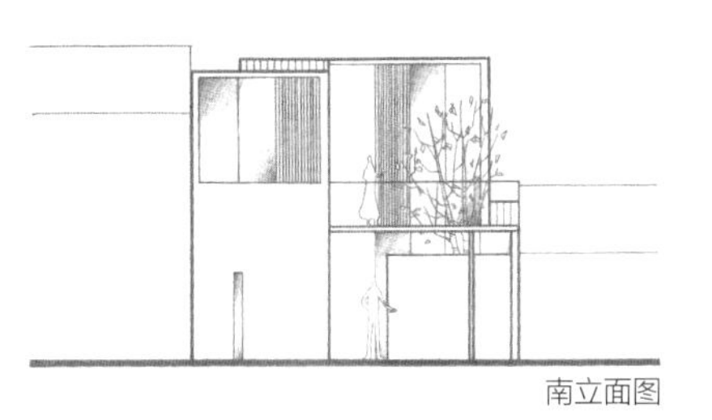

南立面图

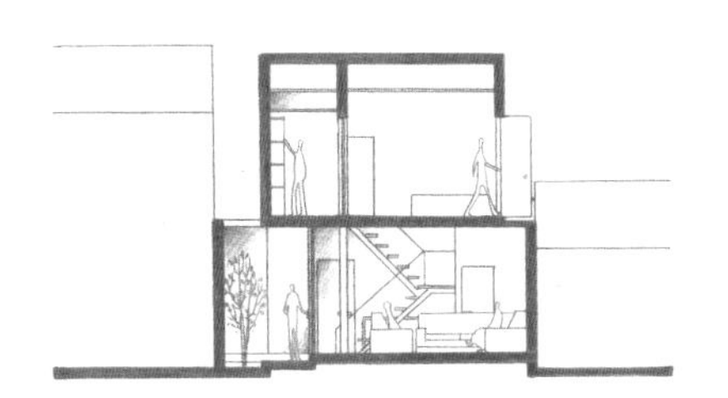

A-A 剖面图

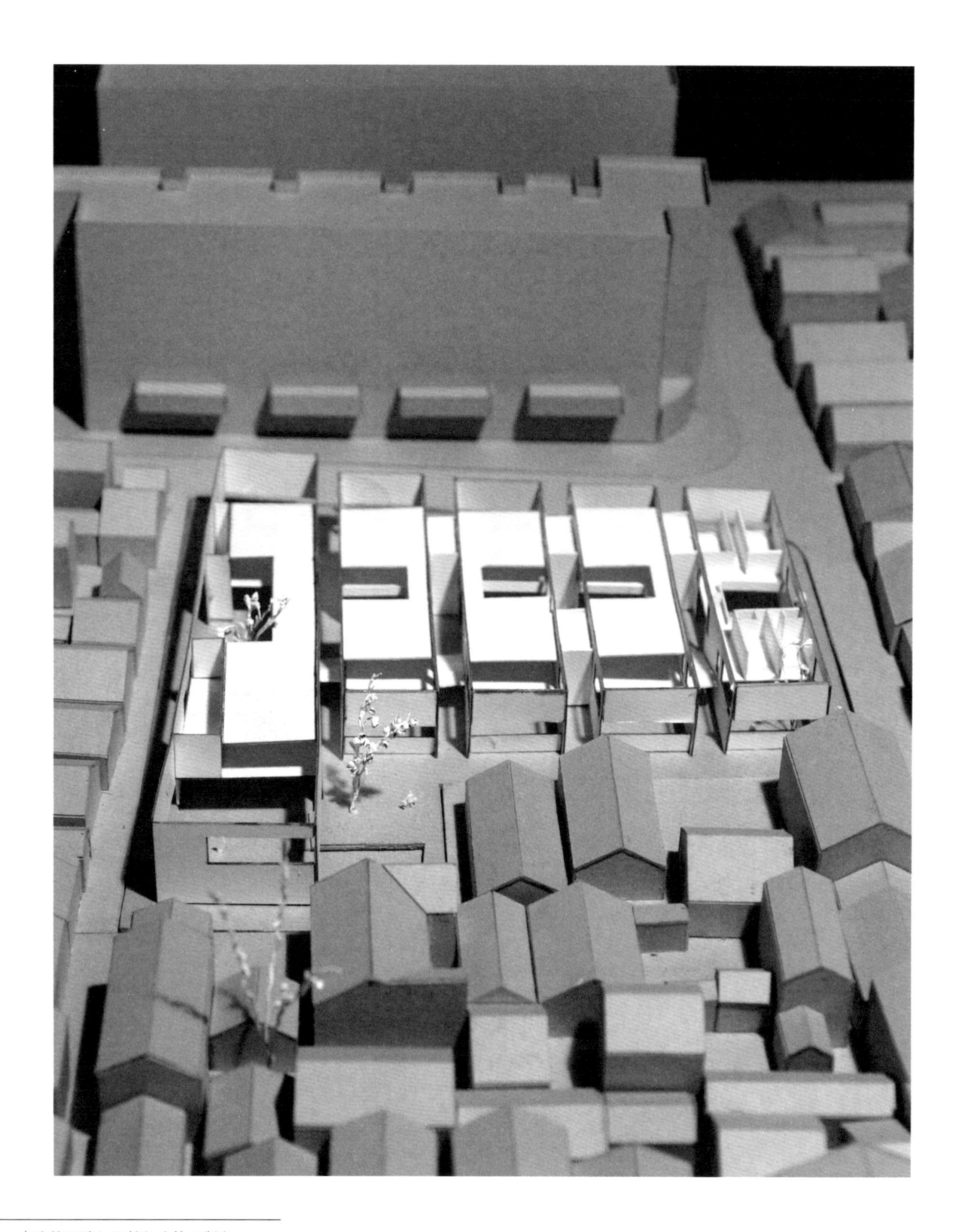

课题II　空间与结构：青年公寓设计

（PHASE Ⅱ　SPACE AND CONSTRUCTION：Youth Apartment Design）

青年公寓作为空间单元组织的一种建筑类型，反映了一类特定且经典的空间组织结构在当今城市特定肌理中的重新呈现。在该课题中，重点围绕“空间与结构”“空间与组织”这两个主题，展开对于“基本房间”“单元组合”“组织结构”的学习。以理解基本房间单元的“开间、进深、层高”“围合与开放”，结构组织的“框架与墙板”“网格与线性”“交通与服务”“层级与疏密”等问题。在这种设计研究中，结构一方面表现为物质系统的组织，另一方面也表达为空间及层级系统的组织，并以此建立具体的物质构成与抽象的空间组织的关系。

目的和要求

（1）学习单元空间的设计与组织方式，掌握“空间”“形”“建构”之间互动的设计方法。

（2）学习在特定城市环境肌理中的建筑内外空间组织。

（3）研究青年人的行为方式，以及由此产生的空间基本需求和对于空间的独特感受。

（4）理解材料、结构对空间的限定及组织作用。

（5）继续学习通过实物模型与二维图纸进行设计研究的工作方法。

一　课题背景：结构与空间

（Subject Background：Structure and Space）

青年公寓作为二年级第二个设计作业，在整个教学体系框架的架构下，以空间 / 功能、场地 / 场所、材质 / 建构这三组（图 2-1）对于建筑设计教学的基本问题为出发点，并结合特定的建筑类型特点，加入使用 / 体验这一组与使用者直接相关的问题。

作为设计教学的系列化教案，青年公寓是在二年级第一个设计作业“院宅”基础上的延续和发展。在“院宅”设计作业中，学生已接触到一些基本的建筑设计问题，并就空间分化和简单形体的建筑设计进行了学习。在“院宅”设计作业的基础上，本设计对由空间分化及单一形体的组合而形成的建筑空间及形体进行学习，并初步涉及下一个设计作业的空间接续与空间进程，是以空间、环境、建构为主线的教学内容的设计系列之二。

1. 空间设计内容与要素

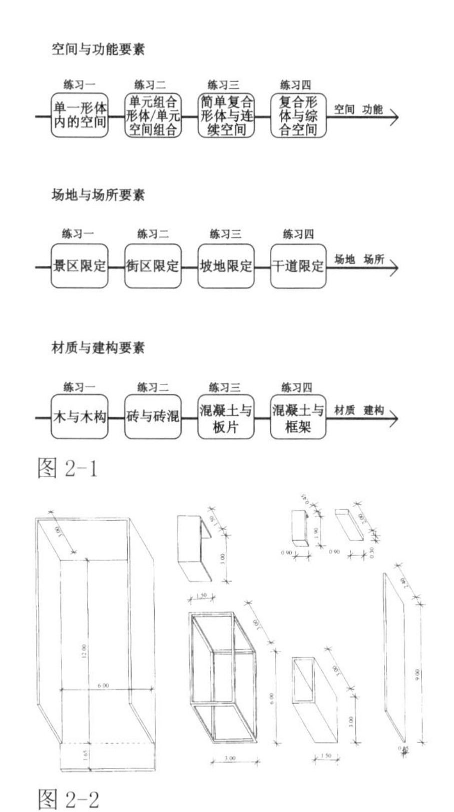

图 2-1

图 2-2

与“院宅”设计作业类似，在任务书中，规定了主体基本空间的数量及功能要求（图 2-2）。此为单元组合作业与二年级后续两个设计作业的主要区别所在，同时也是本设计作业的一个主要特点。这些给定的要素，反映了此类建筑空间组合的基本特点和各种形体要素，同时也是具体建筑类型所要求的物质功能要素。与以往的设计作业不同，所有给定的构成要素均需由学生在前期调研和查找设计手册的过程中确定，此做法加深了学生对任务书的理解和主动参与性，而非是简单的被动接受。由确定的基本要素构成和基本结构方式所限定的这种设计教学方法，在突出“空间与结构”“空间与组织”这两个设计核心、弱化一些设计次要问题的同时，可建立起相对客观统一的评价标准，从而使教案向可教与可学方向靠拢。

1）类型的选择

由传统设计教学重建筑类型向现代设计教学重问题类型的转化，将建筑类型作为问题类型的背景。本设计作业训练的重点是由若干基本空间按使用要求及空间组合方式相互成组布置形成空间单元，多个空间单元与附加公共部分按空间层级划分要求进行组织，最终形成一建筑单体的设计过程。作为单元组合这一空间方式，相适应的建筑类型是非常广泛并具代表性的，如公寓、宿舍、教学楼、办公建筑等等。这也为设计题目的置换带来灵活多变的可能（图 2-3）。

青年公寓设计作业选取与学生生活较为密切的建筑类型，总床位 60 床，分单人间和双人间两种基本房间，其中单人间为 12—20 间，双人间为 20—24 间，附加若干公共空间与管理用房，总建筑面积控制在 1600 ㎡，限高 15 m。

2）结构选型

基于结构和建筑彼此共生、互为设计的出发点，本设计作业限定采用墙板结构体系或框架结构体系两种结构方式，强调对支撑要素与围护要素关系的学习与理解。

早期的教案中多采用以砖混结构为主的墙板结构作为具体的建筑结构，墙板（砖、混凝土）既是结构承重构件，同时也是空间围护与划分构件，要素合一。但因不能灵活地进行空间划分而存在一定的局限性，即限制了建筑空间组织的灵活性，以至受限于特定的空间类型。然而墙板结构对于多层以下、中小开间与进深的标准单元重复组织以及建造的经济等方面仍具有自身的优势；同时墙板结构所具有的线性要素在形成空间的序列、秩序和层级关系，空间的韵律和指向性等方面，有其特有的优势和特点（图 2-4）。

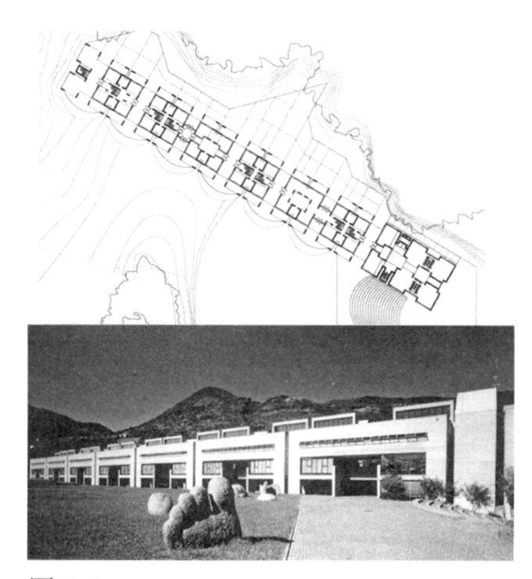
图 2-3

近几年随着教案的调整及选用场地的变化（主要思路为压缩用地规模，变总图内的水平单元排布为竖向空间组织，使空间组织与结构逻辑关系更加紧密），在原有墙板结构体系之外加入框架结构体系，结构框架作为受力支撑，而墙板则主要参与空间的围护与划分，支撑与围护相互分离。从设计训练的角度来看，不同要素的概念趋于清晰，空间组合方式自由灵活，而墙板的线性特征同时得以保留（图 2-5）。

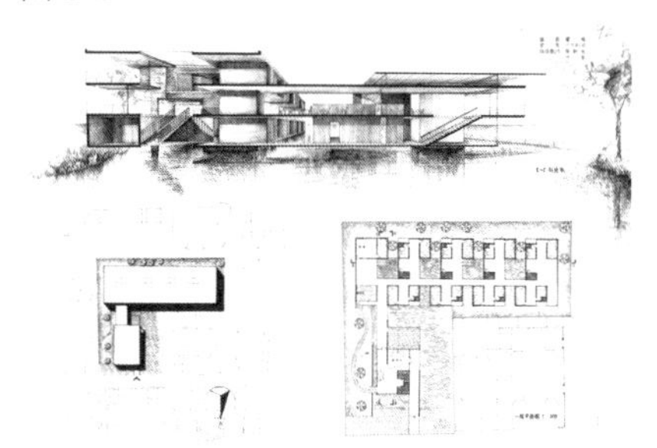
图 2-4

3）基本结构三维形体

基本结构三维形体可看作由垂直面和水平面组合而成的“盒子”，即一种抽象化的形式结构。

由基本结构的三维体积所形成的标准单元体，其组合及形式特征（由使用要求所限定）是本设计作业所要解决的重点问题，这一问题在空间教学中的核心地位参见美国程大锦教授所著《建筑：形式、空间和秩序》一书第四章“组合”内容（图 2-6）。正交三维坐标体系由设计作业一“院宅”发展延续而来，开启与闭合则针对于流线、视线与光线。

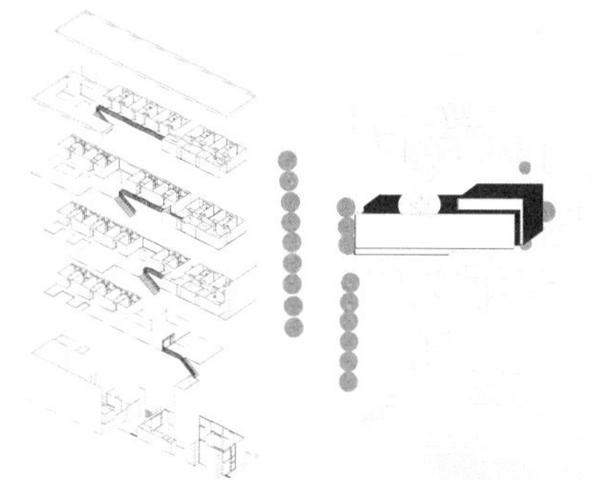
图 2-5

①水平面，即楼面、地面、屋面，承载与覆盖人的活动，并传递荷载，为闭合要素。

②垂直面一，即墙板结构及各种隔墙，承载楼面、屋面荷载，并起空间的划分与围合作用，平面上表示为线性，为闭合要素。

③垂直面二，即门窗、洞口及框架柱，柱承受梁架传递的荷载，平面上表示为一点，门窗及洞口起气候边界的划分、视线及流线的贯通作用，在此设置为开启。

在现实建筑中，由单一空间组成的建筑无论是在类型上还是在数量上都是非常有限的，绝大多数的建筑物总是由许多的空间组合而成，并按照空间的功能、相似性、使用方式及其连接要素（走道、门厅、楼梯等）将各类空间联系在一起。

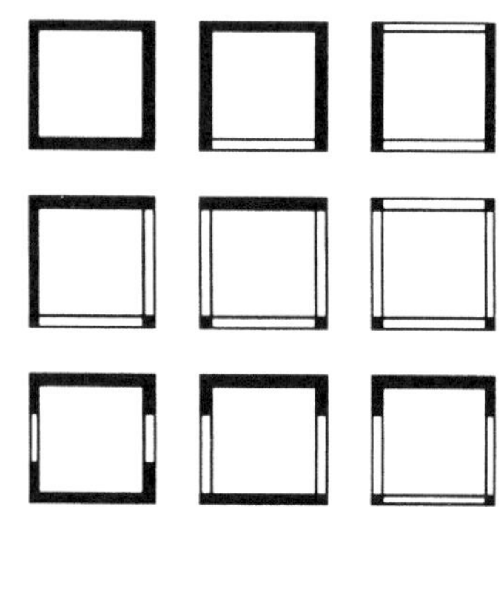

青年公寓设计作业学习的重点为建筑空间排列和组合的基本方式，物质结构要素与建筑空间及形式的相互关联，不同的空间类型对应于不同的空间形式。其对空间的要求如下：

①具有特定的功能或者需要特定的形式。

②因功能相似而组合成功能性的组团或在线性序列中重复出现。

③因功能划分而形成的层级序列关系。

④因采光、通风、景观、交通的需要而对外开放。

⑤因使用的领域或私密性而必须围合。

4）模数

在设计作业一“院宅”的基础上，本设计作业加入模数控制的要求，所有设计要素尺寸均要求采用建筑基本控制模数3M，将各种设计要素及其变化都纳入一个统一可控的空间形式关系中，在基本的正交系统的模数控制下，结合场地条件可置入某些斜交及曲线要素。

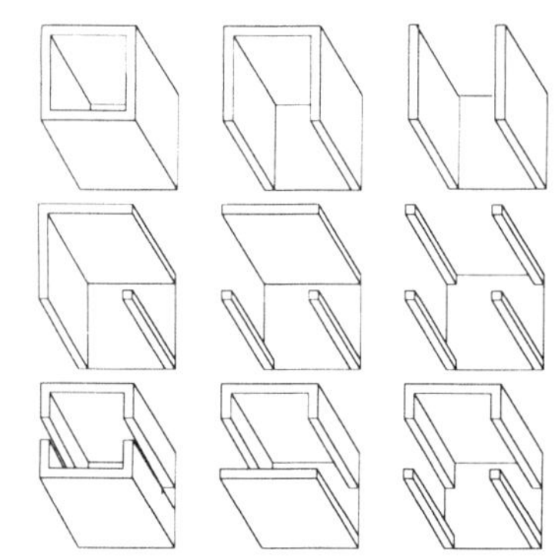

图 2-6

2. 建筑设计基本问题的建立

青年公寓设计作业重点解决空间单元的组合、空间组织结构与物质结构的相互关联性。此外，场地与场所（环境）、空间与功能（使用）、材质与建构（技术）这三对建筑设计的基本问题，是二年级所有设计作业都必须强调的重点和关键。在哪里建造（环境），为何而建造（使用），如何去建造（技术），回应了建筑设计最基础的本意。它们各自的特点及要求为建筑空间和形式的生成提供依据和限定条件，并以此为具体设计的出发点（图 2-7）。

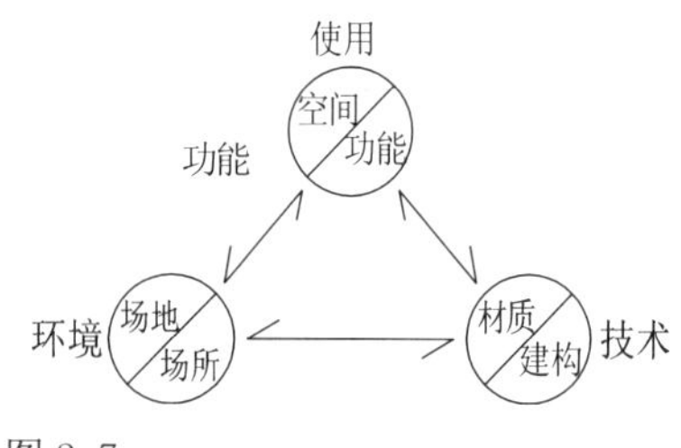

图 2-7

1）场地与场所要素

环境因素是任何建筑设计的外部限定条件。

场地的选择、建造的地点，是建筑设计的初始条件。建筑环境同时暗含了对建筑生成的各种制约，也是确立建筑设计形态、空间与建造方式的重要基础，并为建筑设计优劣的基本评价标准之一。

青年公寓的环境被限定为城市街区，考虑到该建筑为东南大学配套的生活服务设施，故选址为校园边的街区之内，这也是在“院宅”街巷内的院墙限定基础上进行的系列化扩展。街区是城市空间中最为常见的一种环境条件。

场地的几何特征是建筑生成的背景和依据，场所的肌理特征（道路、广场、庭院、已有建筑的布局方式及景观）和场地的地形、地貌等自然条件是设计中主要考虑的环境因素。强调发现、利用并保留场地的固有特征，使学生理解建筑与场地的结合是场地的发展过程，场地与场所同时启发建筑的生成。二年级由于知识层次和相关课程衔接跟进的限制，场地的历史、文化特征在此不作要求，由三年级设计提高阶段进行学习。

对于场地与建筑的认知在教学中是一个不断发展与调整的过程，在前几年的设计作业中，给定的场地用地范围较大，用地条件较宽松，对总图的各种可能性及建筑平面组合方式过于关注，而疏于对空间组织结构的设计，空间类型丰富而对建筑本体的深入及完成度不够；近四年则收紧用地面积，对空间与组织结构和单元设计重点进行强化，简化总图，使设计作业的重点和完成度有了明显改观。

2）空间与功能要素

相对于场地因素，功能与使用要素为单元组合空间的内部限定以及建筑类型的要求，它具有特定的功能及在组合中所特有的形式。

因功能的重复和相似性而组合为功能性的组团，并在线性或网格序列中重复出现。功能的组合方式，可以表明各单元在建筑中相对的重要性。单元类型的划分，单元与单元之间、单元内部与外部之间的联系与分隔，交通的组织，组合的形体涉及以下三点：

①功能分区。

②空间的等级、层次、序列的要求。

③交通、采光、景观环境的要求。

单元组合空间的形式关系重点训练有如下四点（图 2-8）：

①线性组合。

②辐射式组合。

③网格式组合。

④竖向空间组合。

近四年的作业由于压缩场地大小，将训练重点更多地放在线性组

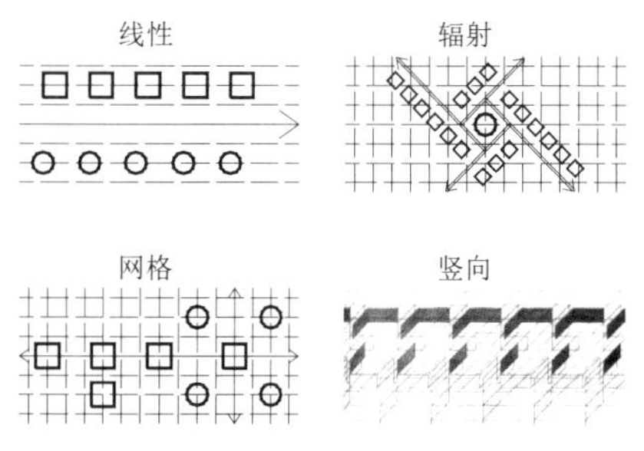

图 2-8

合及竖向空间组合上（图 2-9）。

由单元空间组合特点及场地条件决定，本设计作业在具体的设计方法上应采用从单元到整体以及从整体到单元双向互动的方式进行，这也是本设计作业与二年级其他三个设计作业在设计方法上有所不同的地方。

3）材质与建构要素

建筑空间的完美决定于结构的理性，结构的理性产生于明晰的构筑方式，以及具有逻辑的尺度和真实的材料表达。

青年公寓在结构方式上规定采用墙板结构与框架结构两种结构方式。与“院宅”设计相同，建筑空间的材质化将抽象的空间形式以具象的物质建构表达出来。墙与墙、墙与柱的共同作用——承重与围护、分隔与流动是本设计作业主要采用的结构方式与空间划分的组织方式；在平面图形上反映为线、面与点的关系，墙板为承重与围合、空间引导与方向，闭合墙体为空间的节奏以及空间内的设立，柱承重并起联系作用。

材质特点重点表现了混凝土与清水砖墙特殊的质感（色彩、肌理、触感等）以及构造细节的表现力，结构的主要材料为砖、混凝土，其他材料为玻璃、木材、钢。构造细节主要包括：清水砖墙的砌筑方式，砖墙开洞处的平拱与弯拱；混凝土柱、梁、板的交接的细部处理；不同材料间如砖、混凝土与钢、玻璃、木材等材料的节点方式和形式表达（图 2-10）。

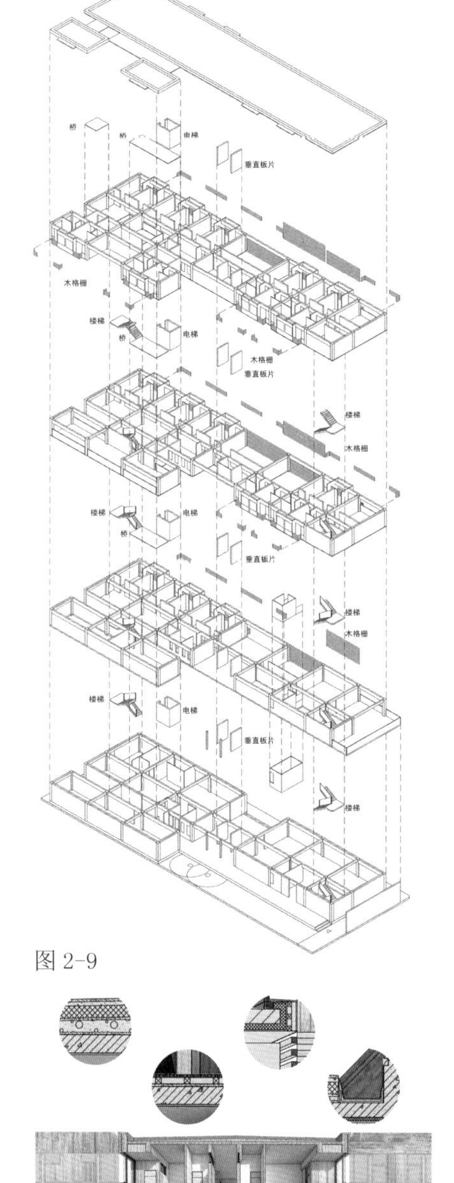

图 2-9

图 2-10

3. 建筑问题引导下的阶段性教学和模型操作

从以建筑类型为主到以建筑问题为主的设计教学方式的改变，强调从分解到综合、从片断到整体的结构有序化设计过程，体现在二年级每一个教案的设置和阶段性的操作中。在设计过程中，上述场地与场所、空间与功能、材质与建构三条设计主线的发展在阶段化的教学过程中有所体现，并由浅入深，由抽象到具体。

在青年公寓分阶段的设计过程中，除二维草图发展设计过程以外，采用工作模型的方式强化设计过程和空间训练，传统的二维草图长于功能流线的排布而弱于空间结构的组织，两者结合，对于二年级设计入门阶段的学生而言，易于空间概念的建立，且以更直观易理解的方式进行设计方案的推敲深化。在不同的设计阶段结合不同的工作模型，具体为体块模型、结构模型、建筑模型三种工作模型。

1）以环境、功能条件为出发点形成建筑体块的“体块模型”

“体块模型”是设计初始阶段的工作模型，所有给定的单元体块被抽象为“盒子”，并分开启与闭合，由以下三个设计出发点进行研究：

①环境、场地的特点及制约条件。

②建筑类型本身所要求的功能划分及空间关系。

③建筑形体的组合关系。

“体块模型”阶段一般按1∶500的小比例尺进行研究，并可尝试以不同材质或色彩的模型材料区分不同的功能体块或交通联系。

2）以空间、组织结构为出发点形成空间关系的“结构模型”

“结构模型”阶段由对体块的研究深化到对空间的研究。它赋予建筑形体以空间的内涵，是三个工作模型研究的重点阶段，空间、功能、形式等问题均可通过结构模型予以体现。各要素形式如下：

①柱，即垂直线。

②墙体（承重、围护、分隔），即垂直面。

③门窗、洞口，即垂直开启面。

对于功能相对单一的标准单元组合空间，结构模型通常只选择标准层平面研究即可，一般不涉及水平向的楼面、屋面，但对垂直方向上的空间穿插与渗透、结构转换除外。结构模型以垂直方向的要素研究为重点。此阶段通常要求1∶200比例尺的模型。

有教学实践得出，“结构模型”对于有规律性的空间组合设计作业是一种有效的工具方法，此阶段以“结构模型”结合草图大师(Sketch-Up）建模软件进行建筑空间研究同样有效。

3）从空间、结构到材质、细部的“建筑模型”

“建筑模型”阶段为工作模型的最后一个操作阶段，在结构模型对空间研究的基础上，它形成最后的建筑形式，研究从整体到局部、从局部到细节的建筑处理。各建筑要素要求材质化、细节化，这一阶段训练学生以专业的眼光来研究建筑问题。此模型阶段由1∶200的空间模型和1∶50的单元模型以及1∶10—1∶20的大样模型共同组成。

“建筑模型”要求不仅能够表达建筑造型，而且能够表达建筑空间和细部构造，因此通常以可揭式的模型制作来应对上述要求。

从体块—组织结构—赋予材质的建筑空间和形式，这种不断深化设计问题的三种工作模型对应于设计过程的各个阶段（图2-11）。

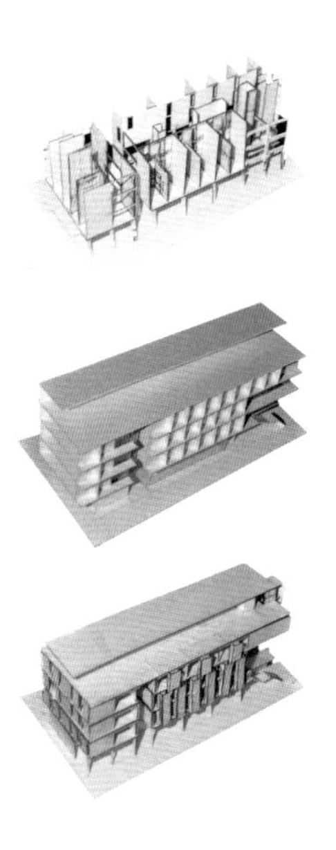

图2-11

4. 结语

（1）从二年级建筑设计作业的整体思路来看，空间要素源自一种体块化的思路，即把空间视为体块以及体块间的相互关系。在此思路下，最简单的单个空间被视为空间设计的基本单位，以此单个空间为基础，可分化或组合成更复杂的空间。这一点也是基于现代建筑“方盒子”的问题为背景的学习。空间单元的组合表现为一种结构化的方法，在强调空间构成方式的同时，带有自身的组织逻辑，发展为一种更为有序的层级化空间关系（图2-12）。同时附加体块和空间的加入，结合空间要素的组合，发展出多样性的空间形式，而不再仅限于组合。空间设计的对象（内容）被视为空间结构的本体，相关功能和结构问题表达为各体块之间的合并与分离，并最终形成统一的空间网格和结构组织。

（2）现实中绝大多数建筑都是由多个空间组合而成，在“院宅”简单空间作业的基础上发展形成的单元空间的组合体现了二年级教案设置的结构有序化思路。由单元空间与附加空间按照功能与空间类型相似性等要求，通过空间层次化进行组合，划分出主要使用空间与服务性空间。空间秩序的组织是单元空间组合设计的核心，它在保证使用合理的基础上，通过空间的对比与变化、重复与韵律、衔接与过渡、渗透与层级、导向与暗示等设计手法建立了一套整体的空间秩序。

（3）理性化的教案需要理性化的教学方法和思维与之对应，“灵感”的产生、设计概念的生成必须建立在真实及“落地”的基础之上。设计过程通过分析（①场地制约条件；②设计任务书本体的分析；③技术及材料条件采用），提出设计“概念”，最终由设计原理、设计方法的运用实现最终的设计成果。

（4）现代主义建筑的主旨是解决问题，而不是陷于一种新的形式主义。设计作业的设置旨在通过场地与场所、空间与功能、材质与建构这三组现代主义建筑的基础问题，建构一种理性的可操作与可评价的方法和训练体系。

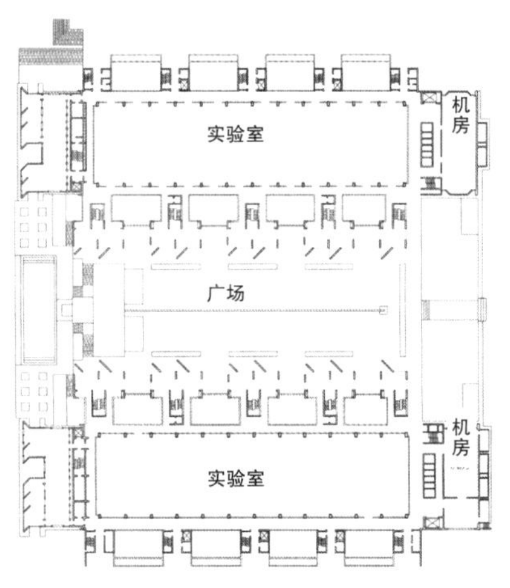

图 2-12

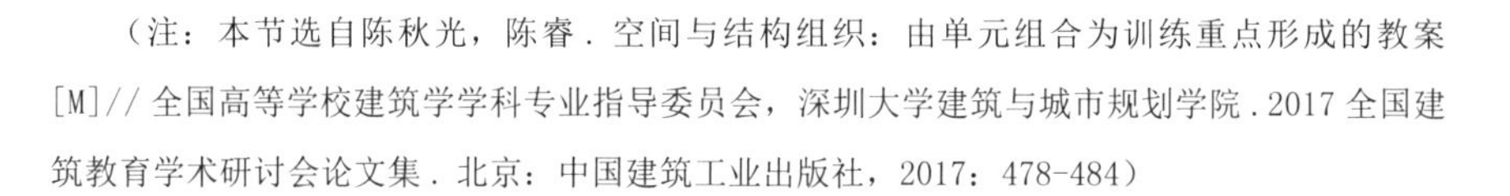
（注：本节选自陈秋光，陈睿．空间与结构组织：由单元组合为训练重点形成的教案[M]// 全国高等学校建筑学学科专业指导委员会，深圳大学建筑与城市规划学院．2017 全国建筑教育学术研讨会论文集．北京：中国建筑工业出版社，2017：478-484）

参考文献

[瑞士]安德烈·德普拉泽斯．建构建筑手册[M]．任铮鉞，等译．大连：大连理工大学出版社，2007.

[美]程大锦（Francis D. K. Ching）．建筑：形式、空间和秩序[M]．刘丛红，译．3 版．天津：天津大学出版社，2008.

[荷]赫曼·赫茨伯格（Herman Hertzberger）．建筑学教程 2：空间与建筑师[M]．刘大馨，古红缨，译．天津：天津大学出版社，2003.

[日]小林克弘．建筑构成手法[M]．陈志华，王小盾，译．北京：中国建筑工业出版社，2004.

[日]香山寿夫．建筑意匠十二讲[M]．宁晶，译．北京：中国建筑工业出版社，2006.

顾大庆．空间、建构和设计：建构作为一种设计的工作方法[J]．建筑师，2006（1）：13-21.

冯金龙，张雷，丁沃沃．欧洲现代建筑解析：形式的建构[M]．南京：江苏科学技术出版社，1999.

图片来源

图 2-2 源自：瑞士苏黎世联邦理工学院克莱默教授《设计教育—7/97》第 8 页建筑设计基础练习中的结构/组织与形式（Structure /Organization and form in basic Architectural Design Experiments in *Design Education-7/97* P8，ETH-Zurich School of Architecture Professor H.E.Kramel）.

图 2-3 源自：支文军，朱广宇．马里奥·博塔[M]．大连：大连理工大学出版社，2003：36.

图 2-4 源自：2009—2010 学年东南大学翟练设计作业.

图 2-5 源自：2015—2016 学年东南大学翟盈设计作业.

图 2-6 源自：[美]程大锦（Francis D. K. Ching）．建筑：形式、空间和秩序[M]．刘丛红，译．3 版．天津：天津大学出版社，2008：185.

图 2-9 源自：2014—2015 学年东南大学吕颖洁设计作业.

图 2-10 源自：2016—2017 学年东南大学尹维茗设计作业.

图 2-11 源自：2016—2017 学年东南大学赖怡蓁设计作业.

图 2-12 源自：施植明，刘芳嘉．路易斯·康：建筑师中的哲学家[M]．南京：江苏凤凰科学技术出版社，2016：53.

注：其他未注明来源的图片均为作者绘制或拍摄。

二　案例分析（Case Study）

分区策略：公共—私密

再春馆制药厂女子宿舍　设计：妹岛和世
（图片来源:《建筑素描》（*EL Croquis*）1996 年第 77 期《妹岛和世（1988—1996 年）》）（*Kazuyo Sejima*, 1988—1996）

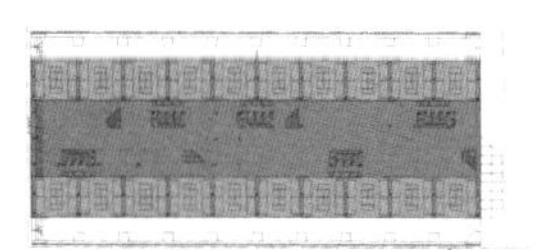

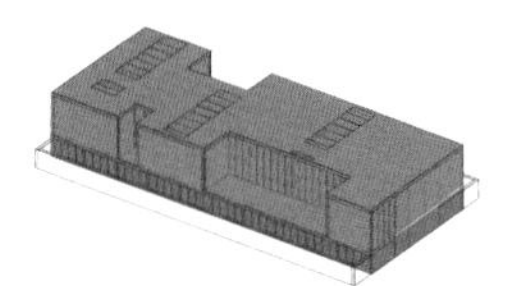

巴黎大学城瑞士馆　设计：柯布西耶
（图片来源：大作网）

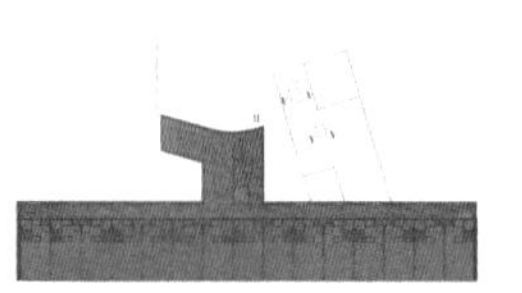

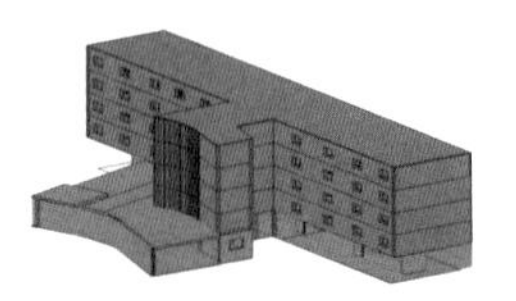

维斯帕街学生公寓　设计：赫茨伯格
（图片来源：全球游客音频指南网）

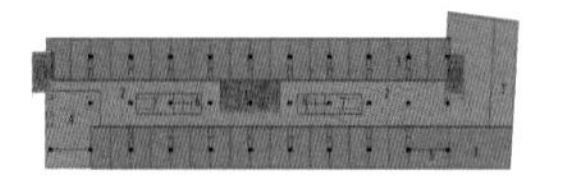

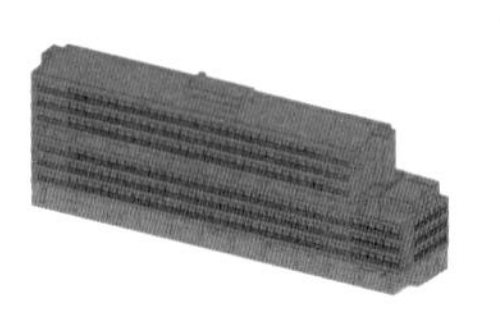

老人寓所　设计：卒姆托
（图片来源：筑龙学社网）

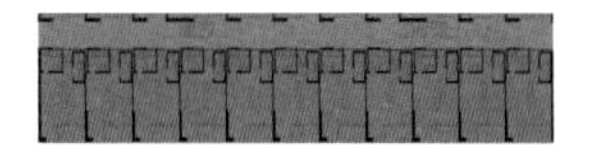

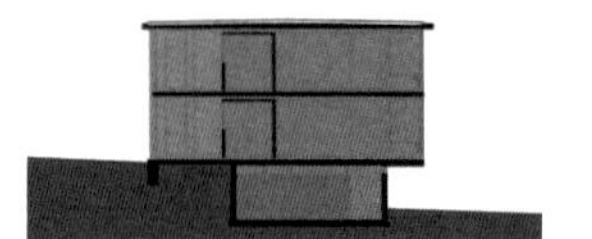

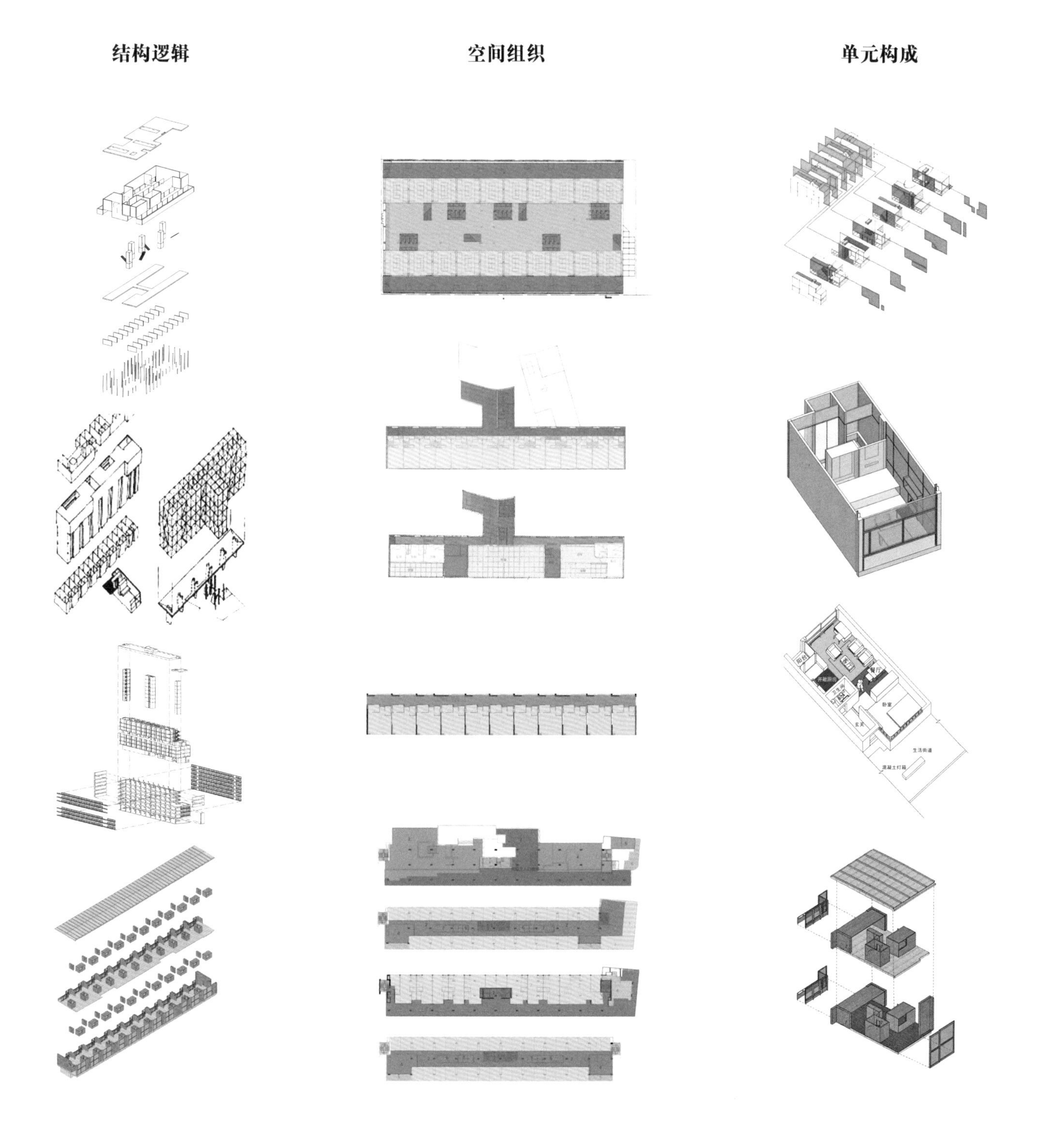
结构逻辑
空间组织
单元构成

分区策略：公共—私密

巴塞尔康复中心　设计：赫尔佐格和德梅隆
（图片来源：筑龙论坛）

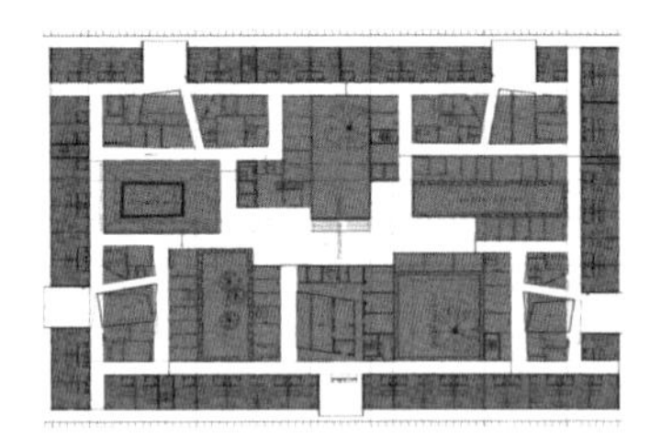

拉图雷特修道院　设计：柯布西耶
（图片来源：瑞士中文网）

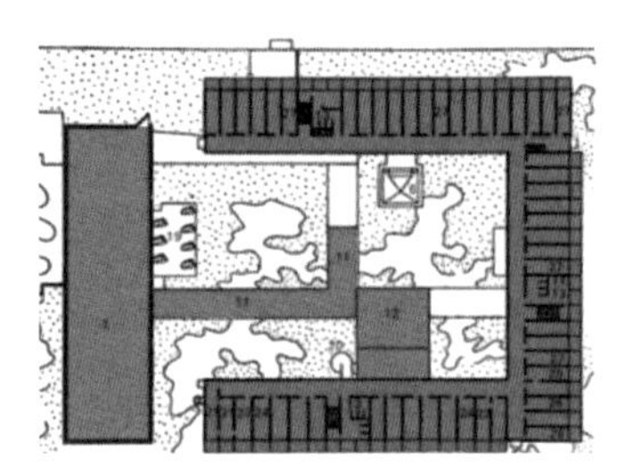

西班牙 52 公共住宅　设计：马吕斯·昆塔纳·克雷乌斯
（图片来源：筑龙论坛）

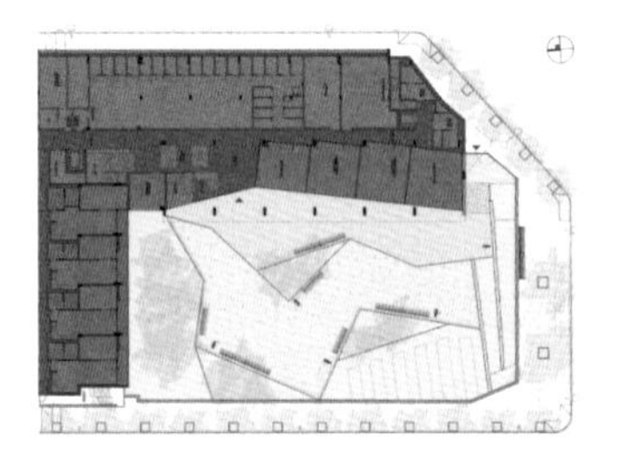

阿姆斯特丹孤儿院　设计：阿尔多·范·艾克
（图片来源：有方网）

结构逻辑	空间组织	单元构成
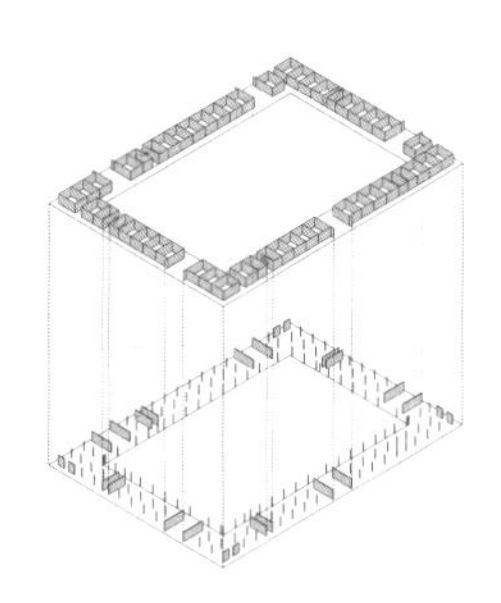	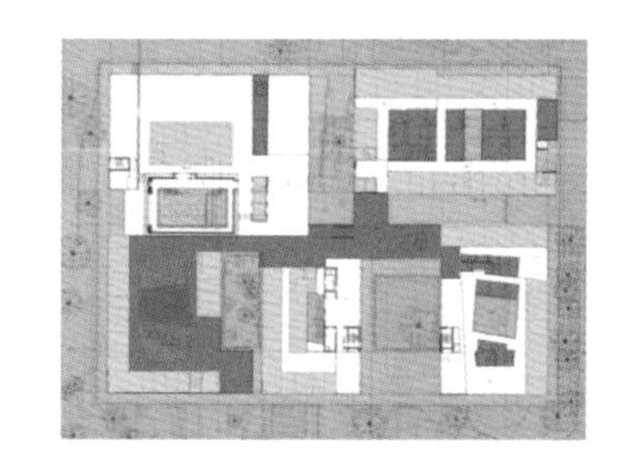	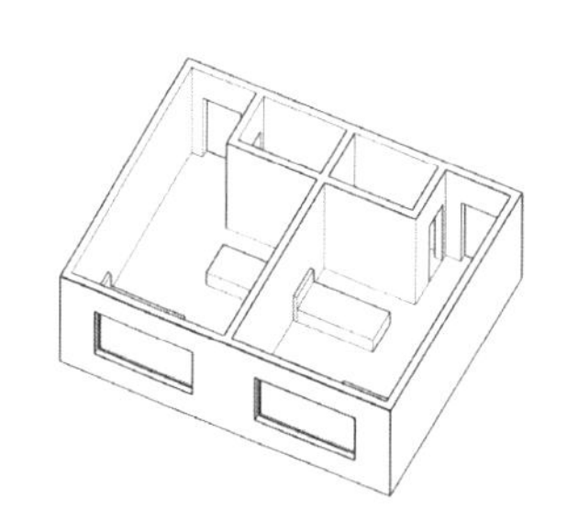
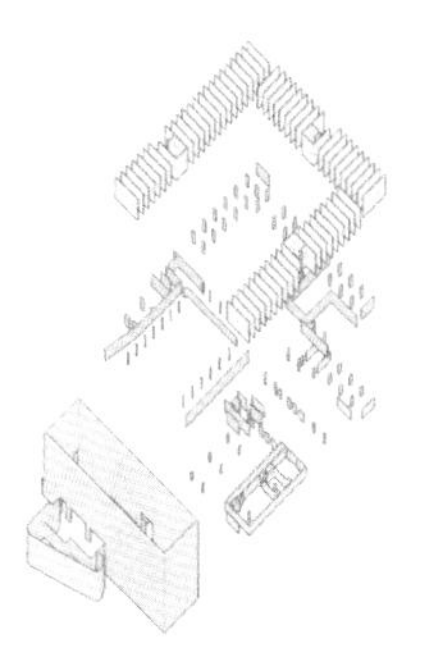	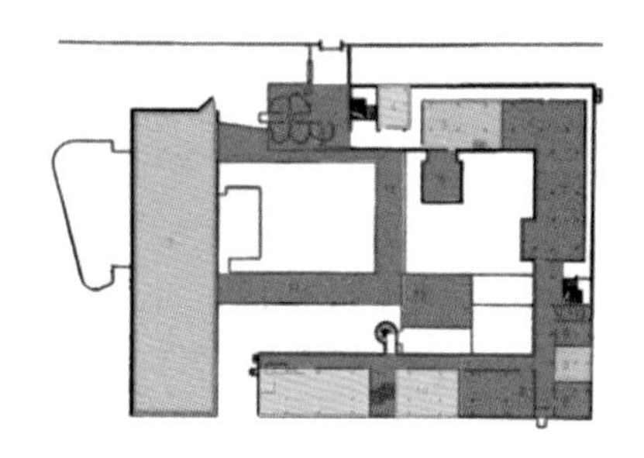	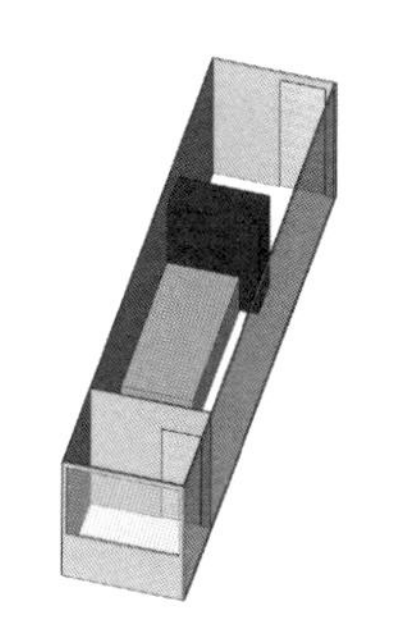
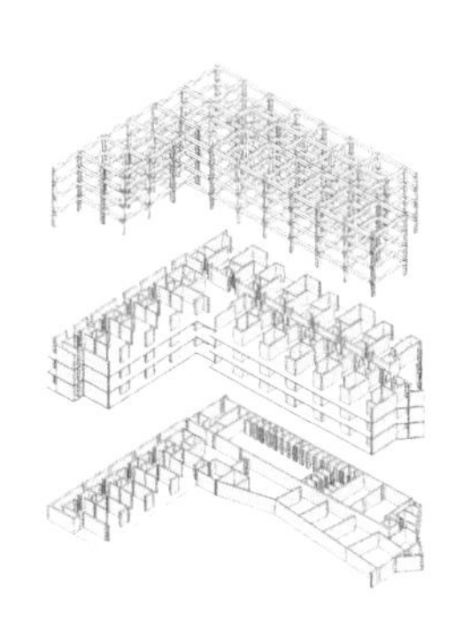	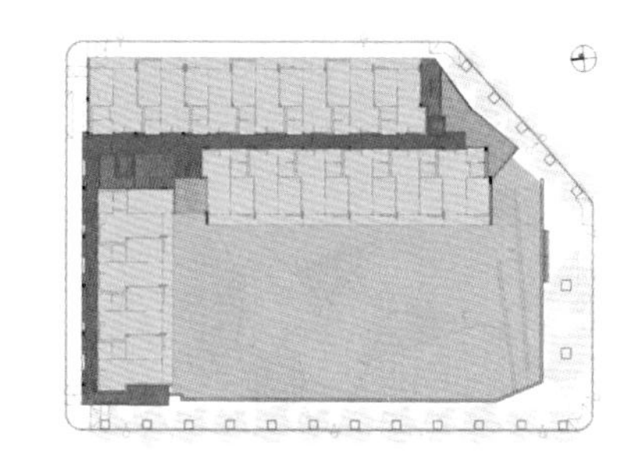	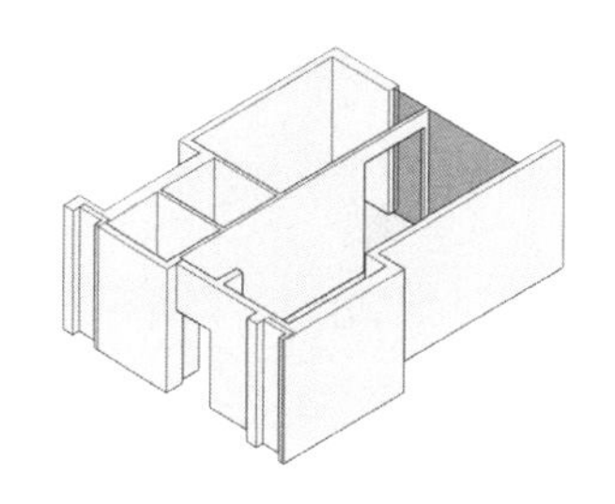
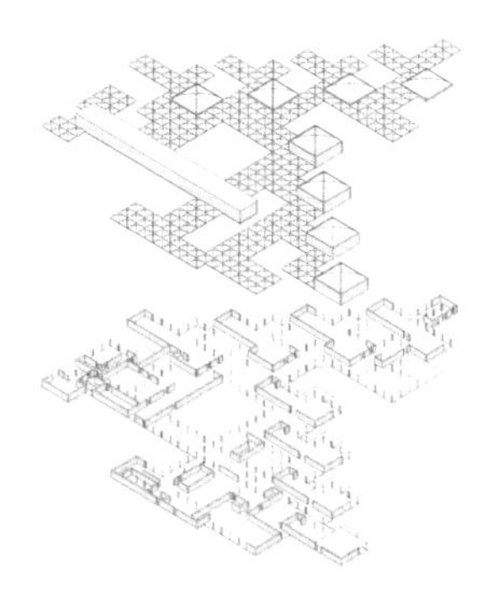	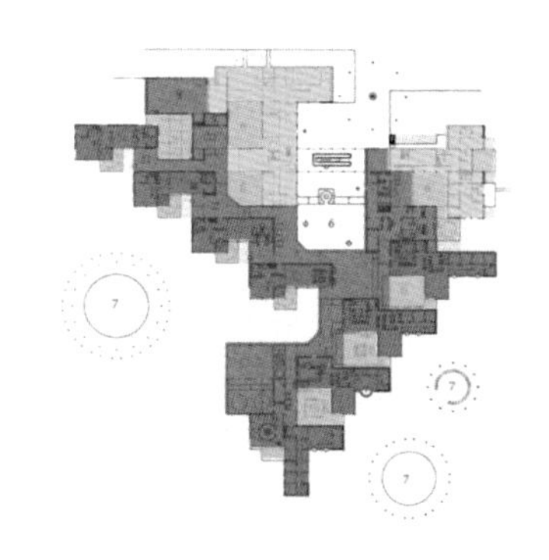	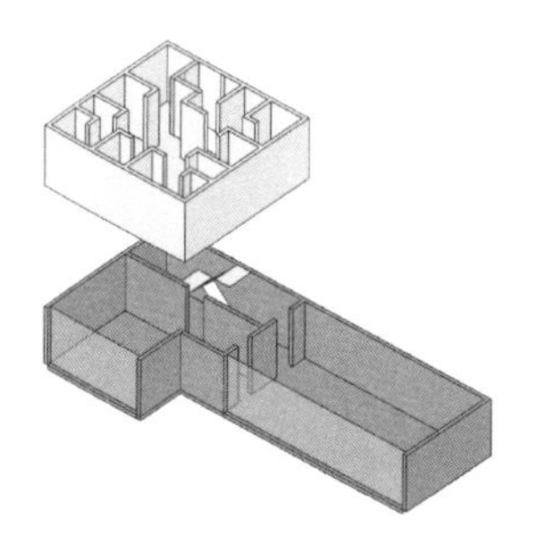

三　基地条件（Site Conditions）

基地位置

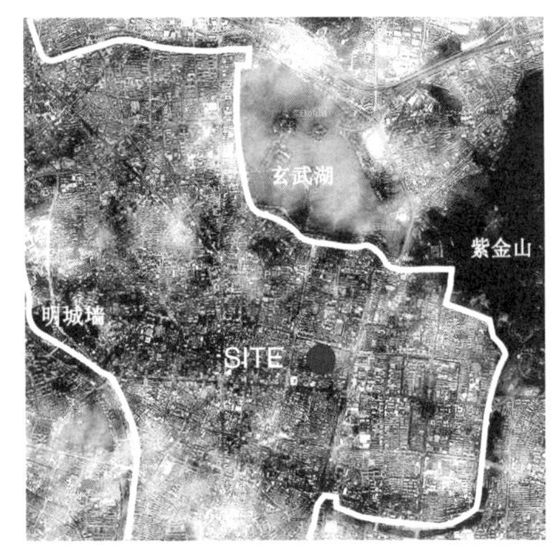

基地为位于南京市玄武区东南大学四牌楼校区教学区旁的两块基地，东邻太平北路，西接成贤街，学生在指导教师的指导下选择具体基地。

基地沿街立面

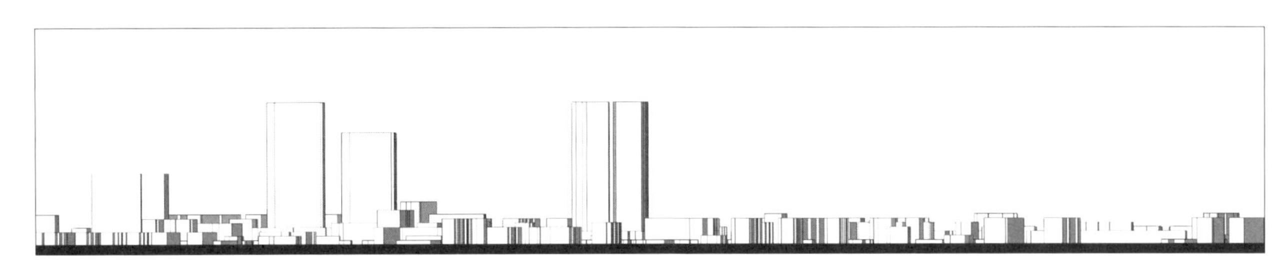

基地现状 1

基地现状 2

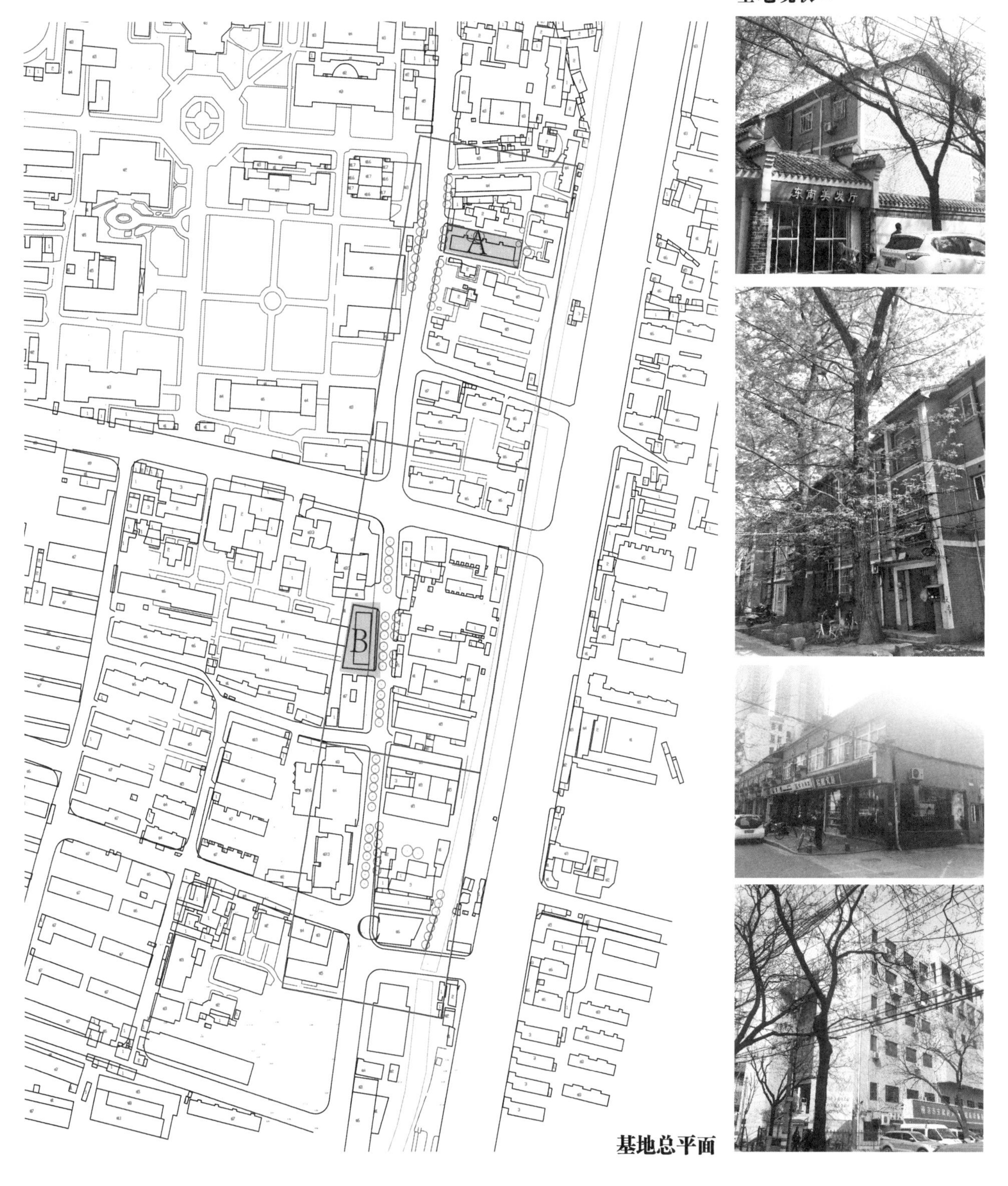

基地总平面

基地 A

面积：2220 m^2

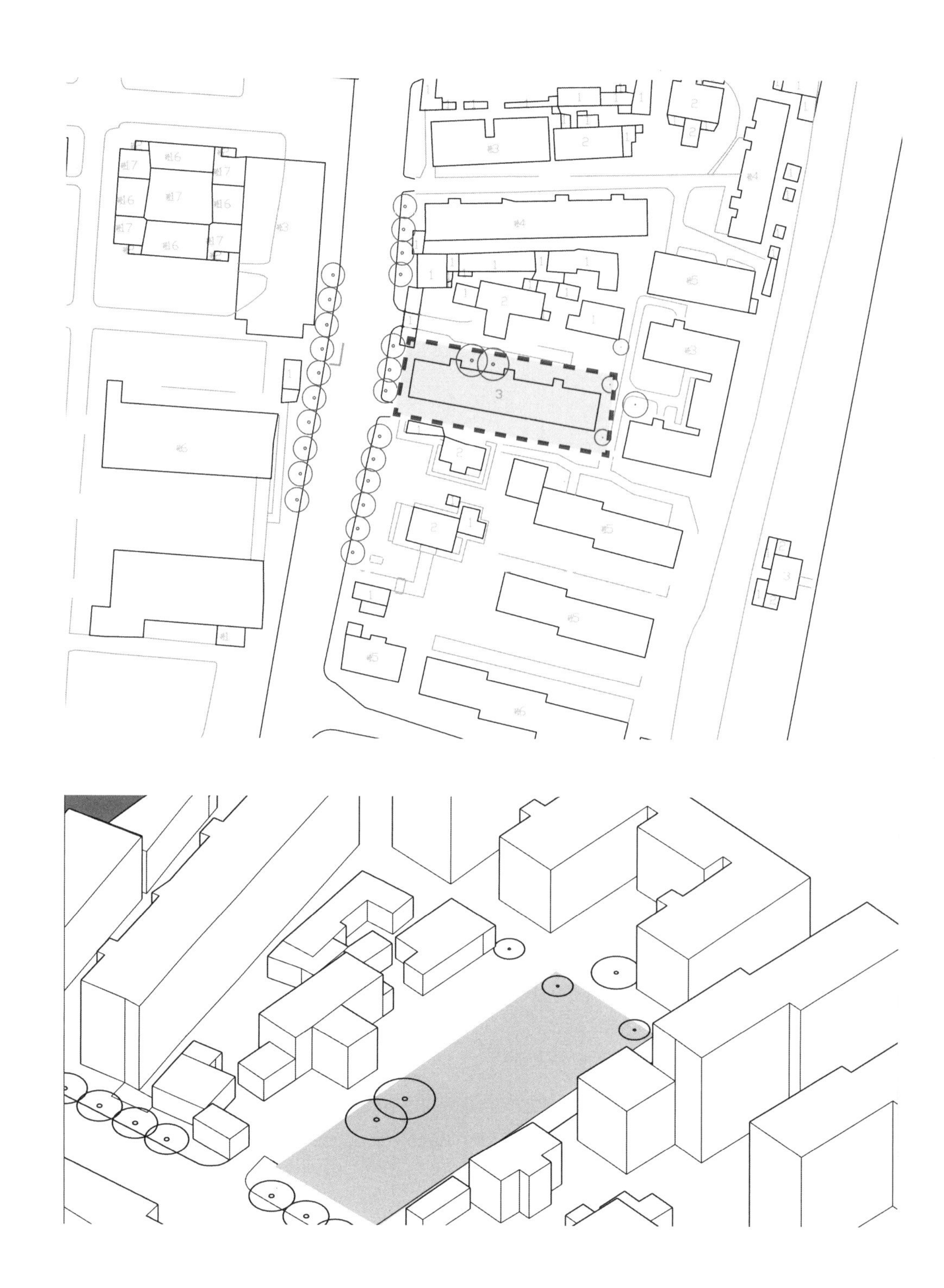

基地 B

面积：2661 m^2

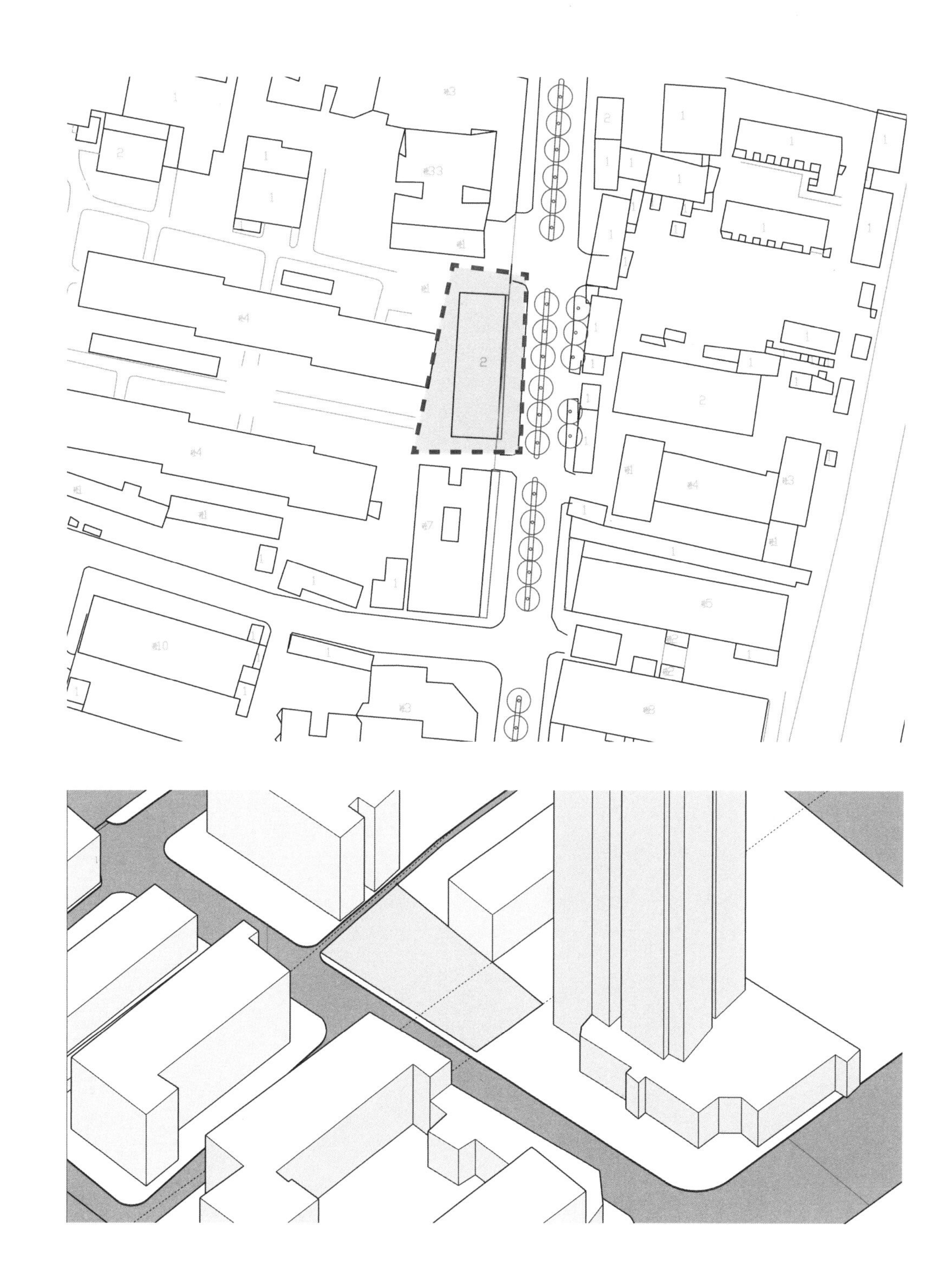

四　设计任务（Design Program）

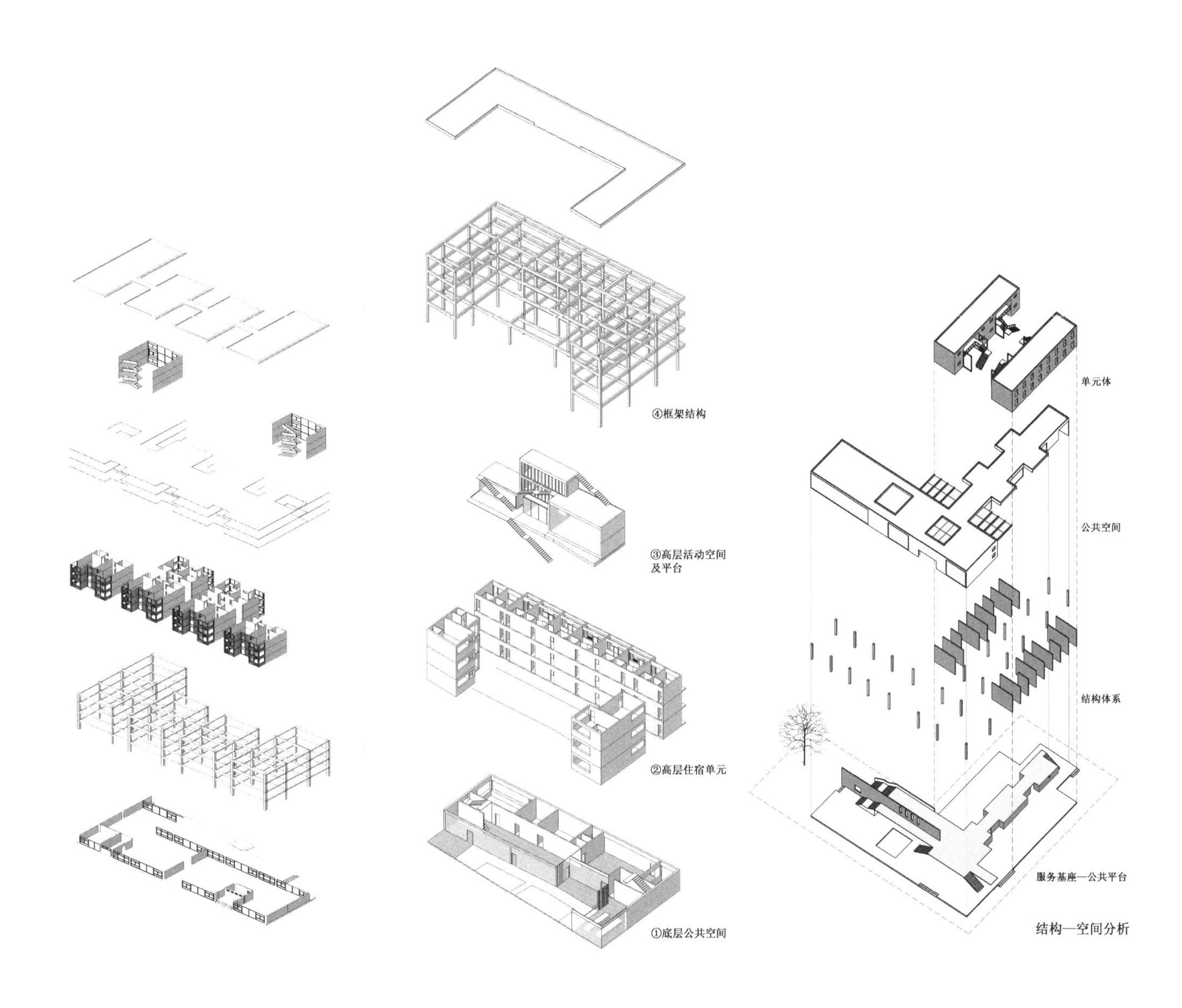

总体要求

- 容积率：0.60—0.70。
- 建筑密度：≤ 60%。
- 总建筑面积：1500（±10%）m^2（架空部分按一半建筑面积计算），按每床 25 m^2 建筑面积标准计。
- 将选用地范围内的原有建筑拆除，基地内部的树木可考虑保留。
- 基地内部必须满足消防要求。
- 按城市规划及所处地段要求，建筑总高度不高于 15 m。

功能配置与面积要求

类别	总建筑面积≤ 1500（±10%）m^2
主体功能与流线	单人间（带卫生间，应考虑工作空间）：15—20 间 双人间（可带卫生间，可考虑工作空间）：20—24 间 总床位数≥ 60床
附加公共设施	茶座、咖啡吧：150 m^2 交流活动及生活服务区面积自定
配套服务	物管及储藏用房：60—80 m^2 交通部分（含门厅、连廊、楼梯间等）面积自定
其他	休息室、厨房、储藏间等面积酌情自定

五 操作过程（Operation Process）

讲课 1 青年公寓：单元空间组织
Lecture 1 Youth Apartment: Unit Space & Organizing

场地分析
Site Analysis
单元研究
Unit Study
空间构思
Space Concept

场地模型 Site Model(1/200)
单元模型 Unit Model(1/50)

构思模型 Concept Model(1/200)
构思草图 Concept Sketch

讲课 2 案例分析
Lecture 2 Case Study

空间—结构设计
Space-Structure Design

空间模型 Space Model(1/200)
结构模型 Structure Model(1/200)

平面、立面、剖面草图
Plan, Elevation, Section (1/200)

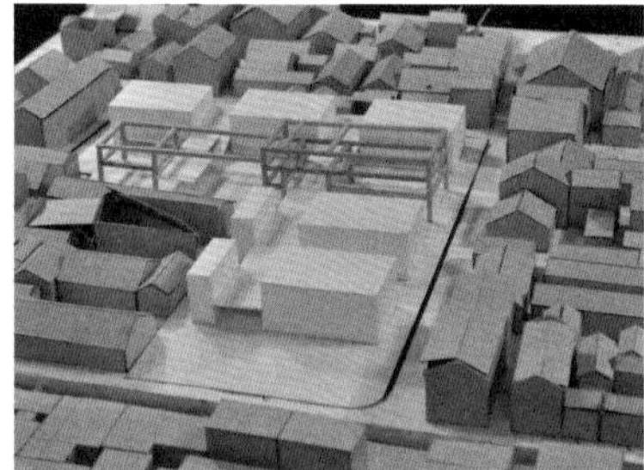

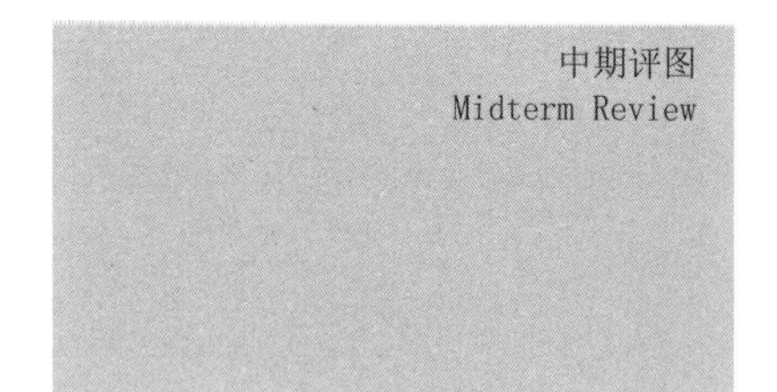

场地模型 Site Model(1/200)
构思模型 Concept Model(1/200)
单元模型 Unit Model(1/50)

总平面图 Site Plan(1/500)
平面、立面、剖面图 Plan, Elevation, Section(1/200)
其他：照片、小透视、分析图等
Others: Photos, Perspectives, Diagrams

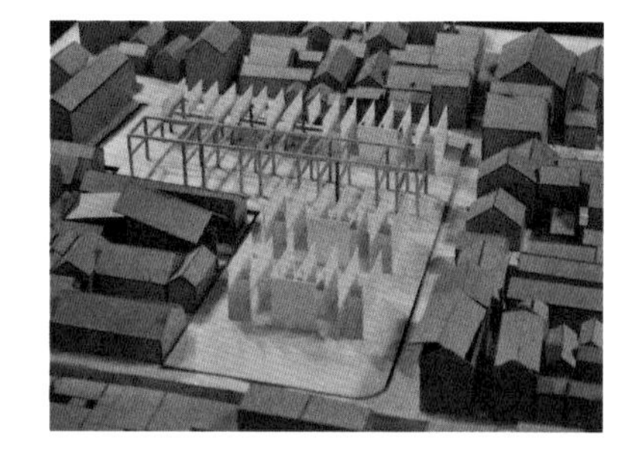

第一周　第二周　第三周　第四周

小组讨论

讲课 3　建筑绘图
Lecture 3　Architectural Drawing

设计调整 / 深化
Design Developing
单元设计
Unit Design

制图、排版
Drawing & Layout
模型整理
Model Making

终期评图
Final Review

空间—结构模型调整（Sketch-Up 模型）
Space-Structure Model

单元模型 Unit Model（1/50）

建筑绘图
Architectural Drawing（1/200；1/50）

轴测分解图
Exploded Axonometric Drawing

场地模型 Site Model(1/200)
构思模型 Concept Model(1/200)
空间—结构模型 Space-Structure Model(1/200)
单元模型 Unit Model(1/50)

总平面图 Site Plan(1/500)
平面、立面、剖面图 Plan，Elevation，Section(1/200)
单元放大图 Unit Enlargement(1/50)
轴测分解图 Exploded Axonometric Drawing
其他：照片、小透视、分析图等
Others：Photos，Perspectives，Diagrams

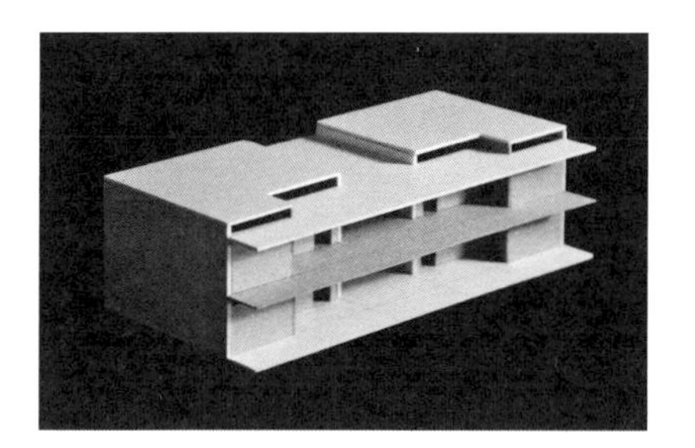

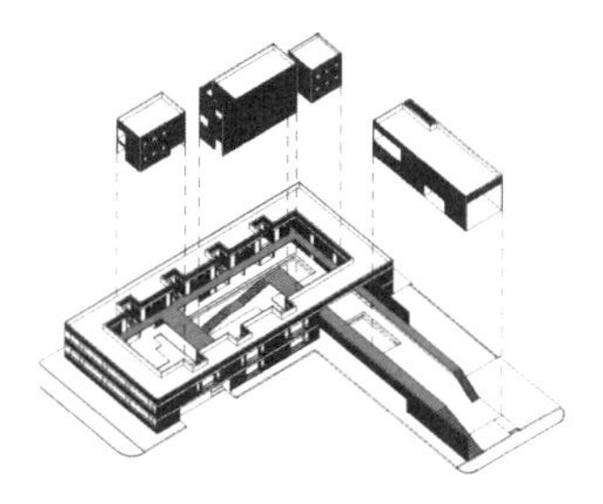

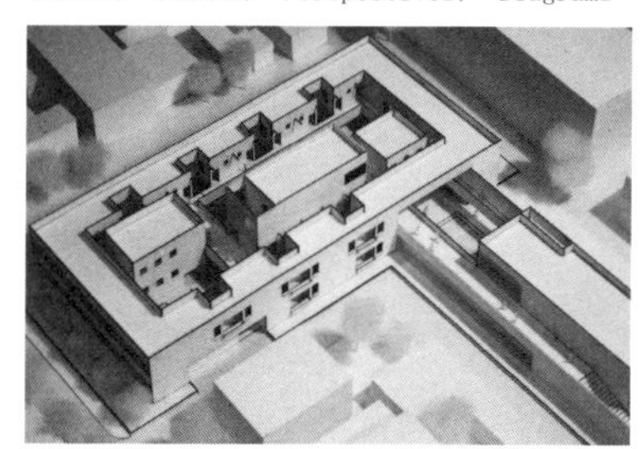

第五周　第六周　第七周　第八周

日常授课

终期评图

六　教学讨论（Teaching Discussion）

场地调研及空间构思讨论（第一周）(2016-11-05)

讨论中场地分析需注意的问题：

（1）在宏观层面上，基地成贤街处于高密度的居住建筑群中，故需要关注场地周边的建筑形态和城市肌理，关注周边原有居民的生活方式和习惯。

（2）青年公寓的重点在于处理单元与公共空间的关系，通过单元组织进行公共与私密的组织。

（3）需要对生活场景提出构想，从熟知的生活经验中提取空间。对设计针对的人群进行思考，同时选择能使设计清晰的元素，提出生活场景愿景，使其成为功能组织的契机。

（4）关注建筑在城市层面的意义，综合考虑其对城市所产生的空间及界面的影响。

对学生下一阶段方案的任务要求：

（1）根据实际经验提出对建筑场景的设想，用最简洁的方式说明建筑的应对方式和为此提供需求的空间特点。

（2）案例分析：从内部空间场景、单元组织、与社会城市的关系、与场地环境的关系入手。

中期评图（第四周）（2016-12-08）

答辩小结及对作业的要求：

（1）建筑与城市的关系应更加和谐。

（2）青年公寓的核心——公寓，需重点强化居住单元的设计及组织。

（3）单元自身的组织—单元与公共空间的组织—单元立面的呈现方式。

（4）单元结构—建筑结构的衔接。

（5）内部空间的具体化：家具的设计。

（6）入口—门厅—公共空间—走廊—单元的联系。

（7）空间尺度。

终期评图与教案讨论（第八周）（2017-01-07）

单踊
（东南大学建筑学院，教授，评图督导）

题目设置的结构序列很清晰，结构与空间组织的要点强调是很明确的，训练目的明确，题目的规模尺度控制也很合适，能够做到单元放大 1∶50 是很好的，并对构造做法有所交代。题目不大，但重点问题是很突出的，图纸的表达还是体现了东南大学二年级学生的设计水平的。问题是结构与空间的关系在设计上还可以做得更深入一些，有些方案过于形式化。另两个地形对周围环境的交代似不够，建筑设计过程中对空间、使用功能等都很强调，对场地周边环境的关注过于简化了。这也是下一个题目要加强的方面。

鲍莉
（东南大学建筑学院建筑系主任，教授，评图督导）

关于这个题目难不难的问题，如果说只是在 8 周时间内做一个 1500 ㎡左右的宿舍类房子的话确实不难，但是如果要知道这个题目到底要训练什么，确实是比较难的。

重庆大学那边现在很多题目都是 16 周的长作业，确实长作业有长作业的好处，他们是按照叙事的思路来做的，从场地叙事到空间叙事，再到场地叙事，这个层级是有足够的时间来推进和反复的。那东南大学实际上这三个层级的事情学生都要做，但要做在 8 周之内，其实面积不是最重要的问题，因为内容都重复，那 8 周之内要完成这么多事情，我觉得这个对于学生来说比较难，那导致最后的结果就是学生不知道重点到底在哪里，反过来说，也就是老师的教学重点在哪里。如果说还是放在单元性的空间、结构性的空间问题上的话，那这个单元性空间和结构性空间也会有建筑和场地的关系、私密和公共的关系，要给学生时间和想象的空间去做。

其实设备管线不是最重要的，管线和其他都是一个空间分化的要素、一个秩序性的要素，没有理解这里面的秩序性和重复性就找不到这些点，我们在教案设置的时候也应该要考虑。

阎波
（重庆大学建筑城规学院建筑系副主任，副教授，评图督导）

我本来对结构单元的概念有一定的疑问，到这边看了之后发现东南大学的训练是比较实的、能够落地的，完全是在培养学生作为职业建筑师的能力，这一点很好，包括跟结构的关系、跟构造的关系、跟空间的关系，这个小题目是很好的，对学生能力的锻炼以及对他们了解建筑各个部分的帮助也是很大的。

刚刚鲍老师（指鲍莉老师）说这个题目难度比较大，我认为这个题目的难度在于结构、管线、单元体上面。

从今天上午整个年级的图来看，训练目标上结构体系很清楚，但好像在空间上面学生做得还不够。很多学生是直接把柱网排过去，但实际上很多如门厅、放大节点这些主导空间的设计反而被柱网限制了，这其实是要把结构作为辅助空间设计的骨架来处理，把空间利用起来。

朱雷
（东南大学建筑学院建筑系副主任，教授，指导老师）

我们第一个题目是做院宅，相当于一个自己的完整的生活单位；这个作业是做单元组合，相当于一个集体；那么第三个作业，我们会和环境结合在一起，考虑环境和地形的关系，形成一个相对比较松弛的空间结构，可能会是游船码头、游客中心等，下面这个题目的难度就会体现在地形及景观的讨论上，不仅仅是景观，而且要有生活、要有场景。通过景观帮助建筑拓宽视野，建筑的内容则可以更放松一点。

七　作业选例
（Assignment Examples）

姓　　名：李梓源
指导教师：蒋　楠

教师点评：

该设计提取场地原有肌理的建筑要素并结合青年旅社“汇聚”与“交流”的主题，营造了以“院—宅—廊”作为主要空间模式的居住单元，这些单元经过复制形成旅社的主体居住空间。在居住空间的近端设置了带有公共广场的公共部分，试图将青年人的公共活动与城市产生联系，从而激活场地。

该设计的空间层次由小至大地分为室—院—户—居住空间—社区环境—城市环境。各个层次间均以严格的秩序相连，创造出层层过渡的空间感受，青年旅客可以在这个阵列式的体验中体验到“相见”—“相遇”—“交流”的过程。

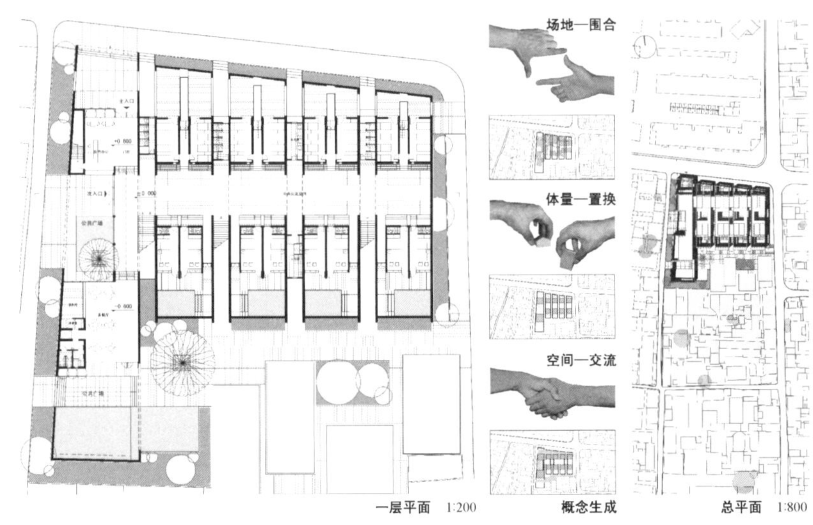

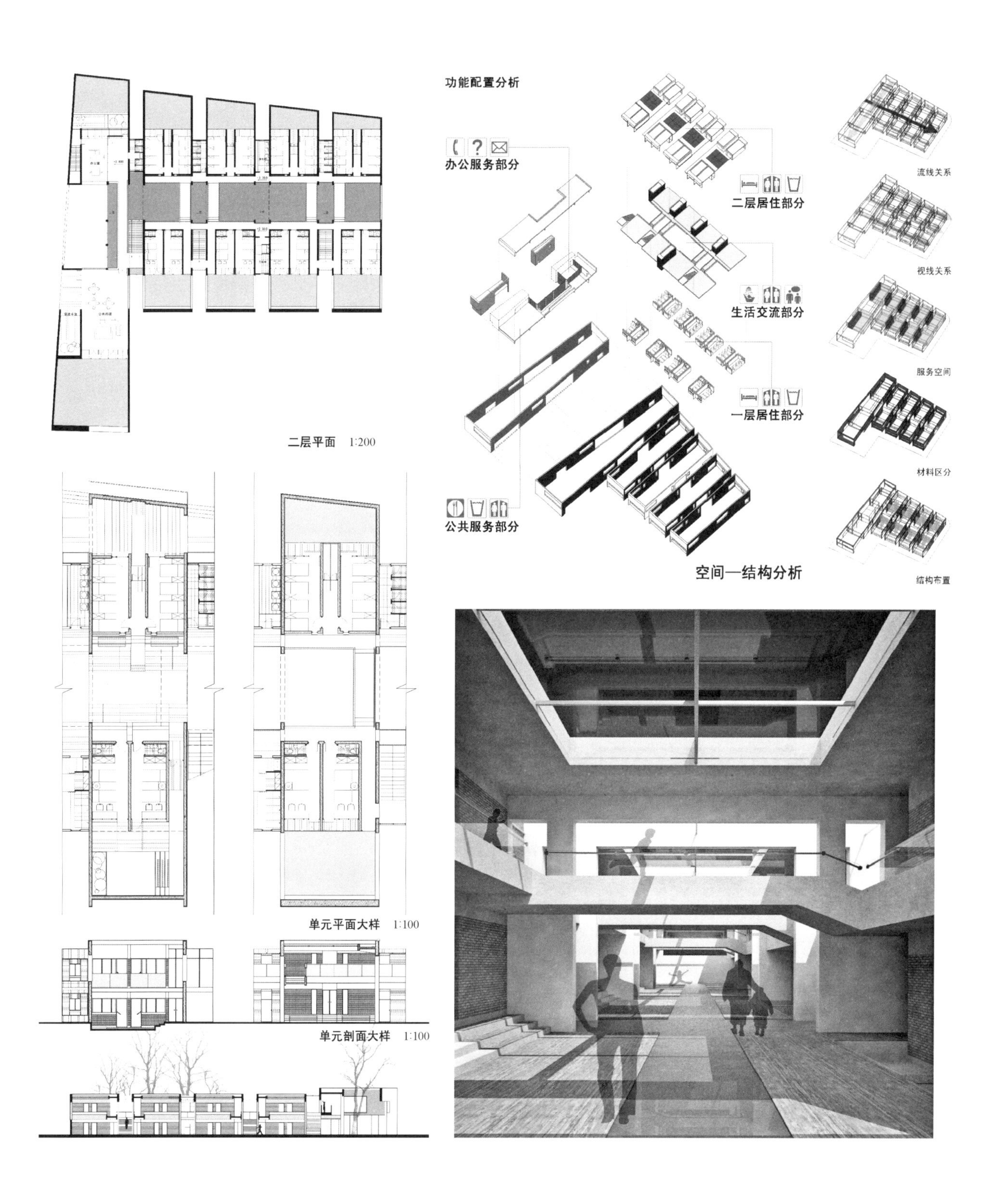
功能配置分析
办公服务部分
二层居住部分
生活交流部分
一层居住部分
公共服务部分
空间—结构分析
流线关系
视线关系
服务空间
材料区分
结构布置
二层平面 1:200
单元平面大样 1:100
单元剖面大样 1:100

姓　　名：林云翰
指导教师：朱　雷

教师点评：

青年旅社位于老城市街区中。基地西侧临街，周围主要为传统的低层建筑。设计意图将老的街道空间引入建筑中，创造出青年旅社内部活跃的公共活动与交往空间。

引入建筑内部的公共“街道”力图突破一般走廊式的纯粹交通性空间组织模式，可以复合更多的公共活动和服务设施。而场地条件和任务设置要求具有适当的密度，建筑平均层数为两层。为使上下层单元体都能充分共享内部“街道”，设计采取错层的方式，将内部“街道”由入口广场引入，并抬高半层多，再以上下半层的“入户”阶梯与各个单元组团连通；每个单元组团包含若干双人间和四人间，并设单元客厅，与内部“街道”错层相望。由此，既适当区分了公共、半公共与私密的空间，又使每个单元都拥有经由内部“街道”的“入户”体验。公共街道下部则为服务性设施，供各单元体使用。

该设计突破了二维平面布局的限制，展现出剖面上的空间错动与交织，使内部的公共“街道”成为空间组织的核心，既复合了交往、活动和交通功能，又能以恰当的方式连通上下两层单元，并有效联系和过渡了外部街道和入口广场，形成合理有序的空间层次，彼此连通且相互交流。

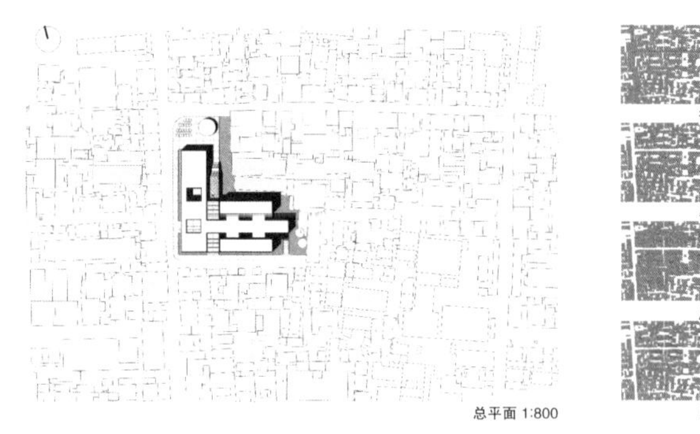

总平面 1:800

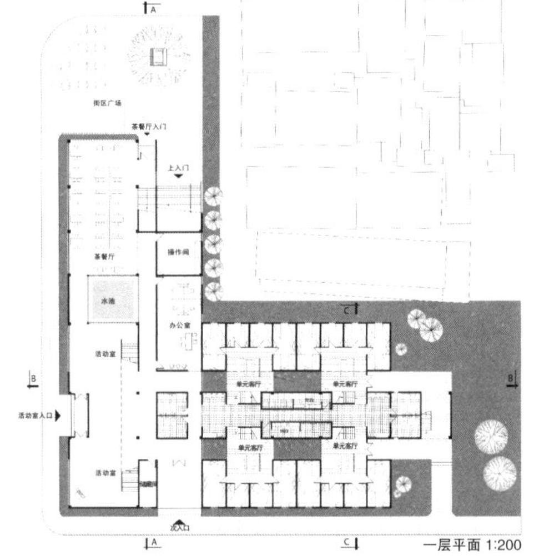
一层平面 1:200

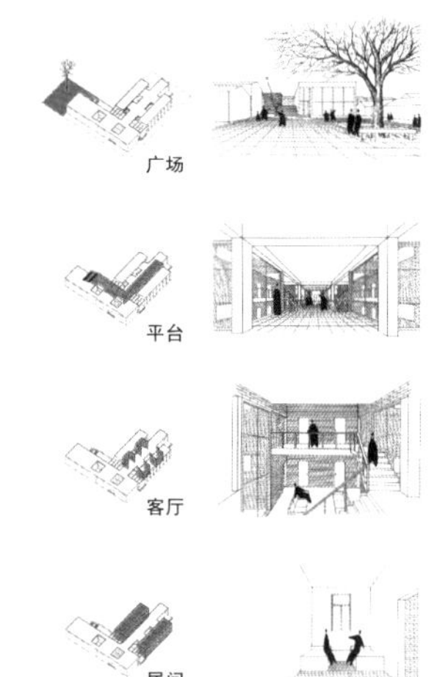

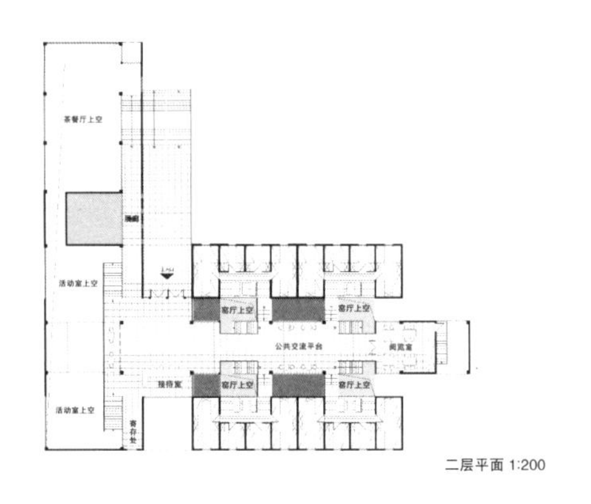
二层平面 1:200

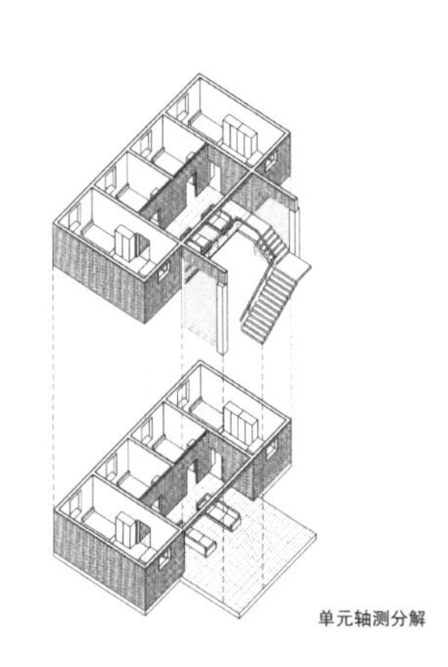
单元轴测分解

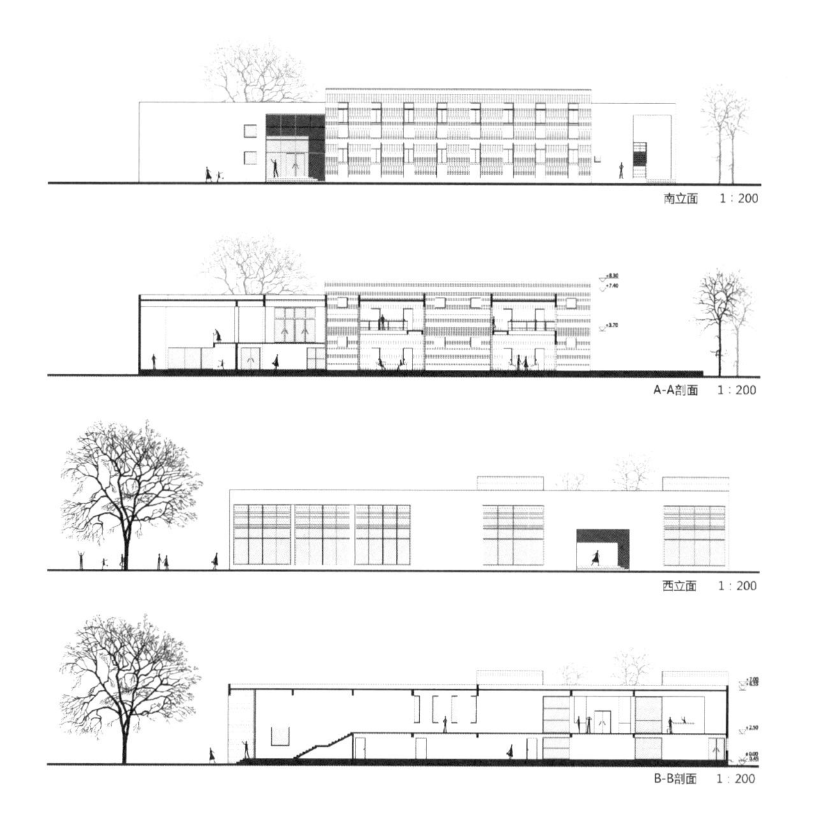
南立面 1：200
A-A剖面 1：200
西立面 1：200
B-B剖面 1：200

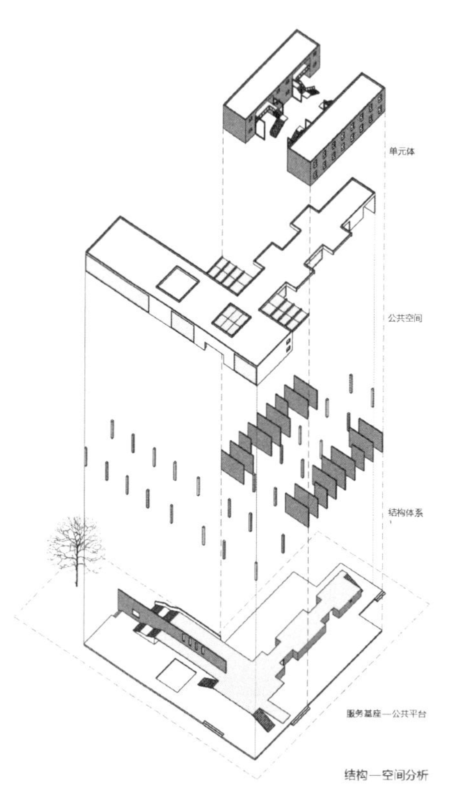
单元体
公共空间
结构体系
服务基座—公共平台

结构—空间分析

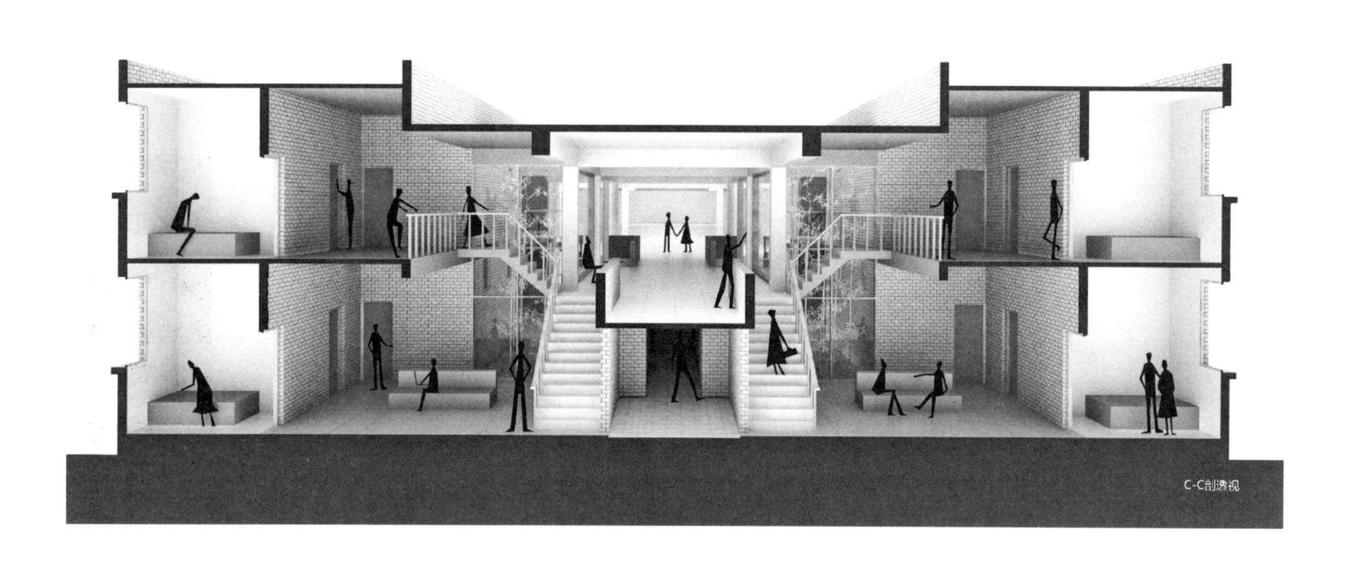
C-C剖透视

姓　　名：汤晓骏
指导教师：陈秋光

教师点评：

该设计与教案设置紧密契合，从建筑的基本构成要素——场地与场所、空间与功能、材质与建构这三个方面对设计的内容和要求进行了较为深入的设计研究。

教案突出以建筑类型为背景、以问题类型为主体的教学思路与方法在该设计中有着很好的体现，对单元组合及基本单元与公共空间的相互关系这一常见的建筑组合方式进行了深入而巧妙的设计，具体手法为以基本单元围合公共空间，之间以庭、院相过渡，再以公共空间这一相对集中使用的空间对应于场地的特定条件。保留的树木与古井形成了组织有序的空间层次。

在设计方案的生成与具体操作上，体现了以工作模型的操作为主作为方案生成的推进过程，体块模型、结构模型分别对应于不同的设计阶段，空间与结构关系明确、互为依据。青砖材料的使用和材质表达与线（墙体）承重结构相统一，且契合了南京老城南地区的城市肌理与文脉。

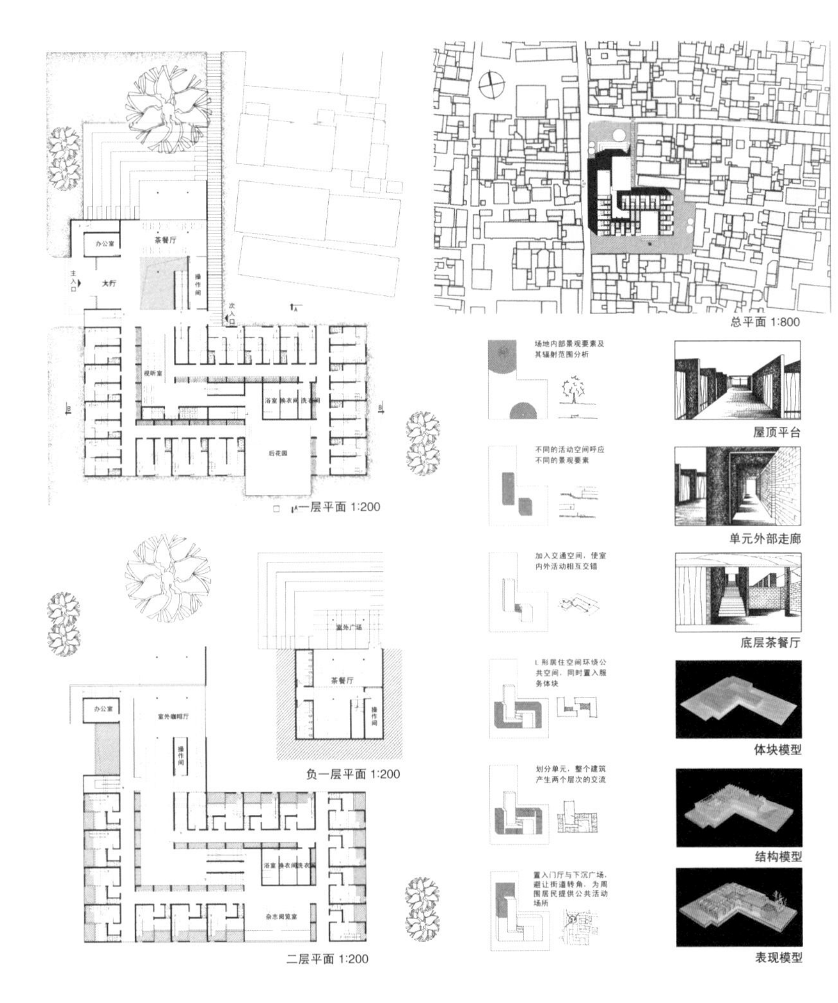

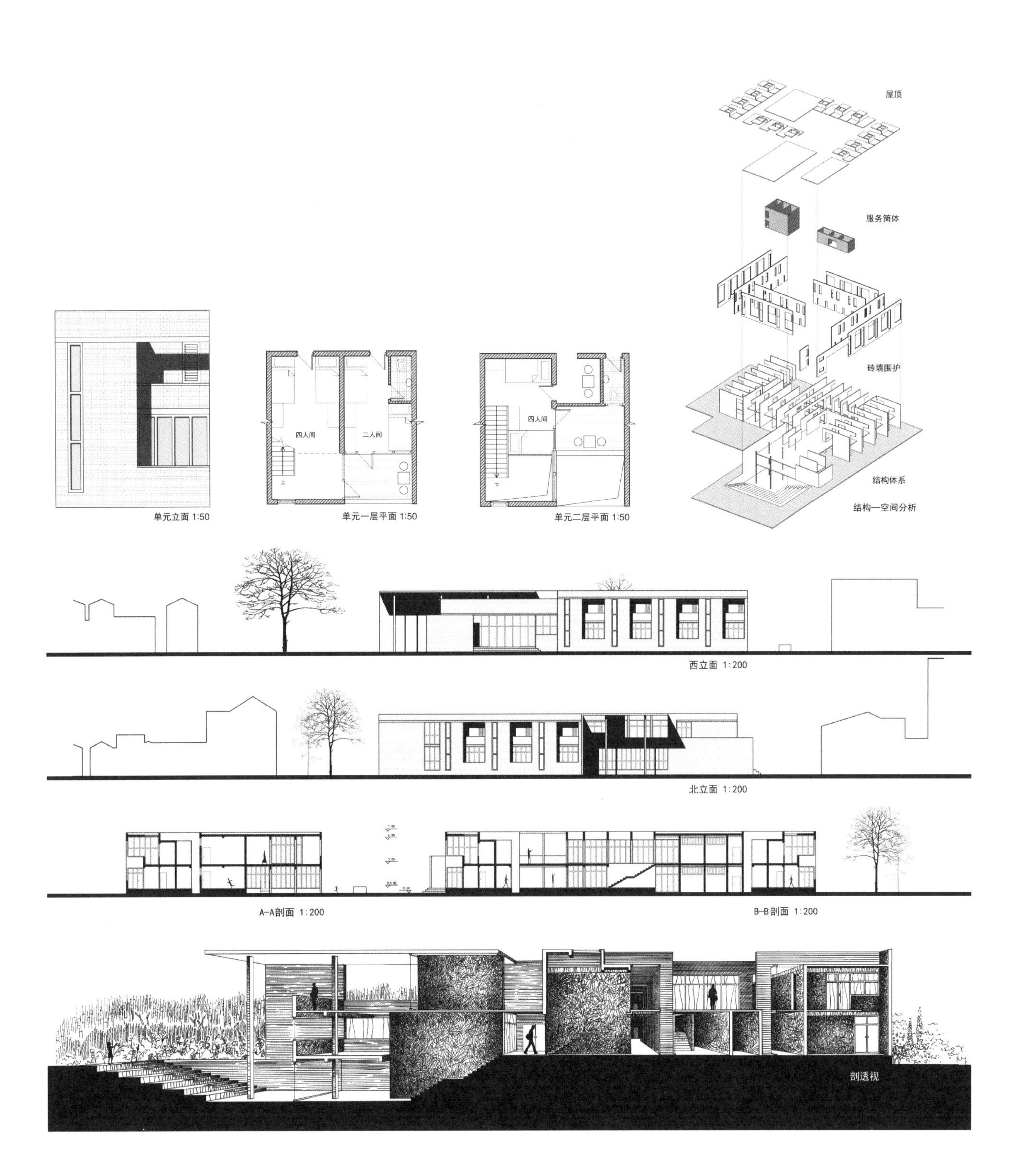
屋顶
服务简体
砖墙围护
结构体系
结构一空间分析
四人间
二人间
四人间
单元立面 1:50
单元一层平面 1:50
单元二层平面 1:50
西立面 1:200
北立面 1:200
A-A剖面 1:200
B-B剖面 1:200
剖透视

姓　　名：吕颖洁
指导教师：陈秋光

教师点评：

该设计以空间与结构的关系作为切入点，结合空间单元的层级组织关系，从基本的单一房间到房间的组合，直至单元空间与交往空间、公共空间的层级组合，形成严谨有序的空间组织结构。

该设计在核心位置设置了各种尺度的活动平台与通高空间，与紧凑而重复的居住单元形成节奏与疏密、开合的对比，并在其外部形式上加以表现。结构要素（柱、梁、墙、板、体块）的设置成为建筑空间形式的内在支撑。该设计对场地限定条件、功能组织划分等均有细致而独到的设计，完善而清晰的图纸表达体现了东南大学建筑教育对于传统基本功的重视。

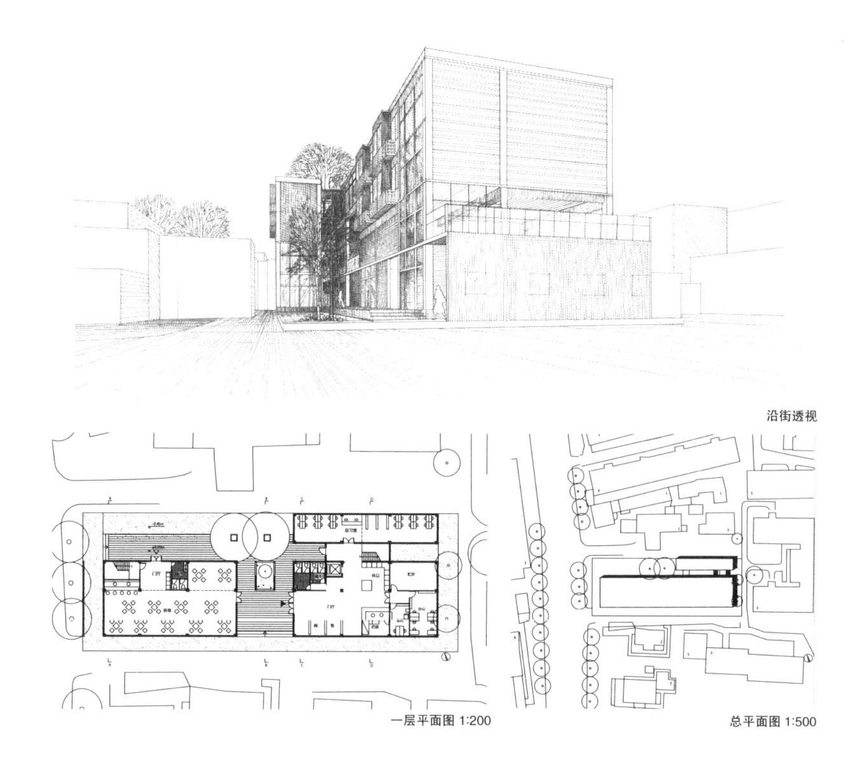

沿街透视

一层平面图 1:200

总平面图 1:500

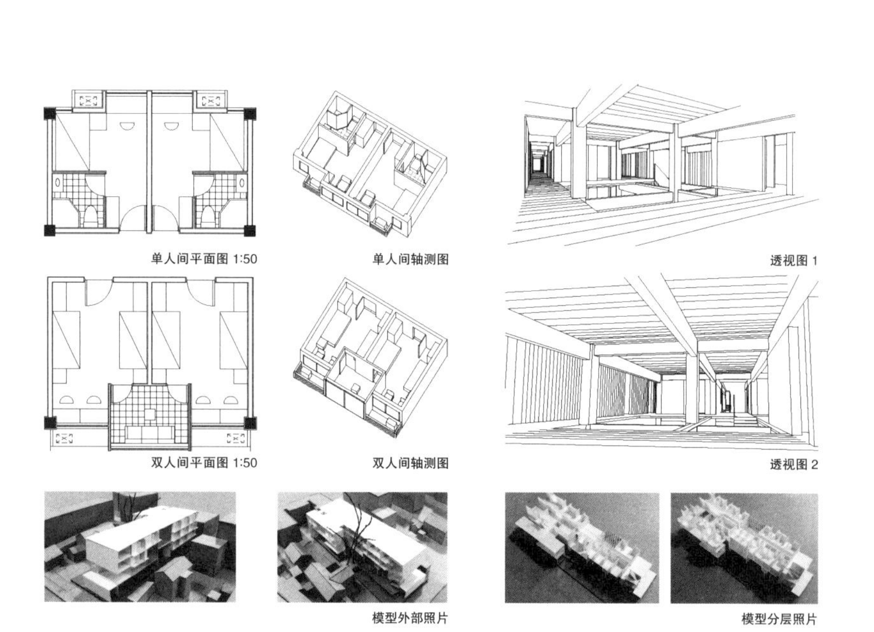

单人间平面图 1:50

单人间轴测图

透视图 1

双人间平面图 1:50

双人间轴测图

透视图 2

模型外部照片

模型分层照片

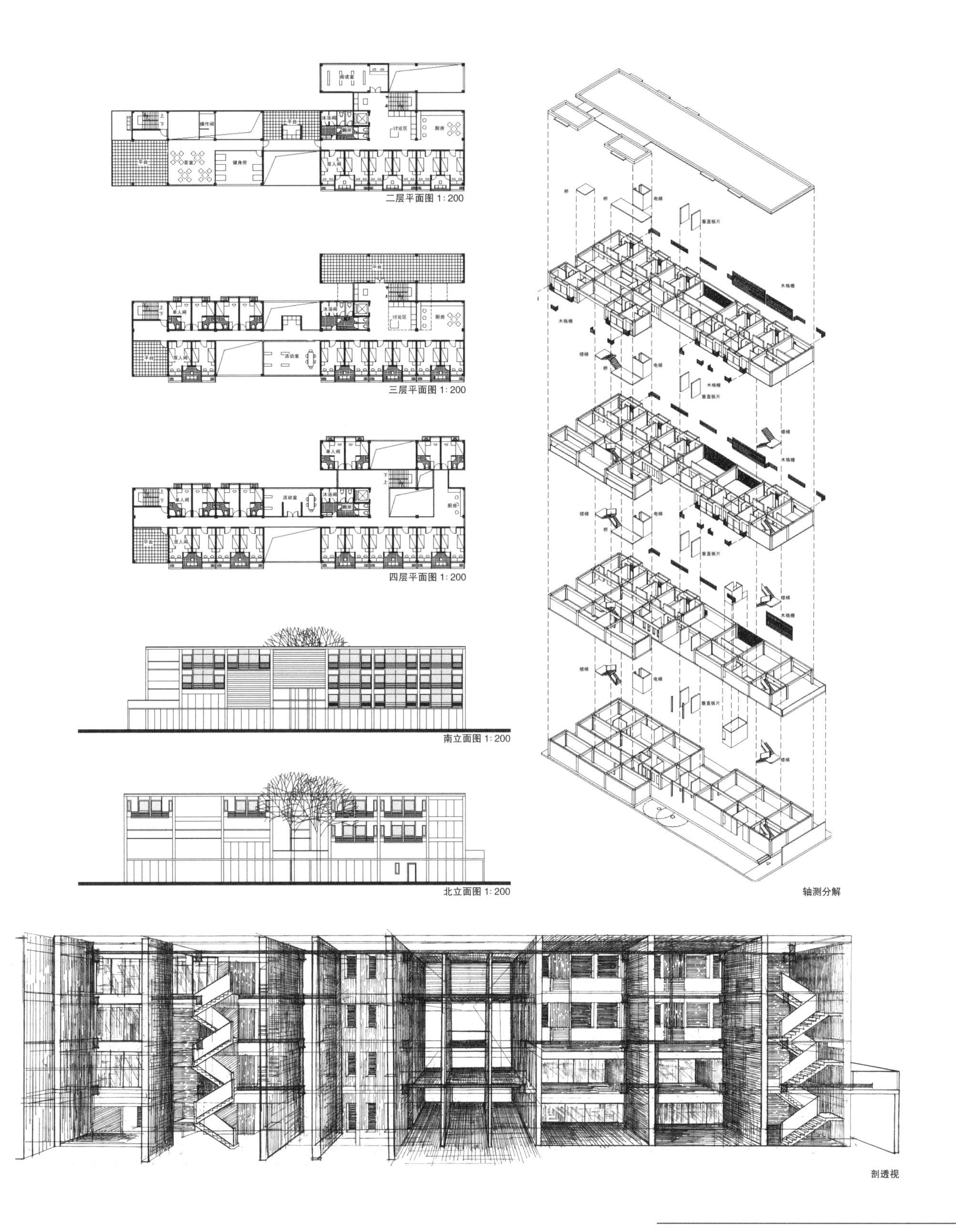
二层平面图 1:200
三层平面图 1:200
四层平面图 1:200
南立面图 1:200
北立面图 1:200
轴测分解
剖透视

姓　　名：邸　衎
指导教师：朱昊昊

教师点评：

作为以功能单元起步的设计练习，该设计在单元的组织、公共空间与私密空间的关系以及建筑如何在给定的场地内回应周边的环境这三个方面都做了相对较好的回应：建筑通过较为简单明了的形体在成贤街西侧形成了一个完整的界面，同时能够有效地将城市街道的喧哗与学校宿舍区的宁静区分开来；为了获得较好的朝向，每个宿舍单元偏转45°，这也为建筑沿街立面的设计带来了不少机会；在建筑内部，设计者对日常生活中习以为常的“走道空间”做了一番思考，通过尽可能地减少“走道”（由一般情况下的四条走道减少至两条）来最大限度地扩大建筑内部的公共空间，从而实现“大—小”空间多层次的组合。

国际交流生公寓

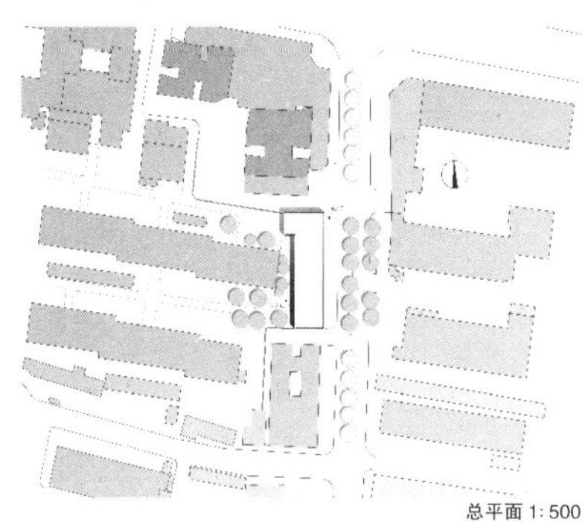

总平面 1:500

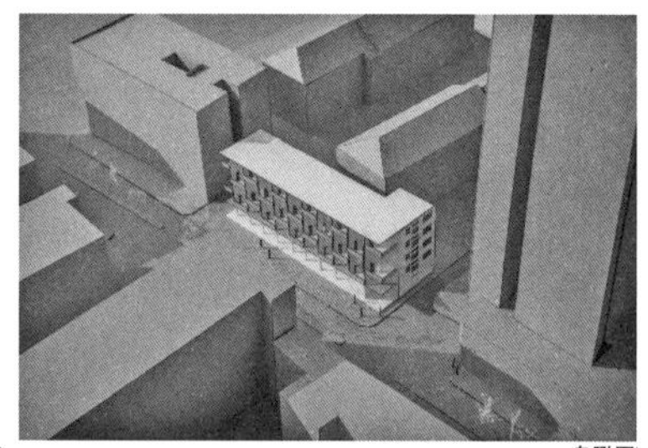

鸟瞰图

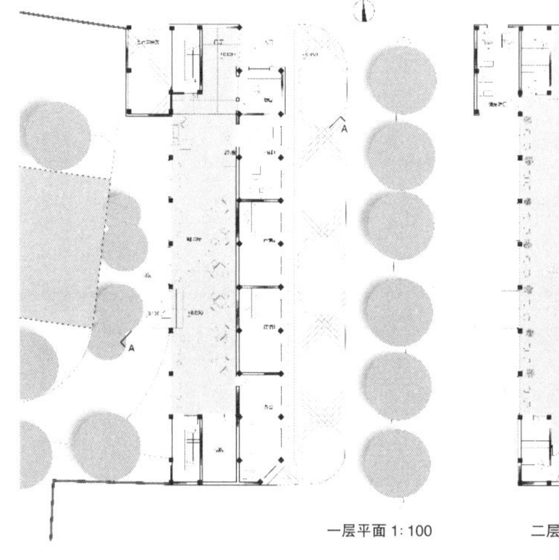

一层平面 1:100

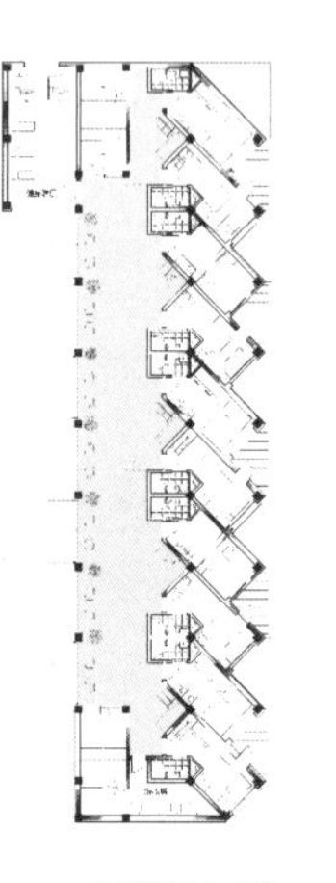

二层平面 1:100

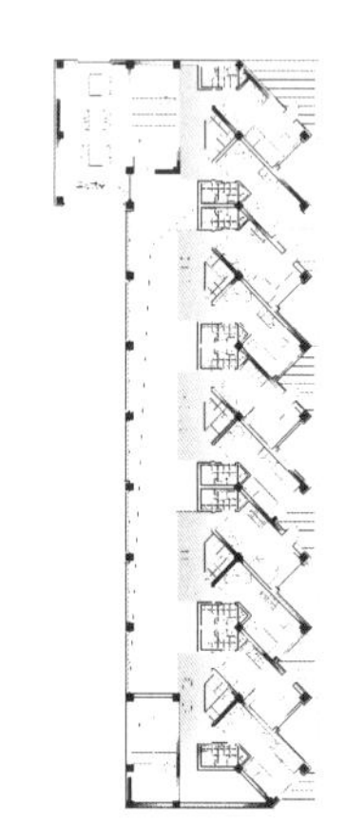

三层平面 1:100

东立面 1:50　　A-A 剖透视 1:50　　西立面 1:50

走廊空间

姓　　名：戴思怡
指导教师：吴锦绣

教师点评：

该设计的国际交流公寓面向成贤街，呈半围合布局，并通过平台和屋顶花园向校园开放。该设计希望改变学生宿舍普遍的单一走廊式平面，采用平台统一入户，打破旧有模式中楼层之间的分隔状态，并通过剖面处理，实现公共空间和共有空间的互动。户型采用跃层式以将各户入口集中于三层外廊，在三层设置户内客厅，二层、四层则作为卧室使用，在保证居住私密性的前提下促进交流氛围的形成。

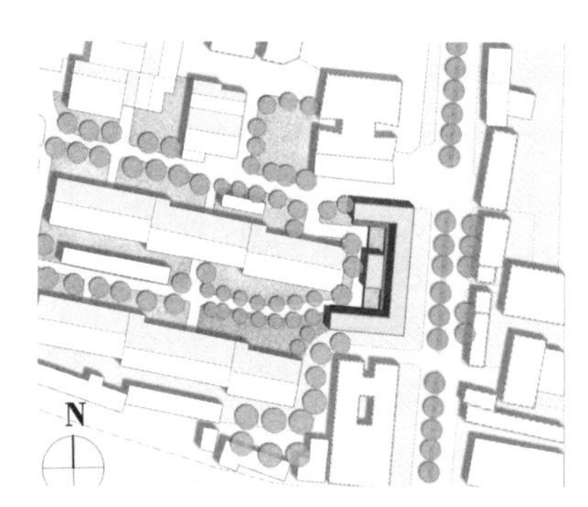

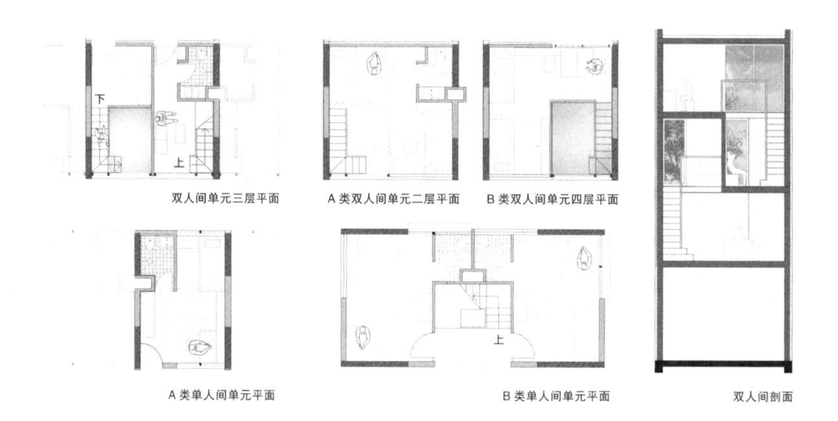

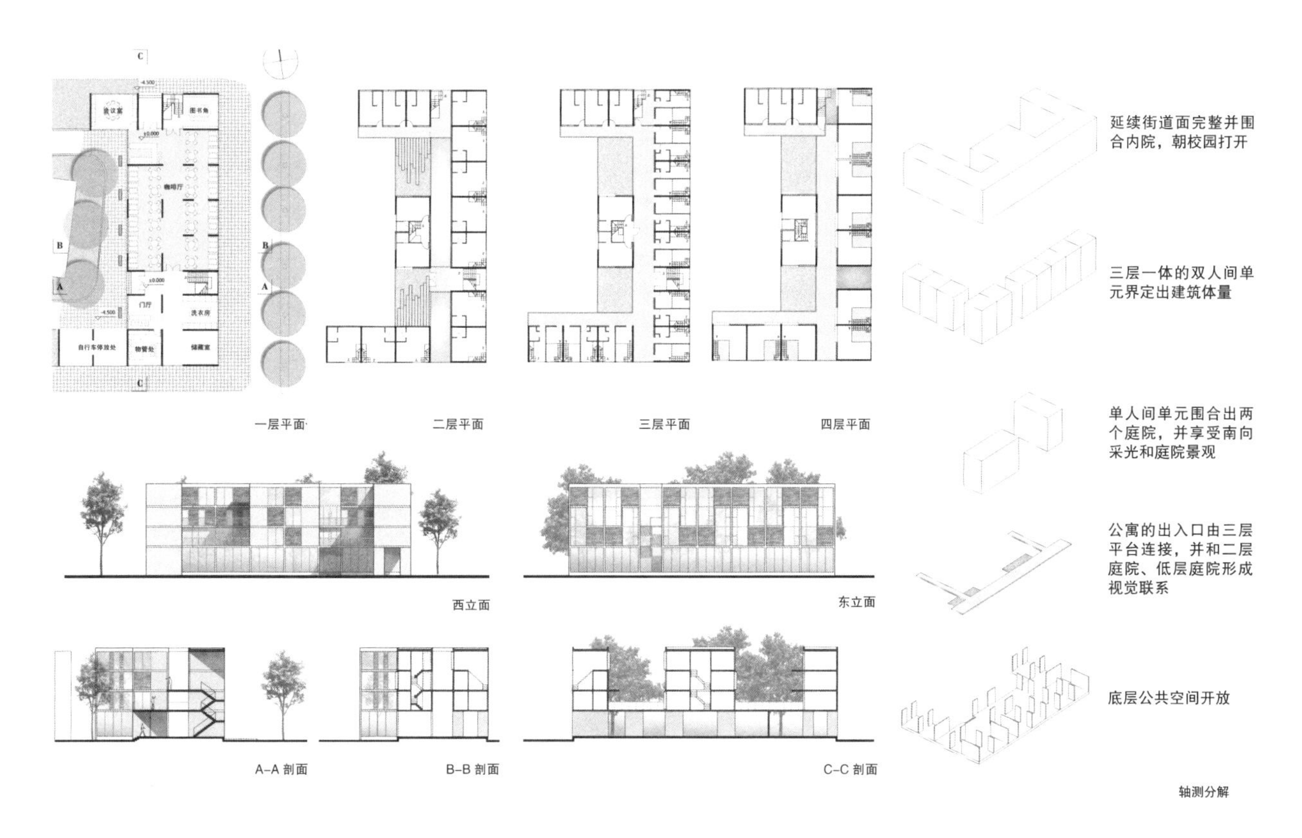

一层平面
二层平面
三层平面
四层平面
西立面
东立面
A–A 剖面
B–B 剖面
C–C 剖面
延续街道面完整并围合内院，朝校园打开
三层一体的双人间单元界定出建筑体量
单人间单元围合出两个庭院，并享受南向采光和庭院景观
公寓的出入口由三层平台连接，并和二层庭院、低层庭院形成视觉联系
底层公共空间开放
轴测分解

姓　　名：刘振鹏
指导教师：贾亭立

教师点评：

该设计巧妙地利用单元空间的组织，有效地处理了公共与私密、结构与空间的关系，创造出舒适且适应青年人行为习惯的集体居住空间环境。

该设计采用组团单元的体量置入场地，以应对场地的特定条件。组团由基本居住单元组成，而上下楼层的居住单元南北互换，结合各楼层间贯通空间的设置，使得原本简单重复而显单调的空间组织出现了有节奏的变化。同时形成了由公共到半公共半私密再到私密不同空间层级的自然过渡，创造出尺度合理、舒适怡人的学生公寓空间氛围。

对应于内部空间组织的秩序，外部形态也反映出单元组织的韵律节奏。板、柱、剪力墙结构形式的选择，既强化限定出单元空间，又可容纳空间组织的变化。混凝土与木材的搭配使用，既通过材质表达与承重结构相统一，又表现出居住建筑温暖亲切的性格。

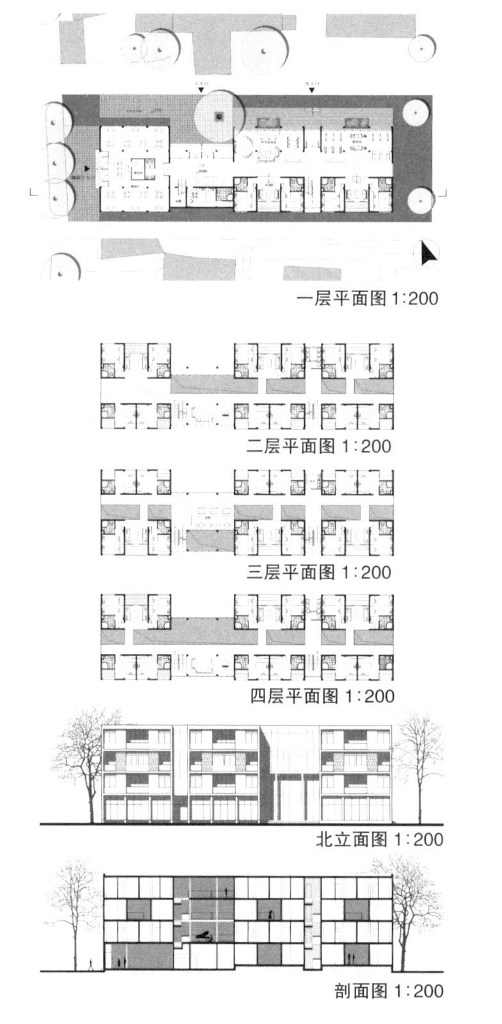

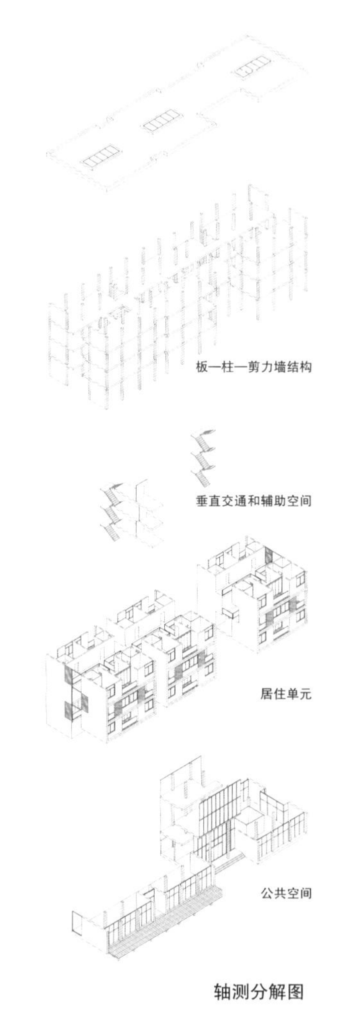

轴测分解图

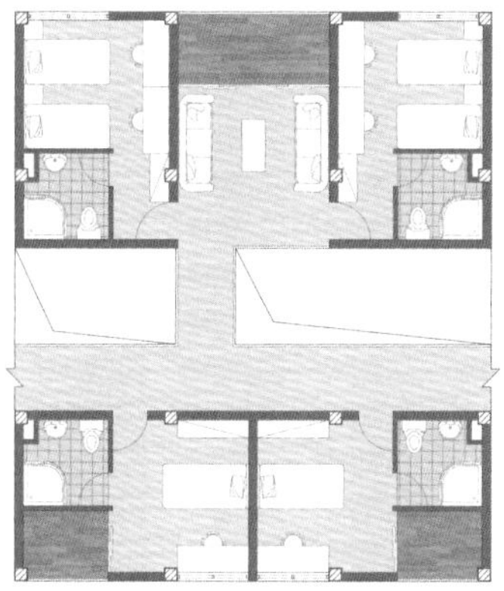
单元平面图 1:50

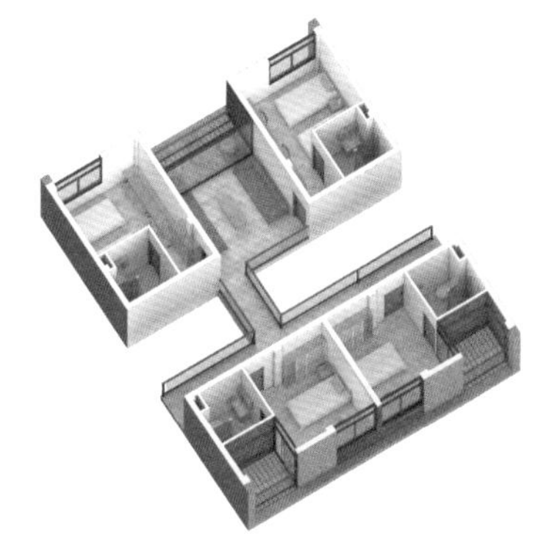
单元轴测图

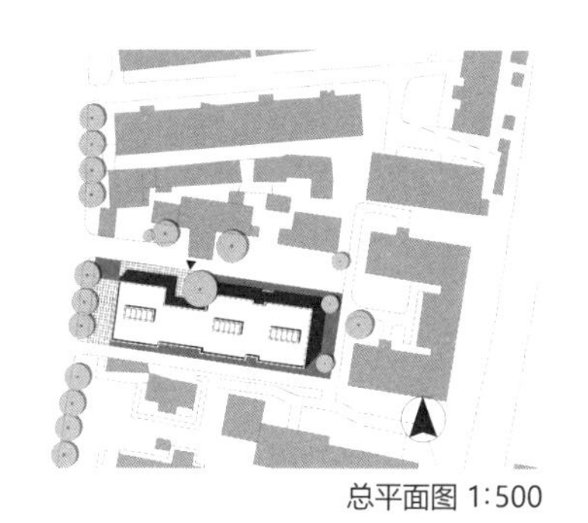
总平面图 1:500

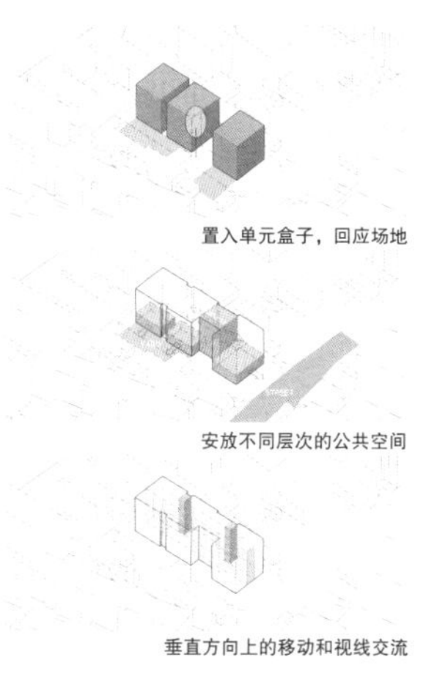

姓　　名：刘珂羽
指导教师：朱　雷

教师点评：

该设计通过对结构体与服务空间的深入研究，将二者紧密结合，形成单元空间的组织秩序，并置入内部交通及交流活动，形成整体的空间节奏。单元入口空间的界面退让、材料划分及吊顶处理进一步细化了这种空间秩序与节奏。

西北角局部插入的平台及下部架空的透明体量回应了外部街道和树木，将城市空间和外部景观渗透到建筑的整体结构秩序中。立面材料划分则进一步将内部空间秩序和节奏反映在外部界面上。

由此，该设计以紧密对应的策略回应了“空间与结构”的主题，通过简洁有序的方式组织单元和集体空间，并以此应对街区环境，将生活单元、服务核、交流空间以及内外界面统一为紧凑一致的整体。

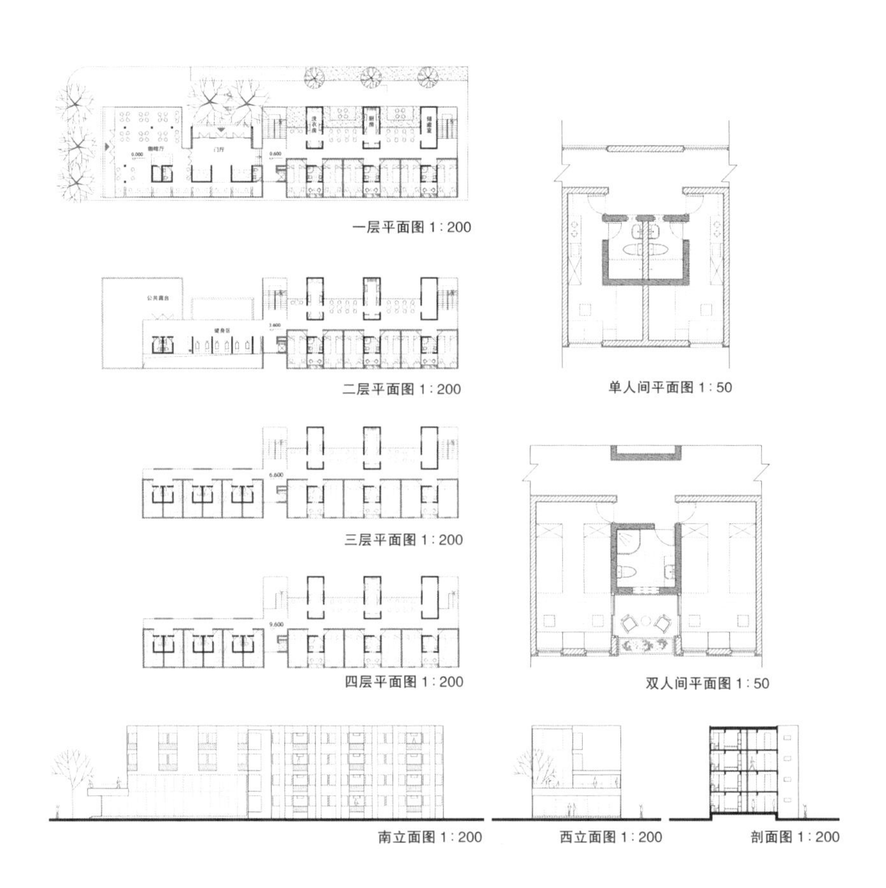

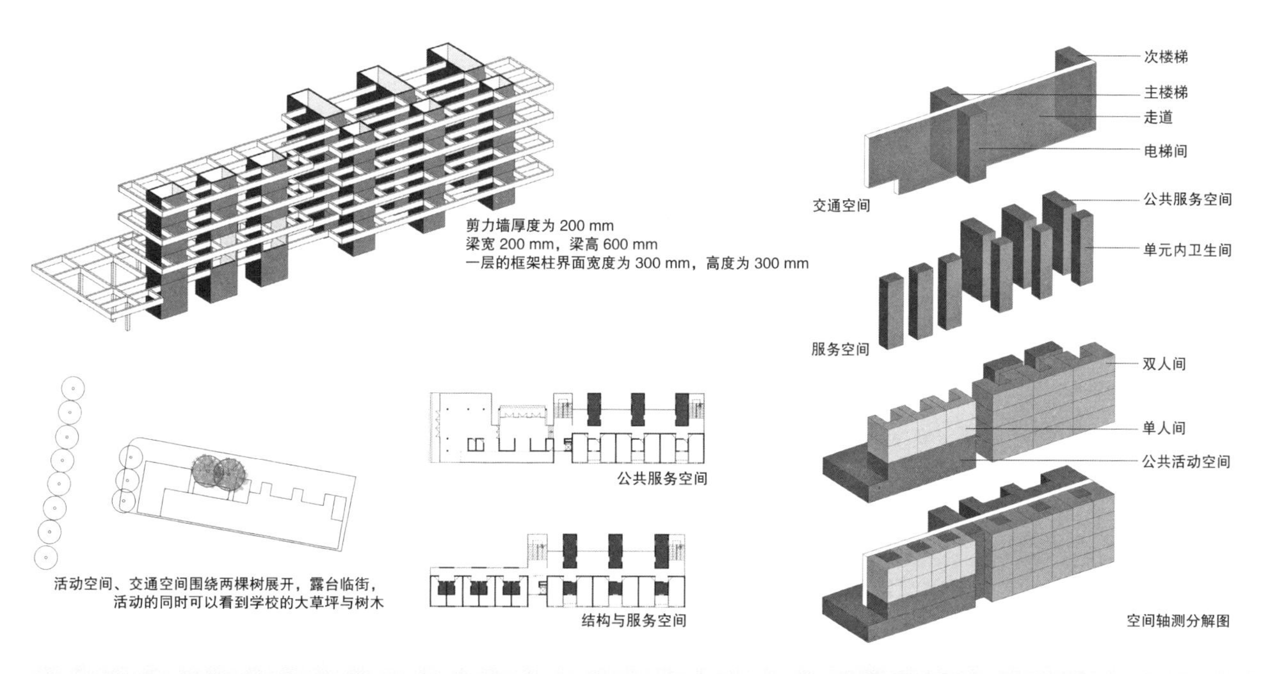

活动空间、交通空间围绕两棵树展开，露台临街，
活动的同时可以看到学校的大草坪与树木

空间轴测分解图

剖透视图 1 : 50

姓　　名：尹维茗
指导教师：史永高

教师点评：

该设计在提供舒适的单元尺度的基础上，通过调节单元尺寸并合理组织布局，最大限度地利用了相对局促的基地的有效面积。与这些居住单元相对应的公共空间非常紧凑，它们在竖直方向既有视线上的连通，又有尺度上的区分，从而为学生使用的多样化提供了可能。所有这些都在结构的介入与互动中完成，于是结构一方面成为秩序塑造的重要动力和手段，另一方面也帮助建筑在整体上形成一种结构化空间。

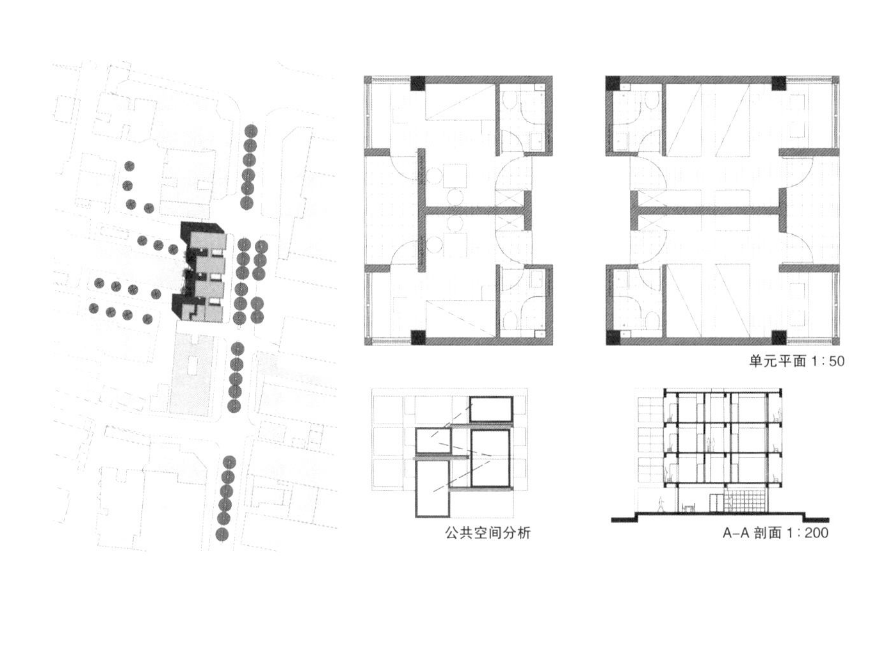

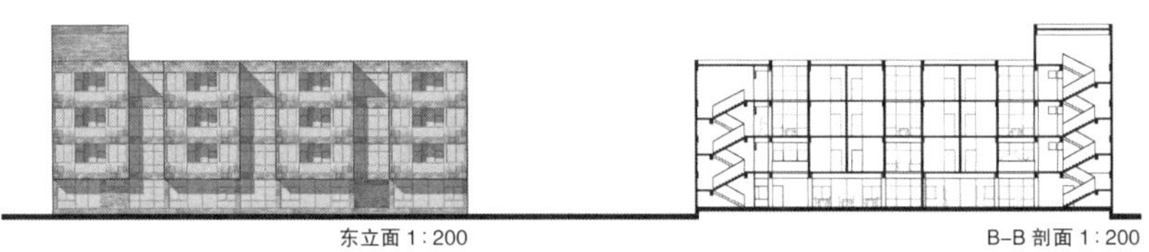

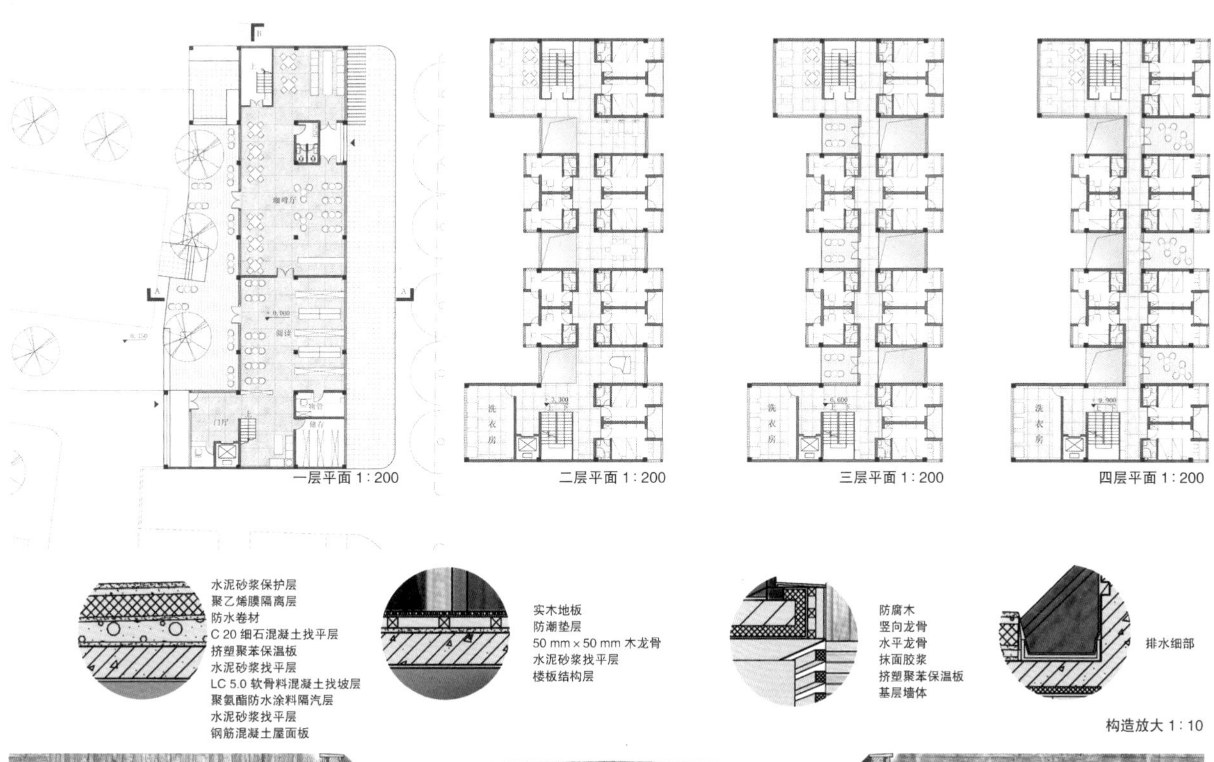

构造放大 1 : 10

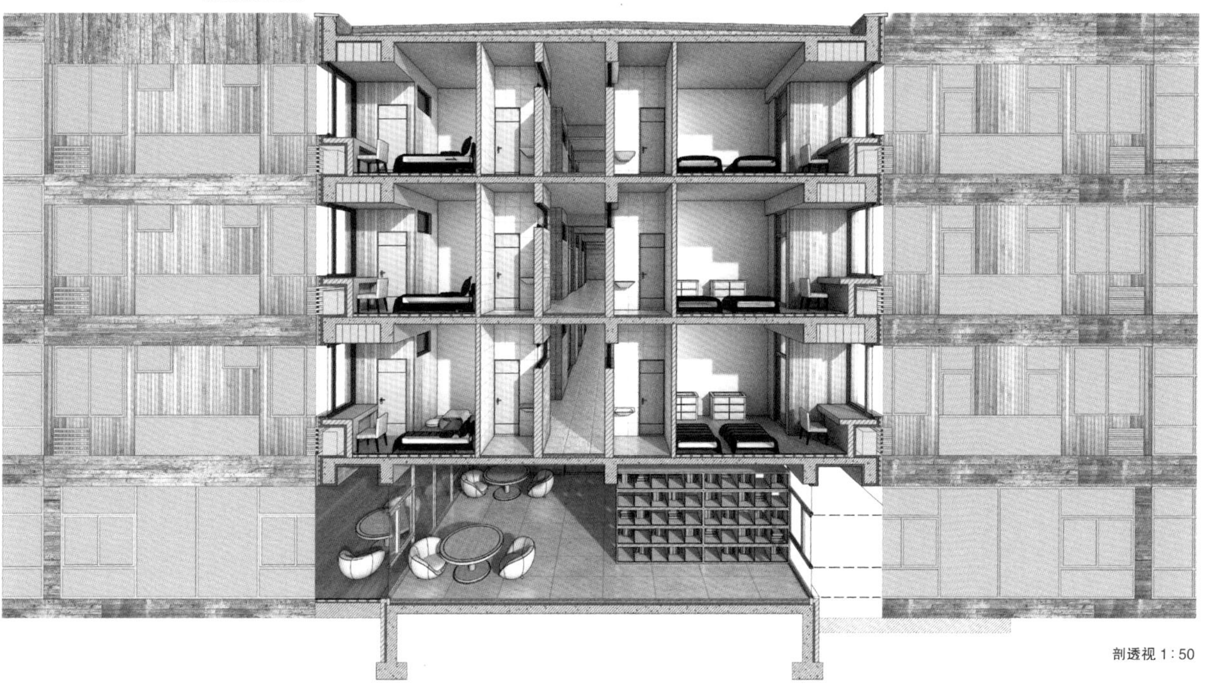

剖透视 1 : 50

课题III　空间与场地：游船码头设计

（PHASE Ⅲ　SPACE AND SITE：Marina Design）

建造活动，使建筑与场地之间产生了不可回避的相互作用。当建筑以不同的姿态占据场地，如隐藏、显现、超越……建筑与场地之间即形成了不同程度的关联。如何让建筑以不同的方式落地？如何在建筑与场地之间激发特定类型空间的产生？如何在行为、场地、功能、流线以及结构之间产生相互促动的关联系统？这些在以空间序列为主题的“空间与场地”的设计中，成为需要关注的重要问题。该课题旨在通过地形与空间之间的互动研究，将建筑意义加以拓展，从而逐渐消解建筑与场地之间严格的边界，并从更为宏观的层面理解建筑的存在状态与生成逻辑，以激发建筑场地一体化的设计意识。

目的和要求

（1）理解建筑设计中“空间与场地”的关系，加强对场地环境的分析，学习并掌握建筑空间与场地及地形之间互动的设计方法。

（2）初步了解一般公共空间（交通类）的特点，着重研究路径组织，体验空间进程。

（3）理解不同材料或结构的特征，以应对不同的场地策略和空间性质。

（4）运用图纸和模型操作来研究坡地建筑设计，体验空间进程，表达建筑与场地的相互关系。

一　课题背景：空间与场地
（Subject Background：Space and Site）

当我们能够较为细微地分辨场地相对于地点、基地、场所等词汇之间的差异，即能够从在地属性与人的感知的结合来讨论空间的呈现途径。其中，以空间作为媒介的场地研究，或者以场地作为依托的空间呈现，即成为建筑在特定的场地中进行设计的重要基础。二年级“空间与场地”的课题，即希望通过对场地概念的理解，引导空间的生成途径，激发空间的使用活力。

1. 场地：作为一种空间问题的基础

建造的过程，是人、环境、地形、景观等要素相互关联作用的过程。当建筑通过人的行为引导，在与这些要素进行对话、沟通、联系或者妥协的过程中落地，使得不同的空间类型得以产生。如何让建筑以不同的方式落地，如何在建筑与场地之间激发特定类型空间的产生，如何在行为、场地、功能、流线以及结构之间产生相互促动的关联系统，成为需要重点关注的问题。而基于这些问题的拓展，将逐渐消解建筑与场地之间的严格边界，由此将建筑锚固于场地，并从宏观与微观的互动中进一步理解建筑存在于场地中的意义与逻辑，以此激发建筑场地一体化的设计意识，从多元的角度呈现空间与场地关联的可能。

该课题选择城市湖面周边的坡地环境为设计场地，以游船码头为设计载体，将功能带来的基本行为自然融入坡地景观不同标高的变化之中，让行为引导下的功能整合带来对空间的重新梳理与创造。场地内坡地类型多样，如缓坡、陡坎、宽松、狭长……各种场地的可能，让建筑的存在方式形成一定的选择性与目标性。其中，面积的“松”与“紧”，坡度的“陡”与“缓”，绿化的“疏”与“密”，对建筑的生成具有清晰的引导作用。而不同的场地引导要素所引发的建筑空间的生成与人的体验也将大相径庭，并各自具有较强的可识别性，从而让设计成果的多元化成为可能。可见，如何让景观建筑在自身的形式、空间语言与逻辑中与场地进行对话，成为空间探索的重要问题。

在此，游船码头作为一种交通建筑的类型，承载了明确的功能指向，并带来了对特定的功能分区、流线组织以及相应的空间序列的思考，让场地成为与建筑无法脱离的重要因素。其中，设计在景观建筑、场地规划与行为引导三个主题的基础上，形成对空间问题的讨论与表达。

2. 建筑—场地：边界的跨越

当我们在讨论空间与场地问题的同时，两者之间的边界逐渐模糊，不同边界之间的跨越，决定了设计的多样可能与多层属性。例如，建筑与场地之间，作为首先需要关注的边界，承载了内—外、上—下、隐匿—显现等属性之后带来了更加具体化的呈现，由此场地的建筑化或建筑的场地化成为一种思维方式。基于此，建筑与场地成为设计中的两条主线并行而置，从建筑与场地两个同等重要的层面入手，强调两者之间的差异与统一关系，这成为引导建筑与场地一体化综合表达的重要方法，具体可从以下三组话题中得以实现：

1）内—外

如果对建筑进行场地化的理解，那么场地的“内”“外”梳理成为场地切入的首要问题。场地之“外”：可视为一种全景的系统模式，其关注点集中于场地在大环境中的地位、特征以及与周边环境之间的对话可能，由此成为定义场地的重要基础。场地之“内”：是聚焦于场地本体的观察视角，如场地的坡度、长度、高差以及坡向等场地内的基本要素，与场地内的绿化、水系、材质等附属要素的集合，成为设计中引发概念生成的重要催化因素。其中，看与被看的视觉关联、连续与断裂的形态关联等，从一种互动视角，形成对场地更广泛的态度与立场。在此，场地之内外梳理，让建筑与场地之间形成模糊边界。其内外属性的多义性引导了人们行为的自主性与复合性，这让人们在建筑与场地中的活动行为成为不同功能空间互动对话的基础。如同阿尔瓦罗·西扎（Alvaro Siza）在葡萄牙雷阿尔城（Vila Real）设计的特维尔（Therwill）的艺术收藏家住宅（House for an Art Collector）（图3-1、图3-2），其依山就势的设计，将室内的使用功能与室外的院落和屋顶平台以及步道景观相结合，形成具有空间与场地内外关联属性的坡地建筑。其人工化的“坡”与自然坡地相互融合，使得具有一体化的地形再现。

可见，对于景观环境的课题场地而言，场地内外、建筑内外、行为内外的交织关联让内外的边界模糊，让内外意义引发对现建筑与场地意义的整体思考。

图3-1

图3-2

2）上—下

建筑终将克服重力落于场地。但建筑落地的方式决定了场地的不同标高与建筑相互衔接的结果。其中，建筑在场地中存在的态度，如顺从、拒绝、妥协、倔强、跳跃……将使建筑在场地中以不同的姿态得以呈现。找平、斜坡、台地、陡坎等各种场地的演变途径，承载了各种建筑与场地之间的连接可能，以展现其综合影响下的场地态度。建筑落地的差异，将使建筑与场地之间形成各种微妙、大胆、奇特而不可预测的空间可能。在此，场地与建筑之间的上下衔接，同时带来了建筑上下属性的差异性以及不同角色人群的行为差异。赫尔佐格和德梅隆在瑞士特维尔的艺术收藏家住宅设计中，即以对场地的微妙处理，将上部的棚屋（Shack）与下部的壁垒（Rampart）进行材料与结构的分化，以此形成内部不同的空间体验与感知（图 3-3、图 3-4）。

对于游船码头而言，上船游人行为的直达便利，茶室人群观景休憩的漫步休闲，在通过性与停留性行为差异之间形成与场地上—下关联的空间规划，让场地在横向与纵向之间形成具有系统性的路径系统，并在空间的内与外之间形成具有丰富体验的场地意义。

3）消隐—显现

场地的内外认知与上下建构，为建筑在场地中的存在提供基本前提。建筑以不同的角色，在接地策略与材质选择中，消隐或彰显地存在于场地之中。不同的材质表达了不同的场地态度，也阐述了不同的

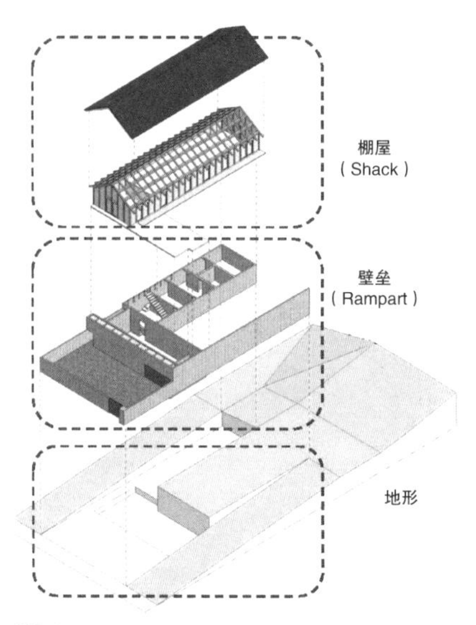

图 3-3

图 3-4

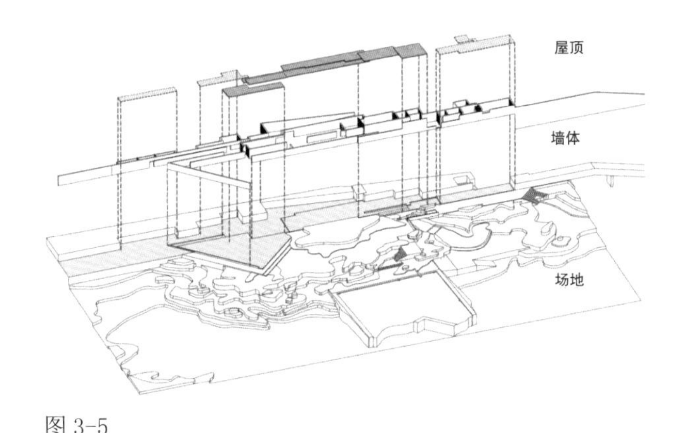

图 3-5

图 3-6

轻一重关联，由此进一步促使结构形式的分化与性格表达。其消隐或彰显的程度则进一步推动建筑与场地环境之间对话的产生，如谦逊的融合、高调的彰显或平和的共融。这些，即如西扎在葡萄牙设计的莱萨达·帕尔梅拉（Leça da Palmeira）游泳池（图 3-5、图 3-6），在狭长的海岸线边，以一种融入环境的姿态沿着岸线缓慢的前行。这种对自然、地形的模拟与再现，也在各种不同功能体量的衔接中相互串联，建筑俨然成为另一种场地在海边蜿蜒。

3. 体验—场地：行为引导的空间意义

从场地梳理到建筑落地，再到人的行为介入，空间创造不再是以建筑本体为中心的孤立描述，而是与场地及行为之间无法割裂的综合呈现。空间的生成，在内外、上下之间，无不渗透了对人在场地与建筑之间进一出一上一下穿行各种体验的关注与结合。人们从进入场地开始，就以各种功能需求为引导，在建筑的内外之间感知场地所带来的规制化整合。内外交互的信息，也在建筑界面差异化的处理中形成不同的关联属性，如透明、封闭、贯通等各种应对空间与场地联系的界面存在，使人的体验成为空间生成与建筑界面设计的重要依据。此时，空间叙事形成应对不同目标人群、不同使用意图、不同场地规划的综合体验。空间生成成为行为、场地与建筑整合下的综合呈现。

于是，行为体验在设计的引导中，成为进一步联系建筑与场地的纽带。如何上、如何下、如何进、如何出、如何坐、如何看……随着这些基本问题的解决，建筑落地之后的用途显得更加丰满。这时，人在行动中关注的对象，将变得更加具体，而这些具体问题将在行为与空间之间的互动生成中逐渐解决。此时，人的行为体验与特定的功能和目的紧密结合，如“慢慢地走”“高高地坐着”“快速地穿过”……不同人的行为诉求，将激发不同的空间序列的产生。这些需求在一个强有力的功能目的（如游客中心、游船码头……）的组织下，以一种叙事的方式联系场地、建筑、路径，使其成为一个完整的行为过程。

因此，以场地体验为引导的建筑落地，在一种更具生命力的活化系统下，让人的行为成为建筑与场地综合影响下空间呈现的隐形纽带。这也成为空间与场地的设计教学中另一个更为重要的讨论对象。

4. 接地—场地：建筑落地

当建筑被引入场地，并期待引导人的“上下”“内外”等行为活动，建筑如何接地成为在设计中具体讨论场地操作的重要环节。如何在场地的操作中体现消隐或显现、上与下的联系，如何在建筑的内外之间强化场地的连续性，如何在场地的操作中形成空间体验的多维引导，成为从建筑接地开始思考场地的重要问题。在此，从剖面入手的思维方法，其引导性在场地设计中显得尤为突出。

首先，以剖面的关系形成的系列空间体验，决定了内部空间形成的基底变化。在单一剖面下，建筑的“内部”空间是否连续、如何连续，以及场景化的内部空间在怎样的地形操作中，成为接地表面变化中空间体验差异化的重要依据。顺坡、台地、错位等场地的表面形态，成为室内场地变化所引导的空间特性的重要呈现，这也成为人的身体所接触的场地的重要体验。

其次，剖面变化与场景连接式的调整，呈现了场地策略变化所带来的设计与体验的差异化衔接的重要途径。其中，不同剖面的前后与上下的并置或错动连接，形成场地接地的切片性思维方式。同一标高下的连续与变化，带来不同体验的突变或顺接的可能。这种变化，仿佛是电影蒙太奇式的拼贴与叙事化的连续，让人的行为在场地接地变化的切片联系中形成具有不同体验场景的呈现可能。

最后，建筑是否完全落地，成为原本建筑的底面表皮与场地表皮分离的特点呈现。其中，分离的表皮所形成的空间让人们在另一种体验中实现行为的穿越与停留。在空间中同时体验两层表皮被分离后的共同存在，由此使建筑的基地可以在与场地的接地的理解中成为另一种立面的表皮，以限定场地的表面与建筑底面所形成的外部空间形态和人们所穿越的行为意义。

可见，建筑落地让人们的体验更加具体化，而这种具体化成为场所可以被细微地认知与体验的重要途径。在此，建筑的地面与场地的表面成为可分可合的系统，在动态的变化中形成了内外、上下、穿越的重要体验引导。

5. 小结

游船码头设计，作为空间与场地主题教学的载体，从开始教案中对建筑场地的分解，到内—外、上—下、消隐—显现等关键词的引入，再到人的行为体验对空间生成的引导，试图组织一个整体的教学脉络。其中，场地的建筑化与建筑的场地化论题在行为主线的串联下所引发的空间意义，成为另一种进行空间分化的途径，成为可以通过人的基本体验进行设计推进的生成过程，成为场地中物化的建筑本体进行非物质性呈现的思维方法。

（注：本节选自朱渊，朱雷．场地与空间：记东南大学本科二年级游船码头设计 [M]// 合肥工业大学建筑与艺术学院，全国高等学校建筑学学科专业指导委员会．2016 全国建筑教育学术研讨会论文集．北京：中国建筑工业出版社，2016：247-252）

图片来源

图 3-1 源自：新浪博客．

图 3-2 源自：在库言库网．

图 3-3 源自：教学实践同学绘制．

图 3-4 源自：[德] 格哈德•马克．赫尔佐格与德梅隆全集（第 1 卷•1978—1988 年）[M]．吴志宏，译．北京：中国建筑工业出版社，2010.

图 3-5 源自：教学实践同学绘制．

图 3-6 源自：图行天下网．

二　案例分析（Case Study）

景观策略：显现—隐藏 / 架空—嵌入　　　**地形关系：平行—垂直**

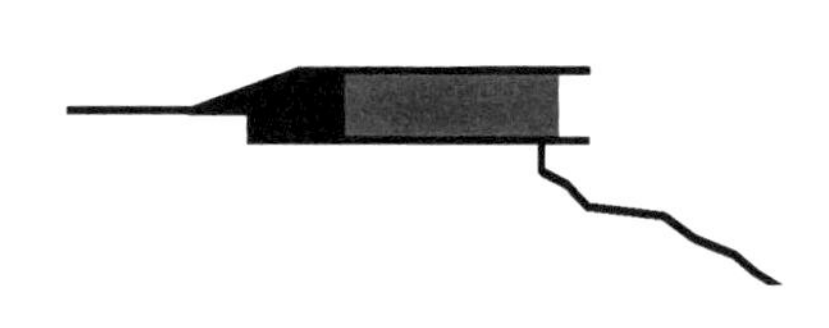

半山取景器　　设计：迹·建筑事务所（TAO）
（图片来源：新浪博客）

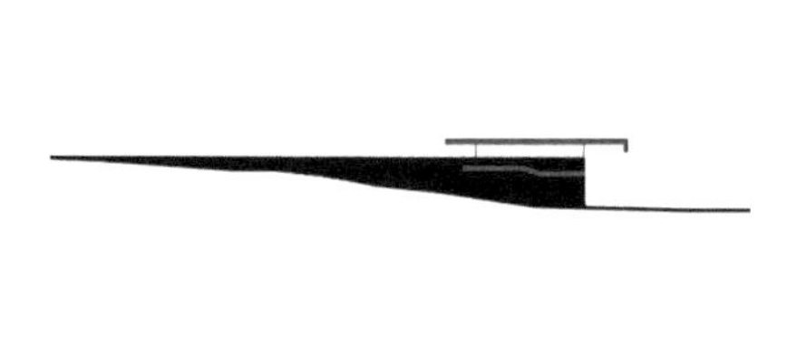

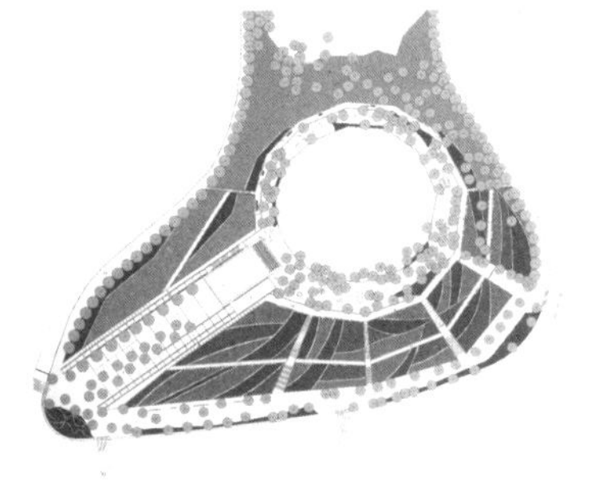

森林公园　　设计：RCR建筑事务所
（图片来源：项琳斐·森林公园，贝古尔，赫罗纳，西班牙[J]．世界建筑，2009(1)：40-45）

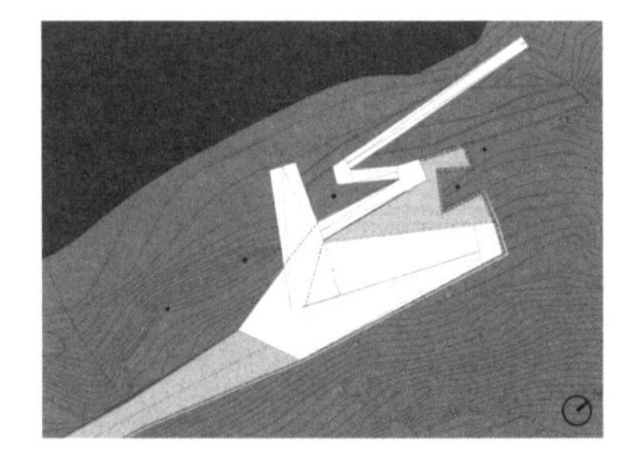

雅鲁藏布江小码头　　设计：标准营造事务所
（图片来源：标准营造网）

奥林匹克雕塑公园 设计：韦斯和曼弗雷迪建筑事务所
（图片来源：景观中国网）

行为：路径—停留

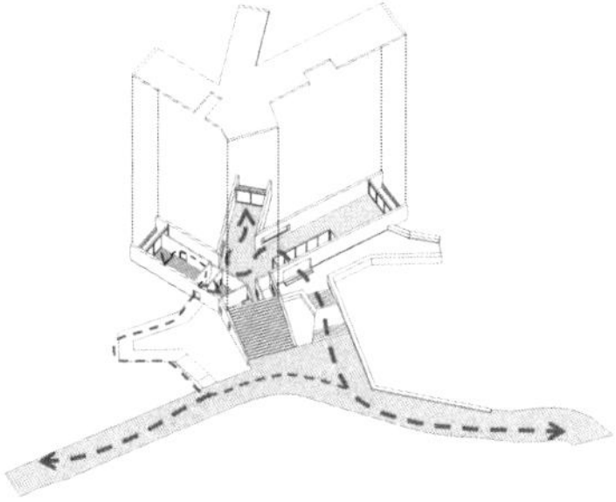

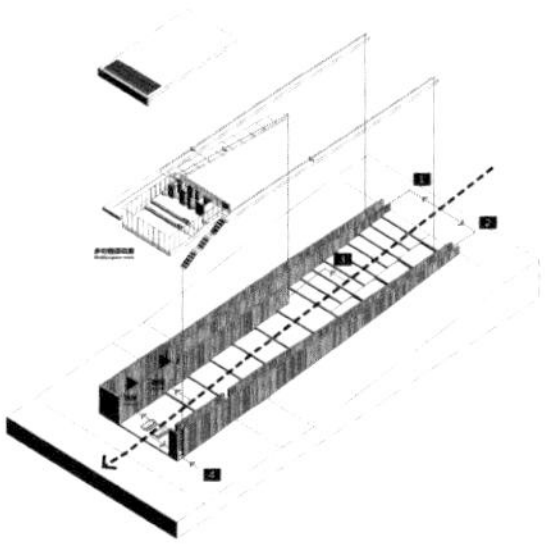

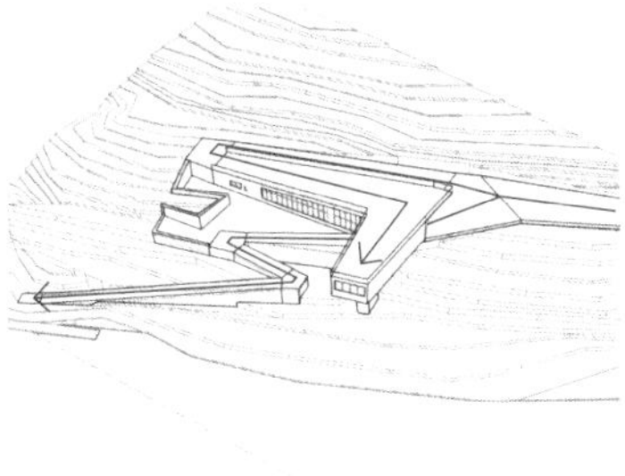

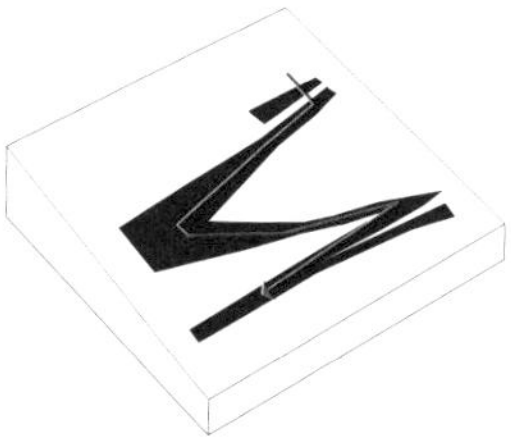

材料分化：轻—重

要素分解

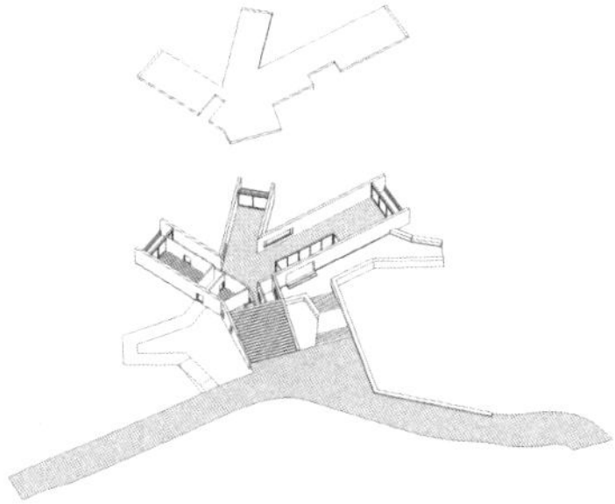

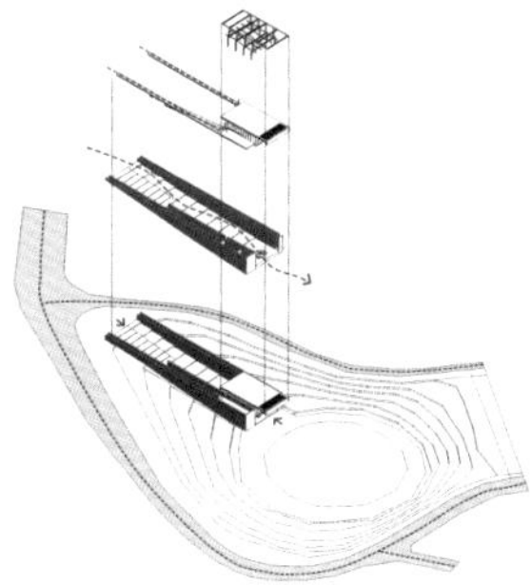

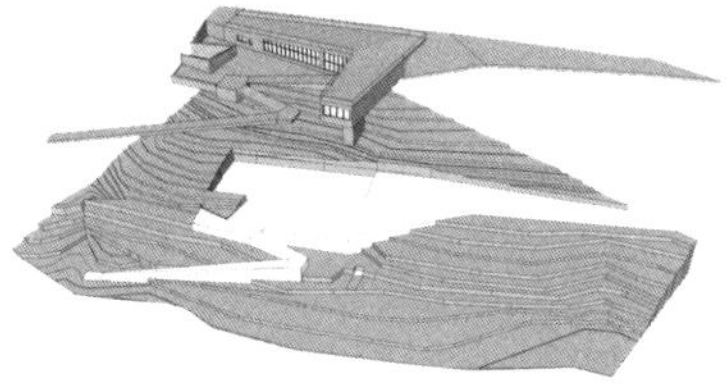

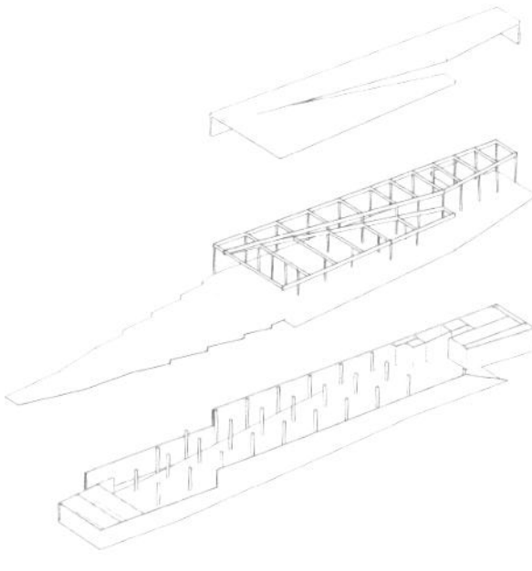

混凝土
通透玻璃

杆系钢结构
混凝土

石材

杆系钢结构
混凝土

景观策略：显现—隐藏 / 架空—嵌入　　　地形关系：平行—垂直

帕尔梅拉海滨游泳池　　设计：阿尔瓦罗·西扎
（图片来源：旅社网）

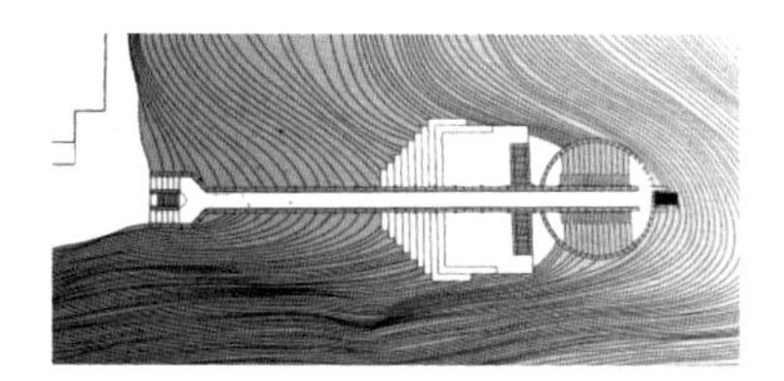

塔玛诺山顶教堂　　设计：马里奥·博塔
（图片来源：欧阳国辉，王轶．与上帝握手：瑞士塔玛诺山小教堂解析[J]．中外建筑，2011(5)：38-42）

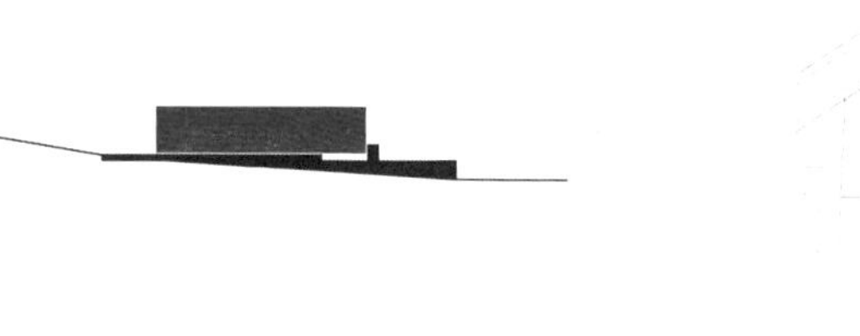

艺术收藏家住宅　　设计：赫尔佐格和德梅隆
（图片来源：[德]格哈德·马克．赫尔佐格与德梅隆全集（第1卷·1978—1988年）[M]．吴志宏，译．北京：中国建筑工业出版社，2010）

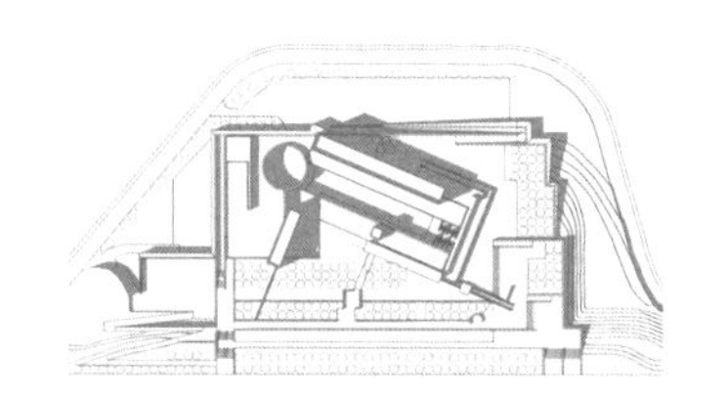

大阪府立峡山水库历史博物馆　　设计：安藤忠雄
（图片来源：色影会｜世界华人建筑师协会摄影研究会）

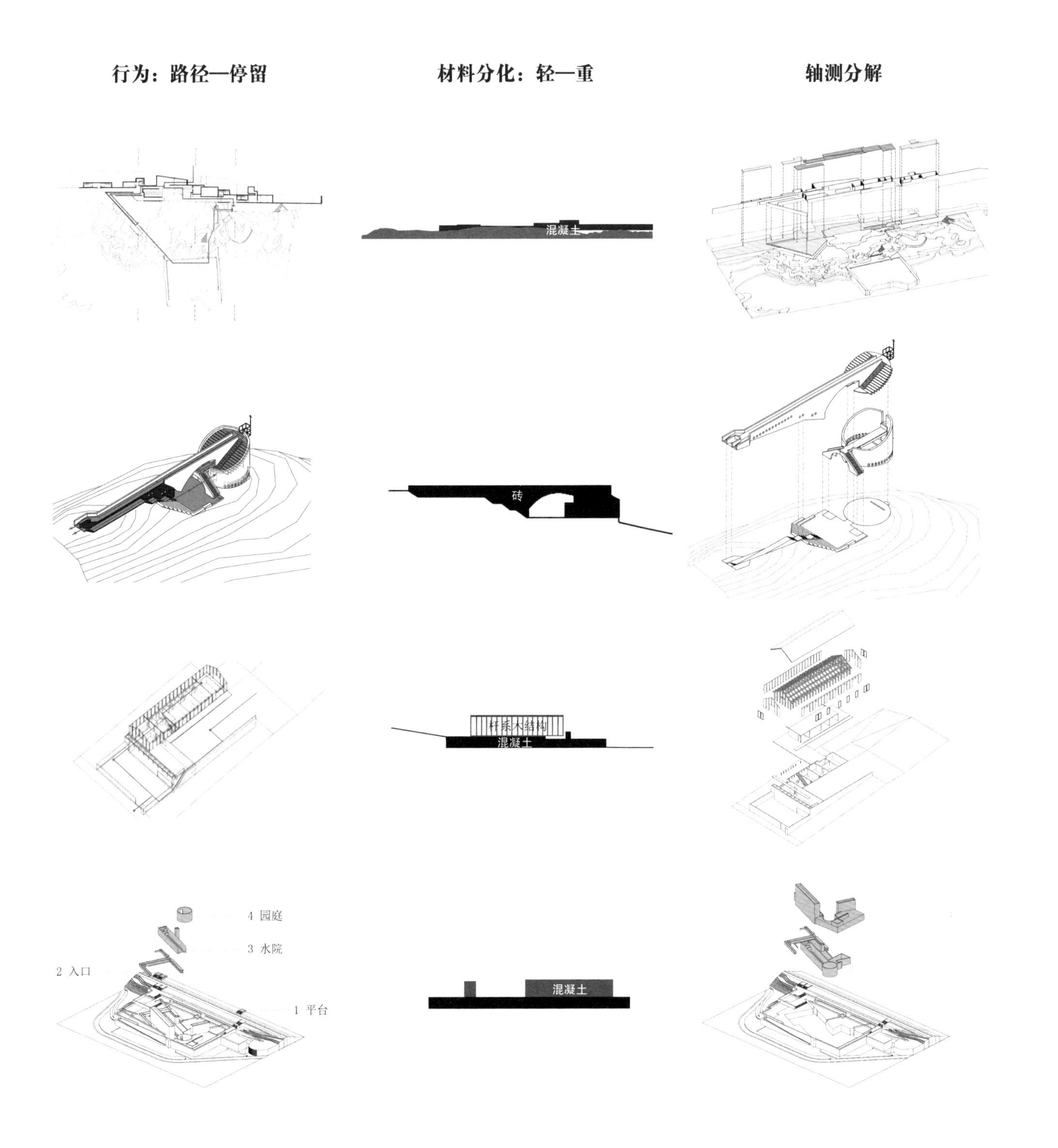
行为：路径—停留
材料分化：轻—重
轴测分解
混凝土
砖
杆系木结构
混凝土
4 园庭
3 水院
2 入口
1 平台
混凝土

三　基地条件（Site Conditions）

基地位置

基地位于玄武湖东南侧，东接太平门及白马公园，北侧为水面，南侧为明城墙。在整个基地中，地形类型有缓坡、陡坎等，离水面距离远近不一。基地平均高差为 4 m 左右。从功能要求来看，游人如何从道路进入基地，再与水面接触进入游船，成为设计如何利用基地的重要方面。其中，散布于基地中的种植成为设计中不得不考虑的重要因素。

课程要求在给定的范围内，根据基地的踏勘，选择其中部分用地作为设计基地，并在整体的基地中形成具有各自意义的基地使用方式及空间与行为特点。

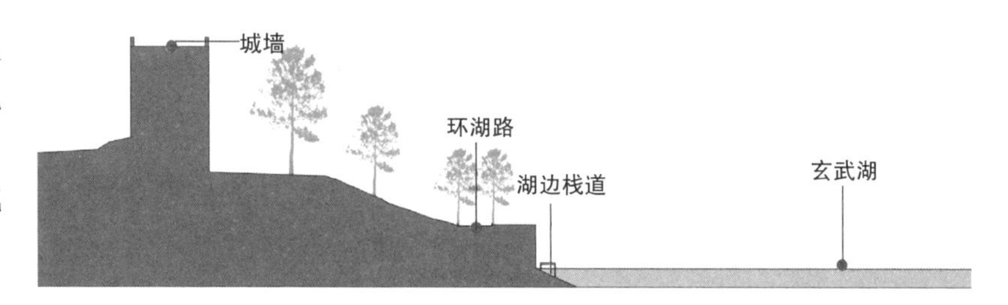

1–1 剖面

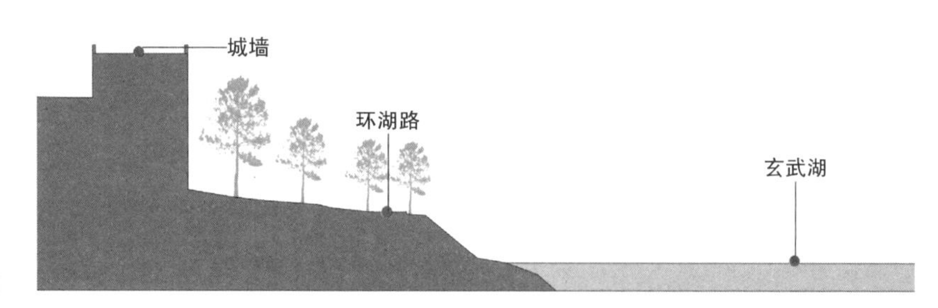

2–2 剖面

基地剖面

3–3 剖面

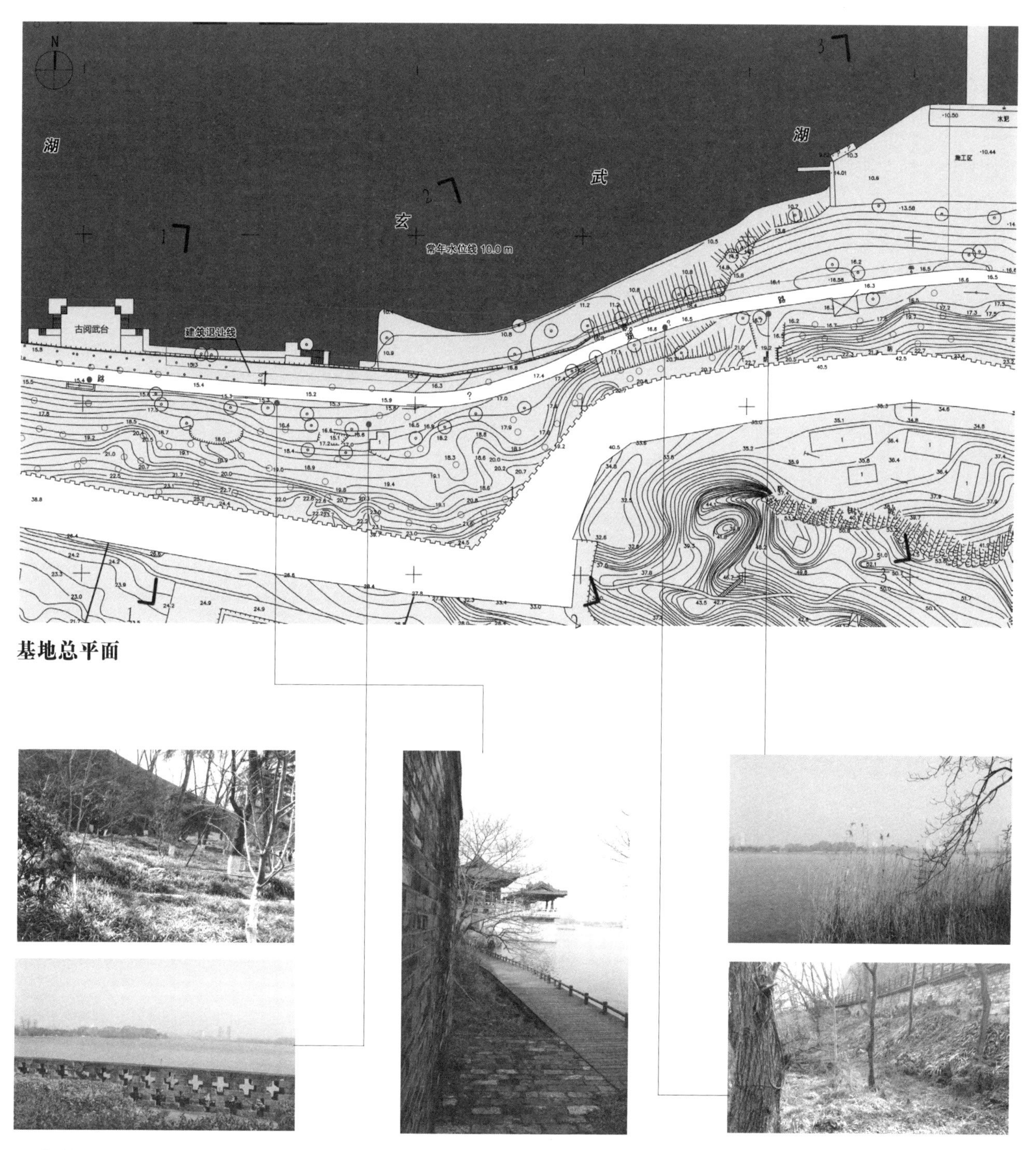

基地总平面

基地现状

四 设计任务（Design Program）

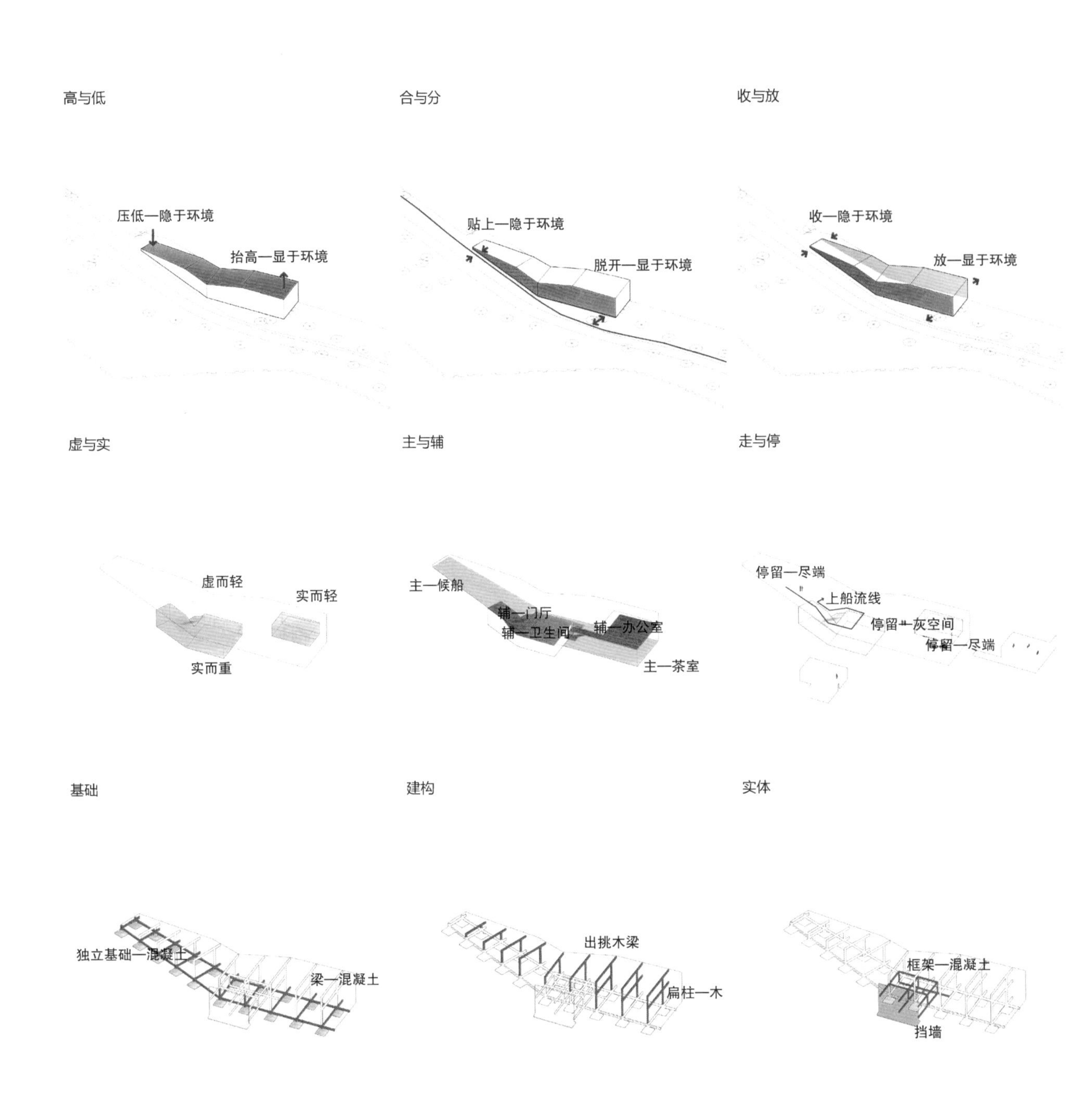

概念解析

• 体量与环境（Volume & Environment）：考虑建筑与周边自然环境和人工环境的关系，由此判断建筑不同类型环境的结合方式。

• 流线与功能（Circulation & Function）：研究建筑主要功能中功能化的游船码头和休闲性的公园茶室的使用需求，与场地中的上下关系、人的行为流线的对应性。

• 结构与空间（Structure & Space）：探索建筑与场地结合的结构方式，以及建筑空间形态与结构的对应关系，以此从结构的轻—重体现建筑体量与材质的差异。

基地选择控制要求

• 在给定的用地范围内，任选从道路至水面的一块用地，包括水面岸线、陡坎等。
• 建筑高度：小于等于 9 m（以选取场地的外部道路标高计）。
• 建筑占地：不超过 550 m²。
• 建筑占水面的面积不超过建筑总占地面积的 60%。
• 建筑与场地需考虑无障碍设计。

功能配置与面积要求

类别	总建筑面积≤ 800 m²	场地
主体功能与流线	门厅：面积自定 咨询处：15 m² 售票处：15 m² 候船区：100—150 m² 检票口	场地入口（广场） 码头入口 停船栈道、码头（同时停靠 2 艘 40—50 人的游船） 码头出口
附加公共设施	简餐茶座（可带厨房）：100 m² 公共卫生间：40—50 m² （以上部分可独立对外服务）	室外休息 / 活动场地面积酌情自定 自行车停放：20 辆自行车，可有遮蔽，面积不计入总面积
配套服务	办公室：15 m² 库房：30 m²	—
其他	休息室、小卖部、交通部分（廊道、楼梯）等面积酌情自定	道路、绿化等面积酌情自定

五　操作过程（Operation Process）

讲课 1　地形与建筑
Lecture 1　Topography & Architectural

场地分析
Site Analysis
空间构思
Space Concept

场地模型 Site Model（1/500；1/200）
构思模型 Concept Model（1/500；1/200）

分析草图 Analysis Sketch
构思草图 Concept Sketch

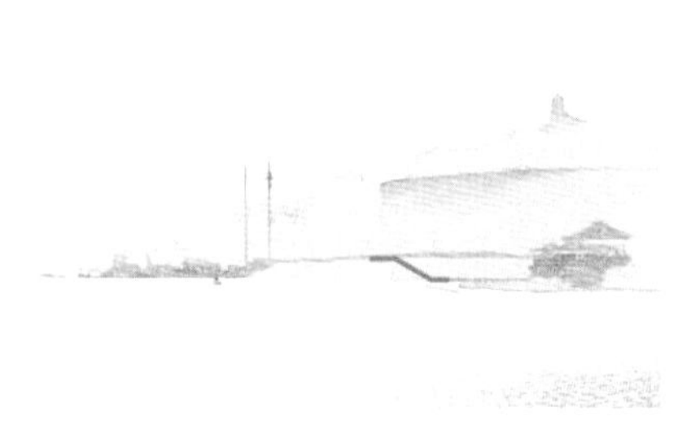

第一周

调研、基地考察

讲课 2　案例分析
Lecture 2　Case Study

空间进程
Space Proceeding
空间构思深入
Space Concept In-depth

空间模型 Space Model（1/200）

平面、立面、剖面草图
Plan，Elevation，Section（1/200）

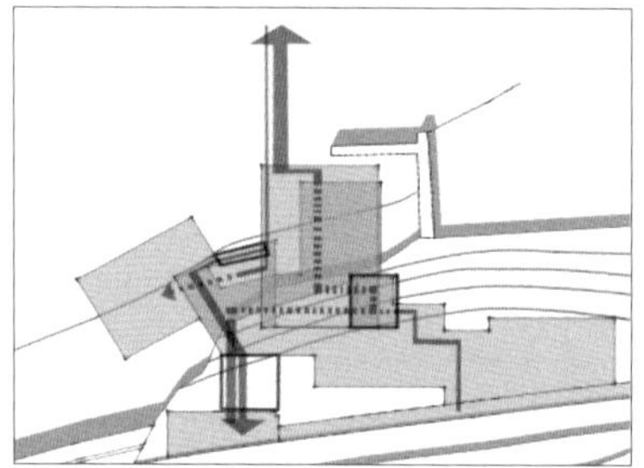

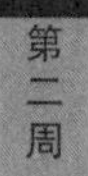

第二周

小组讨论 1

中期评图
Midterm Review

场地模型 Site Model（1/500；1/200）
构思模型 Concept Model（1/500；1/200）
空间模型 Space Model（1/200）

总平面图 Site Plan（1/500）
平面、立面、剖面图 Plan，Elevation，Section（1/200）
其他：照片、小透视、分析图等
Others：Photos，Perspectives，Diagrams

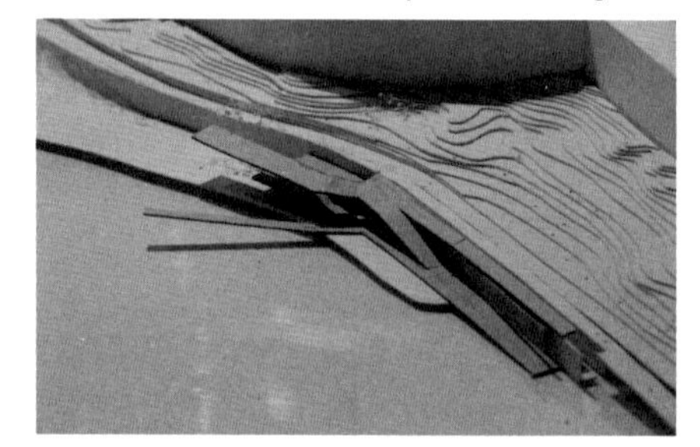

第三周

中期评图

设计调整 / 深化
Design Developing
材料 / 结构分化
Material/Structure Differentiation

空间模型调整（Sketch-Up 模型）
Space Model（1/100）
建构模型 Construction Model（1/50）

场景透视 Scene Perspective
建筑绘图 Architectural Drawing（1/100）

讲课 3　建筑绘图
Lecture 3　Architectural Drawing

制图、排版
Drawing & Layout

空间模型调整（Sketch-Up 模型）
Space Model（1/100）
建构模型 Construction Model（1/50）

场景透视 Scene Perspective
建筑绘图 Architectural Drawing（1/100）

场地模型 Site Model（1/500；1/200）
构思模型 Concept Model（1/500；1/200）
空间—结构模型 Space-Structure Model（1/200）

总平面图 Site Plan（1/500）
平面、立面、剖面图 Plan，Elevation，Section（1/200）
系列透视、场景拼贴 Series Perspectives，Scene Collage
其他：照片、分析图等
Others：Photos，Diagrams

小组讨论 2

日常授课

终期评图

六　教学讨论（Teaching Discussion）

场地分析及空间构思（第一周）（2016　02-25）

前期讨论：

（1）基地所在玄武湖地区的城市环境（玄武湖公园的性质、人群活动规律及特征）。

（2）剖面是重要的分析手段，基地同面向湖面、背靠城墙的大关系。

（3）置入建筑与场地的姿态：显现—隐藏；架空—嵌入；平行—垂直。

（4）对于游船码头而言，人群使用的空间序列与空间进程。

（5）室内空间、灰空间、室外空间的比例与空间组合。

（6）树木、植被等对坡地建筑的影响。

（7）多种功能在空间上的分化。

对学生下一阶段方案的任务要求：

（1）在完成基地模型的基础上提出两个以上的概念方案，用草图模型的形式置入基地模型，同时配剖面草图说明设计意图。

（2）案例分析：每位同学分析不少于两个案例，外部侧重于建筑同场地环境的关系分析，内部侧重于空间进程分析。

中期评图（第三周）（2016-03-10）

答辩小结对作业的要求：

（1）加强对场地环境的分析，建筑空间与场地及地形之间的互动。

（2）着重研究路径组织，体验空间进程。

（3）游船码头功能空间的合理性，考虑使用中的人的感受。

（4）建筑形态的逻辑性：应对道路、水岸线、坡地的几种不同关系进行推敲。

（5）建筑结构的合理化表达。

（6）设计调整与深化，运用图纸和模型进一步研究：室内与室外空间的互动，节点空间的亮点设计。

（7）对材料语言的推敲，材料应对空间的特点分化。

（8）将建筑置于环境之中，鼓励环境拼贴。

终期评图与教案讨论（第七周）（2016-04-07）

许懋彦
（清华大学建筑学院系主任，教授，评图督导）

对本课题的理解：关键词较多，例如功能、坡地、结构，总体而言难度较大。

关于教学方法：模型推进设计这种教学方法非常有意义。

关于图纸：表现图可否更追求一些“抽象性”，而不是一味追求真实。

建议和疑问：任务书提到的场地元素，诸如城墙和古亭，教案对此是否有明确的态度来引导学生在设计过程中进行针对性的操作和处理。

张彤
（东南大学建筑学院副院长，教授，评图督导）

对本课题的理解：面对美好的环境，如何通过空间、流线和功能把风景重新组织起来。

关于“结构”：本次教案能加入“结构”的讨论，并且在最终的成果中可以看出较以往而言有明显的进步。

关于图纸：欣赏通过渲染图（或其他图纸）表达的由建筑和风景共同组织起的优质场景和细腻氛围。

建议：引导学生对“功能”有进一步的认识和体会，即功能可能带来的体验能否在学生的设计中发挥作用。“Program”（任务）和“Function”（功能）的讨论如何在教学中真正落实和加强，会在很大程度上影响学生今后的建筑观。

朱雷
（东南大学建筑学院建筑系副主任，教授，指导老师）

建议：可以考虑让场地多样化。找一个景观带，然后由各位指导老师自己去选具体的点。鼓励学生之间互相比较、学习，不必纠结大家一定要用同样的标准来评判，因为训练的重点主要是引导学生感受景观、场地和建筑的关系。

朱渊
（东南大学建筑学院，副教授，课题主讲）

补充：这次设计的建筑首先是一个“景观建筑”。所以针对空间和造型是有先天要求的：有“看”和“被看”的需求。而人的行为引导下的坡地设计方法的讨论是其中的重点。

七　作业选例
（Assignment Examples）

姓　　名：黄子睿
指导教师：朱　雷

教师点评：

该设计起始于对岸线轮廓的关注，梳理出人工物与自然相互穿插渗透的关系，并从现有岸线的断裂转折处出发，利用游船码头的设计，强化已有的地形景观：一端衔接现有地形，另一端则凸现于水上，形成新的岸线凹凸和建筑特质。这一构思与建筑的内部功能和流线组织联系起来，在建筑内部继续分化出与地面平台衔接的封闭性空间和对水面开放的流动性空间，并落实为具体的结构方式和材料分化。

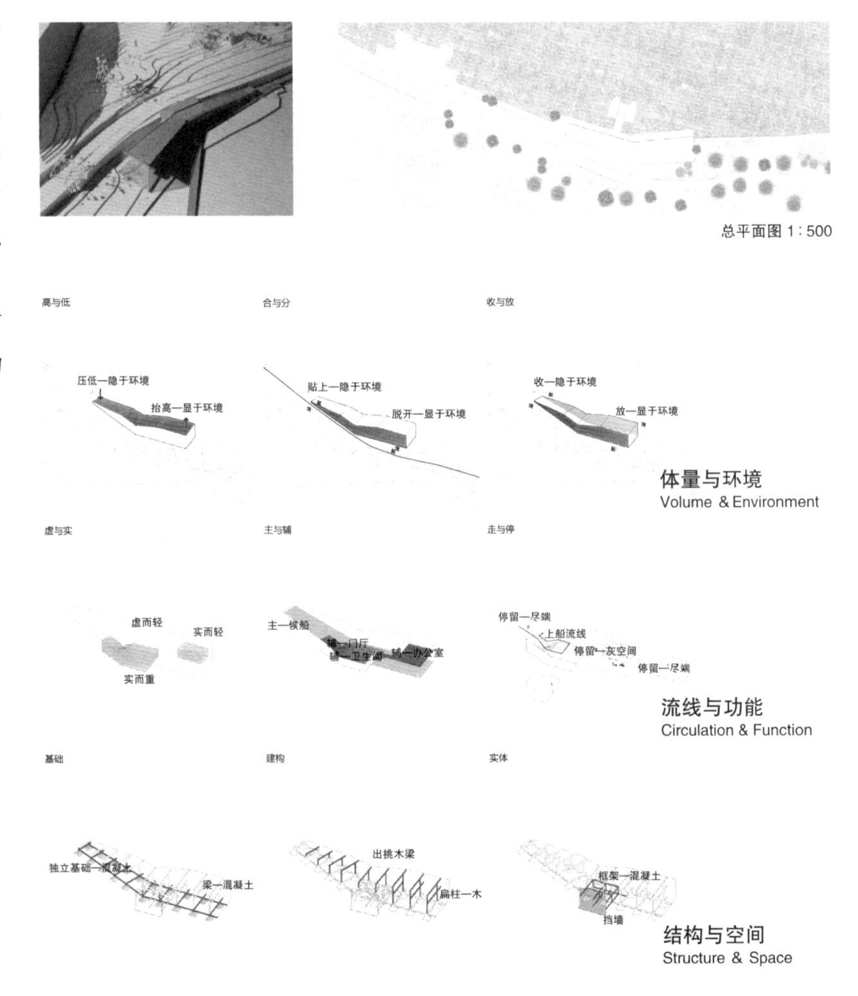

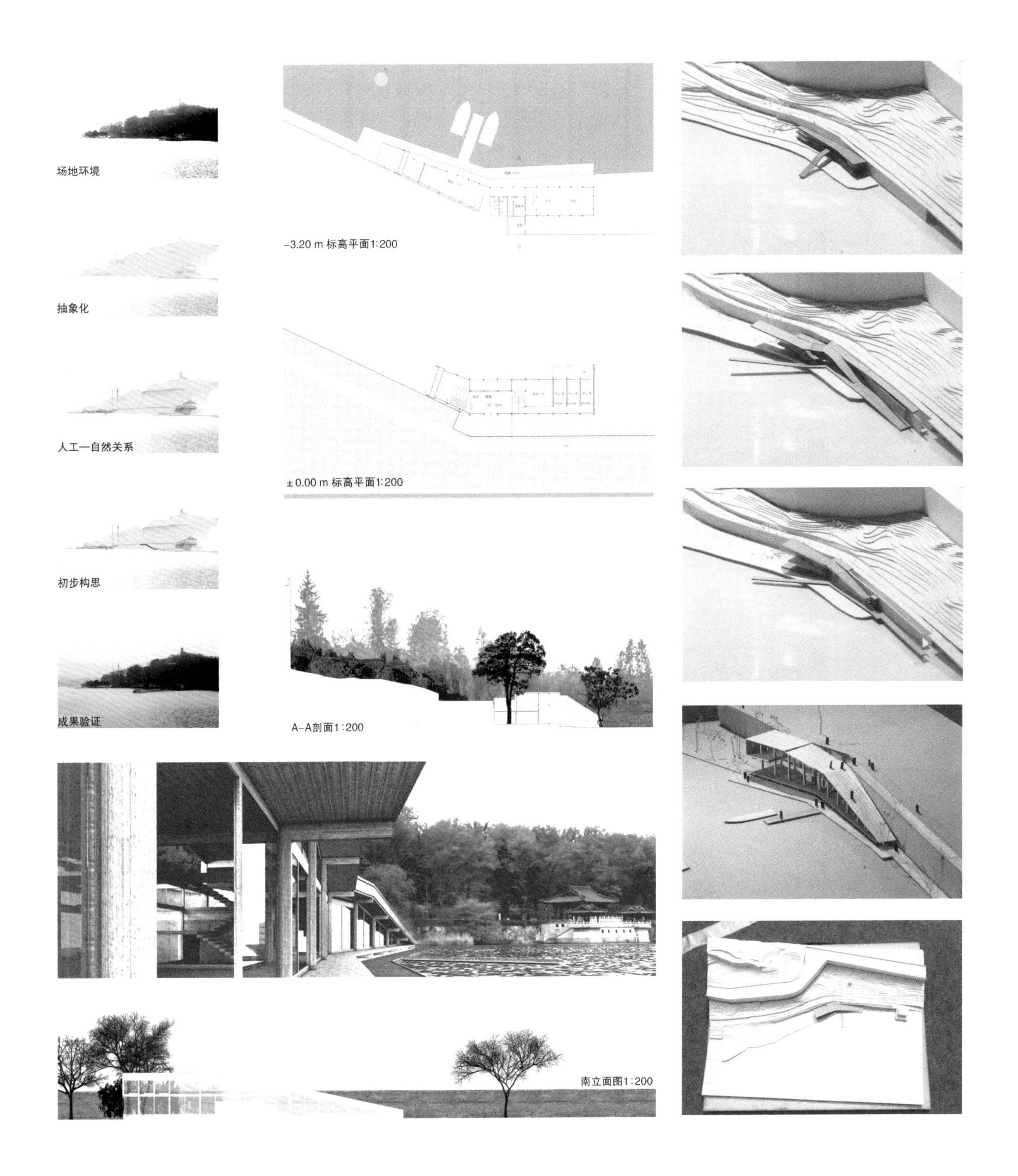
场地环境
抽象化
人工—自然关系
初步构思
成果验证
-3.20 m 标高平面1:200
±0.00 m 标高平面1:200
A–A剖面1:200
南立面图1:200

姓　　名：任广为
指导教师：朱　渊

教师点评：

该设计从场地分析出发，首先，将一个“建筑化”体量置于“场地化”体量之上，形成“上—下”的初步分化。其次，通过材料的划分，形成对场地再造的全新意义，以此在底部的消隐和上部的显现之间找寻相互之间的平衡。此外，该设计从基本需求出发，在码头的功能性与茶室的休闲性之间找寻与体量、材质、内外、上下之间的相互关联，并由此组织具有明确功能引导性与自由观景休闲性的行为体验，以此形成人们对场地环境进一步认知与使用的可能。这些体量、行为以及功能所导致的行为空间的生成，使建筑以一种相对消隐却又局部体量突显的方式，呈现出与周边景观、内部流线和材质提炼之间合理的存在方式。

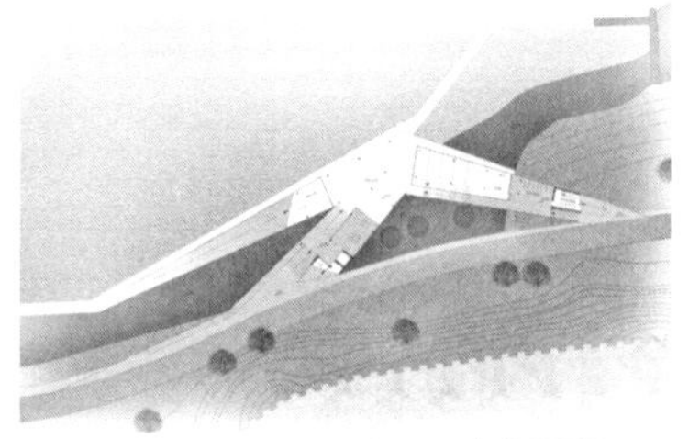

2.700 m 标高平面图1:200

-3.000 m 标高平面图1:200

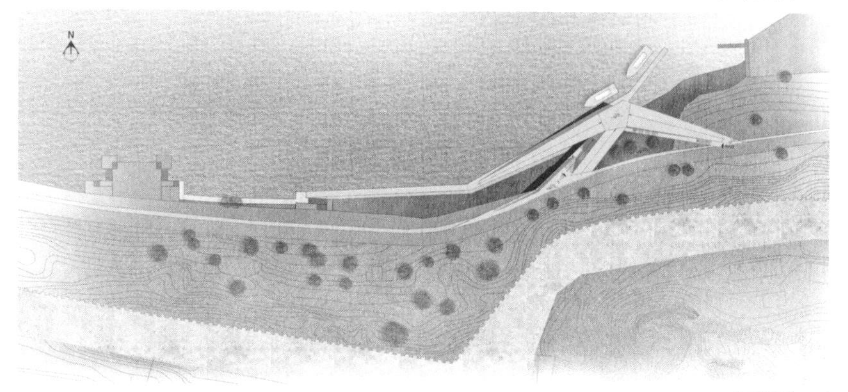

总平面图1:500

设计说明：

该方案从基地三个方向的人流入手，衔接基地原有的残缺的栈道，引导人亲近湖面，推导出三线交汇于一点的形式逻辑。“三线”顺应人流需求分担不同的功能，“一点”则作为大尺度室外灰空间与“三线”形成紧密的联系，为场地创造了具有强烈中心性的水上广场，不仅拉近了人与自然的关系，而且让不同人流之间有更多邂逅的可能性

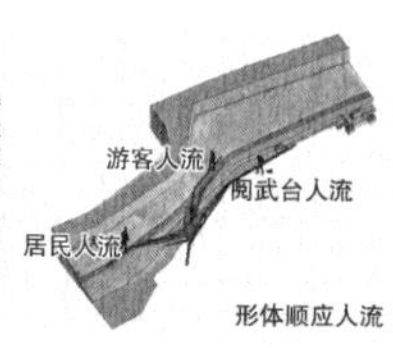

形体顺应人流

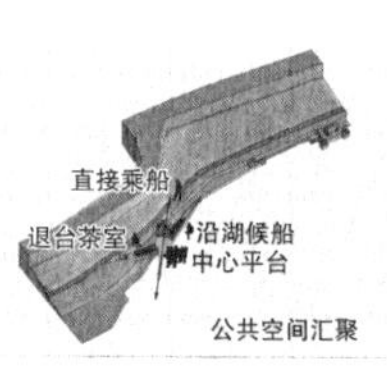

公共空间汇聚

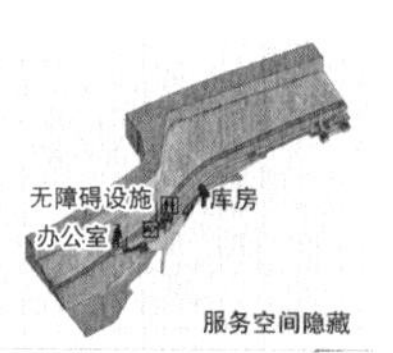

服务空间隐藏

北立面图1:200

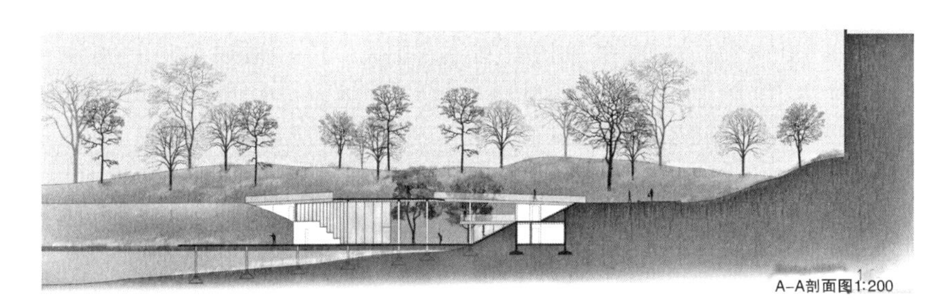
A–A剖面图1:200

B–B剖面图1:200

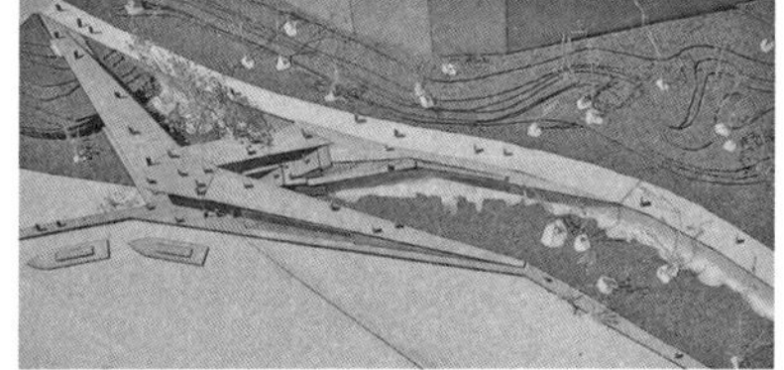

姓　　名：刘子彧
指导教师：史永高

教师点评：

该设计有着一般优秀设计共有的契合环境、流线顺畅、空间得当等优点，这些也确实是本课题的训练重点。特别之处在于它拒绝了“一招先”的大概念，也因为这样，它在外在形式关系上并不会立刻给人留下难以磨灭的印象，但是，当你进入并仔细咂摸时，会发现该设计在地形的顺应与改造、形体的隐藏与显现、结构的规整与变异、材料与空间的契合与疏离，以及复杂地形下空间的转换与腾挪等方面，皆有诸多细微的照应与协调。这是一种认识到建筑的复杂性，并正视其中诸要素/系统间的冲突以后，小心翼翼做出的回应。最终的结果固然反映了设计者比较娴熟的处理技巧，但是更为值得赞赏和鼓励的是这种对待场地与建筑的态度。

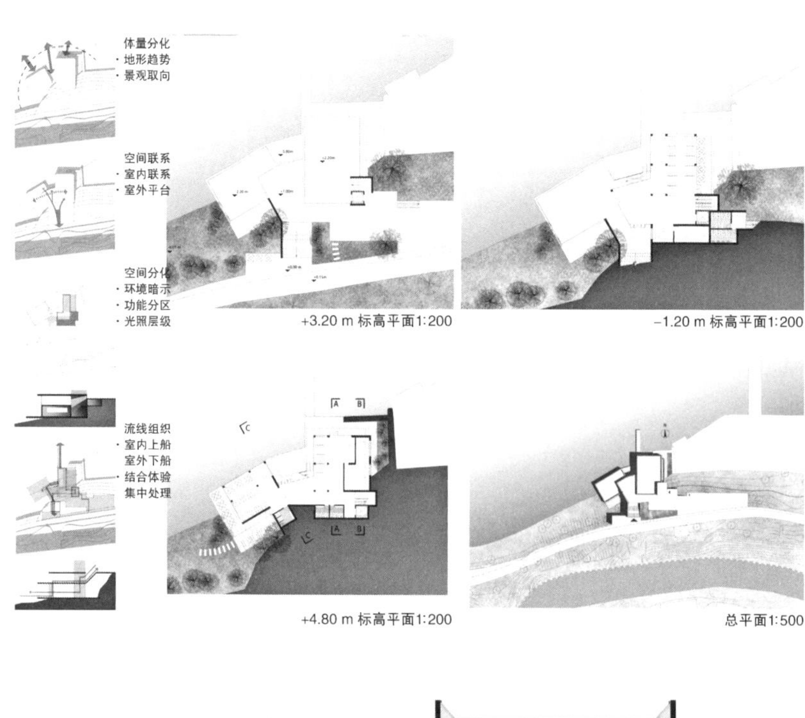

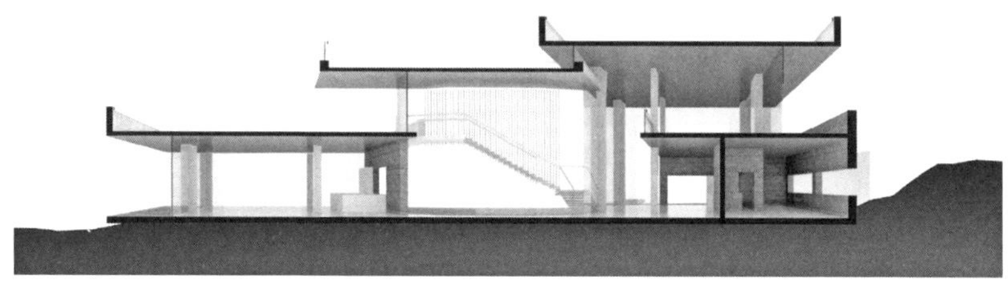

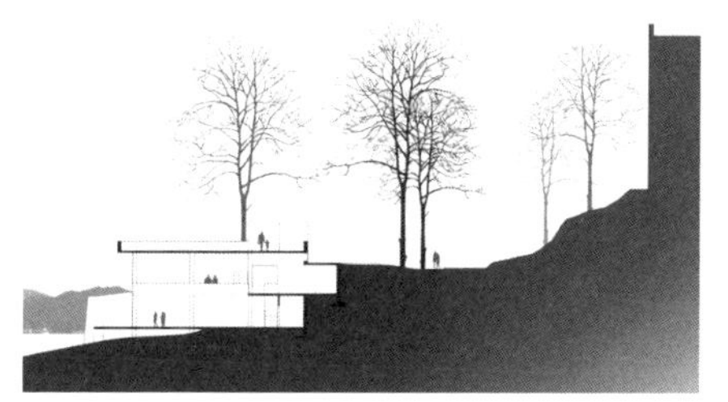

A–A 剖面 1：200

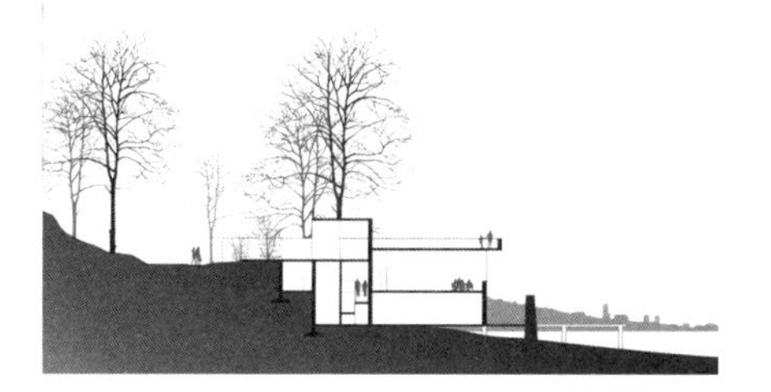

B–B 剖面 1：200

C–C 剖面 1：200

姓　　名：曾兰淳

指导教师：吴锦绣

教师点评：

该设计场地位于一风景区内，南侧面湖，北靠城墙，紧邻一条游人散步的道路。该设计从场地出发，屋顶平台沿道路标高向水面伸出，给散步游人提供远眺亲水的场所。局部屋顶面向北侧城墙翘起，供下部采光的同时，也给游人提供了驻足小憩和回望城墙的绝佳场所。室内空间沿原有坡地等高线层层跌落，利用高差和庭院划分出丰富的内部空间流线。该设计以清晰的逻辑和简单的操作回应了场地中的景观文脉和人的行为，力图将建筑消隐于自然环境之中并创造出供人活动的积极的公共空间。

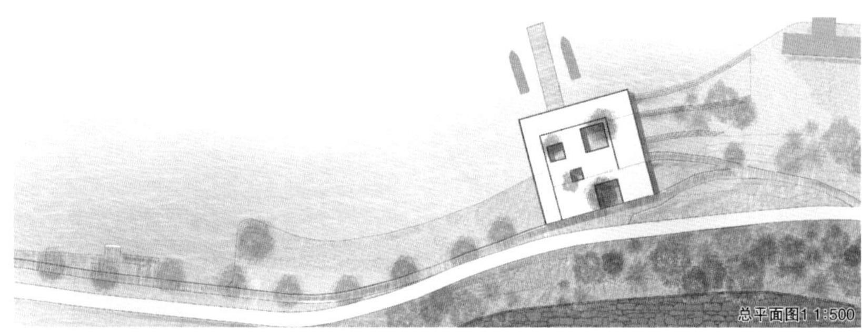

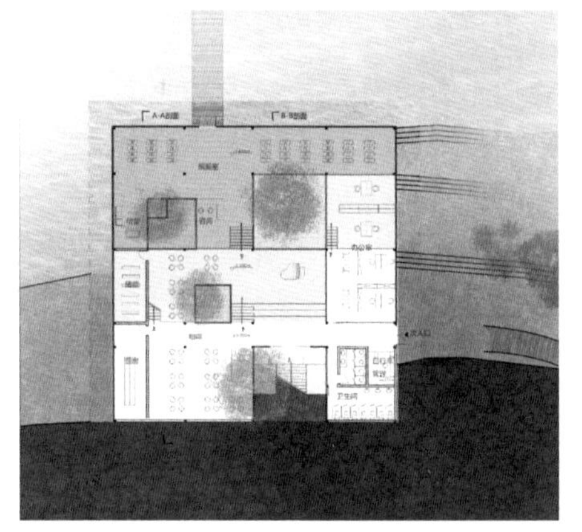

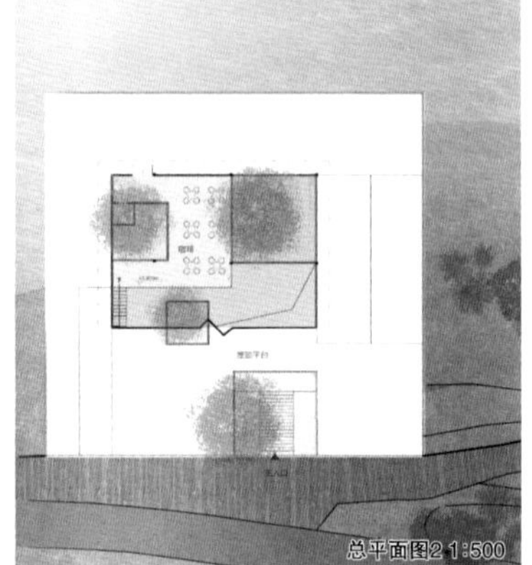

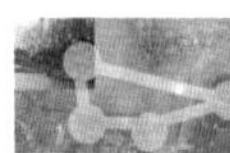

复杂环境：回应的方式

人群汇集：停留的意愿

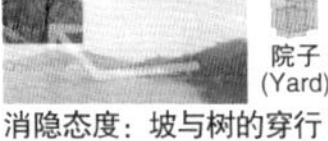

消隐态度：坡与树的穿行

A–A剖面图1:200

B–B剖面图1:200

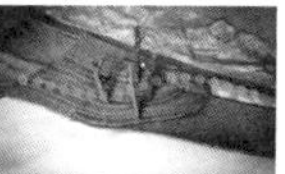
延伸

延伸等高线形成台地，将坡的感受引入室内

置入

保留场地树木置入院落，随坡地高低错动划分空间

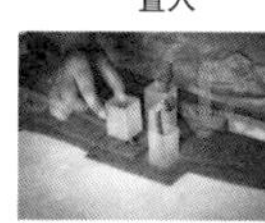
下沉

体量下沉至道路下方，消隐形体的同时屋顶提供了人流汇集的场所

升起

微调屋顶，中部升起以回望城墙，两侧下降以亲近水面

划分

升起屋顶的同时划分了下部公共、候船、办公等功能区

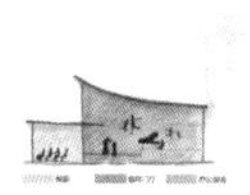

室内透视1

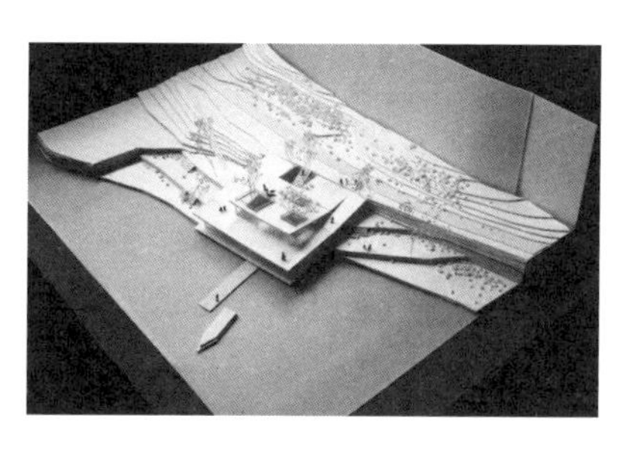

室内透视2

姓　　名：邱怡箐
指导教师：朱　渊

教师点评：

该设计体现了场地与建筑的分化所带来的体量的消隐与显现的关系。而路径的组织也顺应地形将人流自然地从几个方向沿道路引向水边。其中，从道路两边方向汇聚需要上船的人流，可从两边沿湖面的大楼梯迅速下坡，直接上船或来到候船厅候船。而漫步在街道上的人流可通过休闲广场漫步入茶室，再远眺湖景。

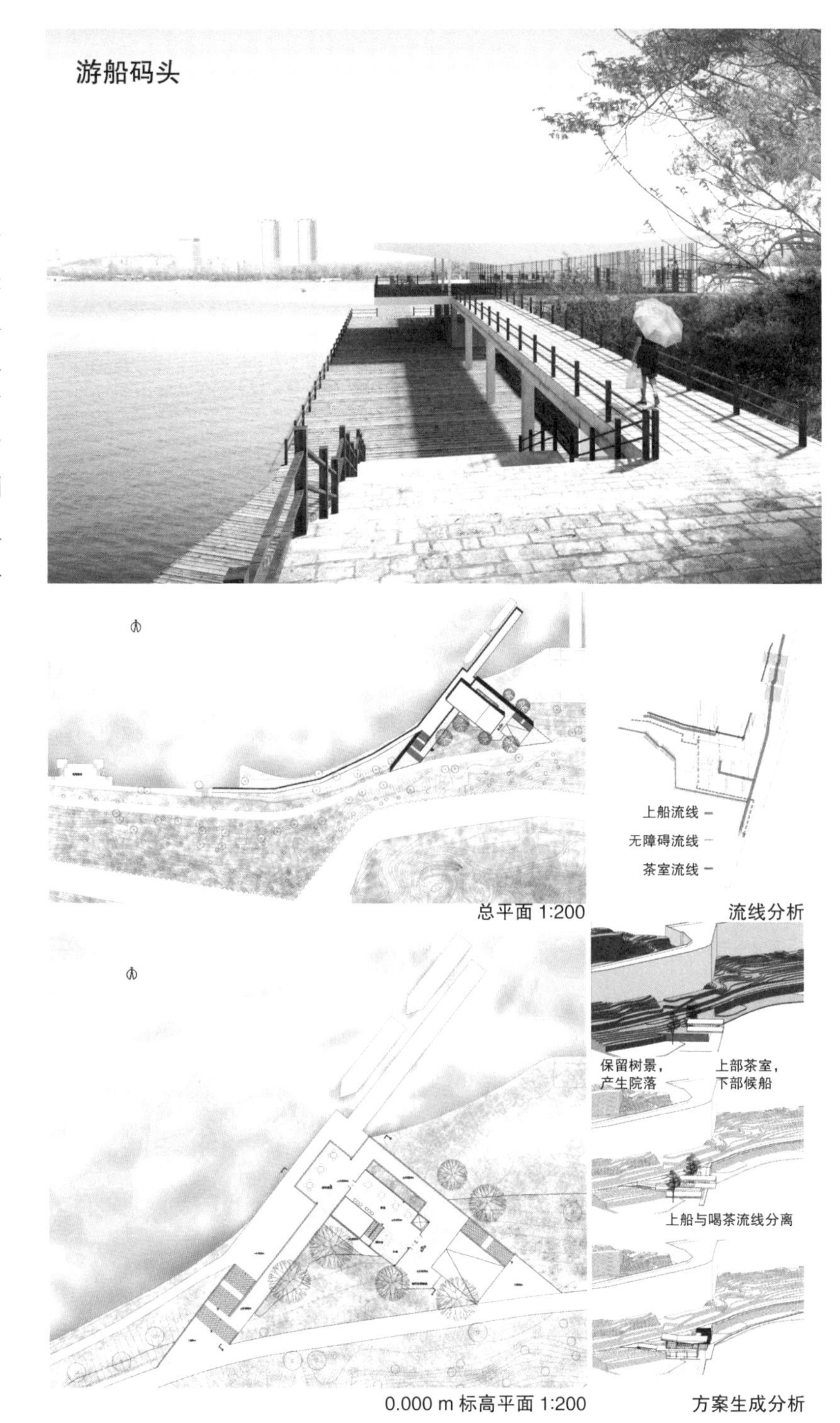

总平面 1:200　流线分析

0.000 m 标高平面 1:200　方案生成分析

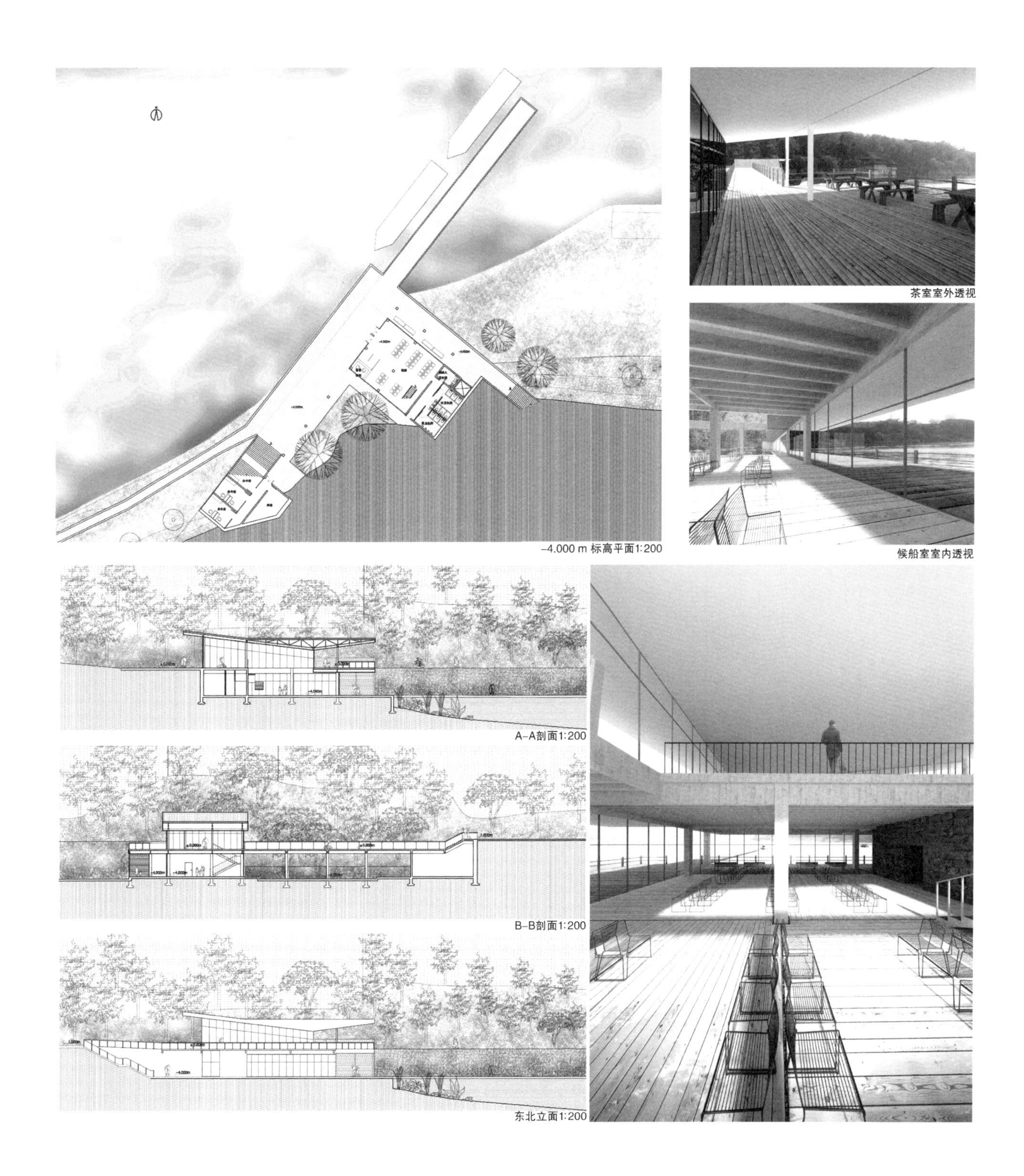

-4.000 m 标高平面1:200

茶室室外透视

候船室室内透视

A-A剖面1:200

B-B剖面1:200

东北立面1:200

姓　　名：毛珂捷
指导教师：朱　雷

教师点评：

该设计场地位于南京城南中华门外的秦淮河边，游船码头兼有展示功能。基于现场观察，该设计选取简洁有力的策略来应对丰富的历史环境和景观资源：三个分立的小体量连续锲入坡地，在分化形体的同时，抽象简洁的几何亦与景观环境及其历史背景相映衬，形成内外互观的框架。分立的小体量下部连为整体，配合外部坡地台阶所带来的倾斜曲线，形成类似舱体的空间节奏和序列。除对水面间或开敞之外，另以局部挑空和下沉庭院引入光线和视景。由此，建筑形成上下贯通、明暗相间、前后联系的整体，并以特定的视窗分别截取大报恩寺塔、明城墙及秦淮河的视景，配合游客的行进和驻留，促成移步易景、收放有序的景观体验。

场地调研：构筑物的延伸

场地调研：自然物的重复

体量生成：自然重复的轴

体量生成：错动获得视野

总平面

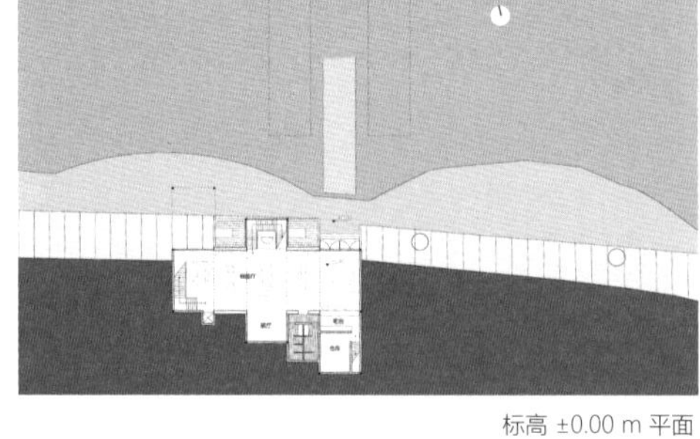

标高 ±0.00 m 平面

标高 +5.70 m 平面

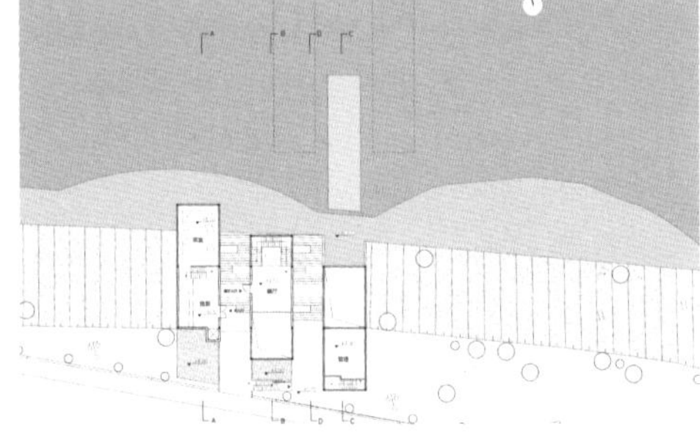

标高 +6.70 m 平面

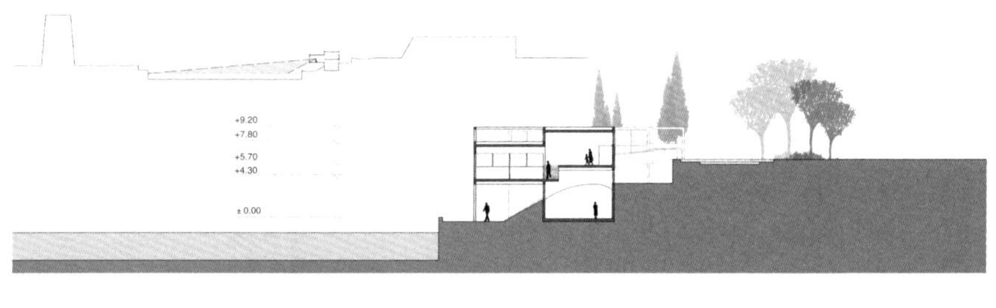

A-A 剖面对应看水透视

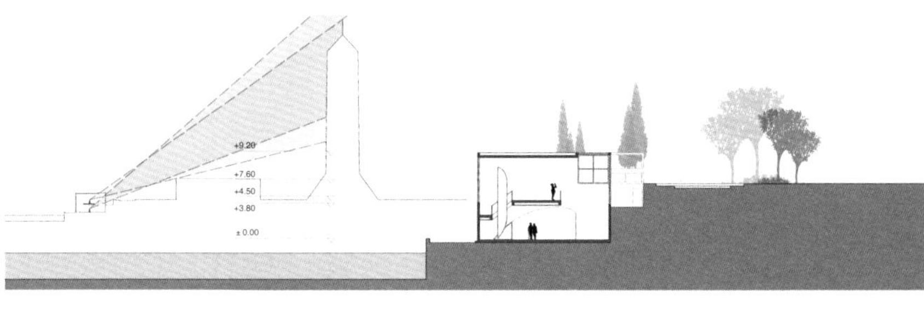

B-B 剖面对应看塔透视

+9.20
+9.20
+6.30
+4.00
± 0.00

C-C 剖面及视线分析

C-C 剖面对应看城墙透视

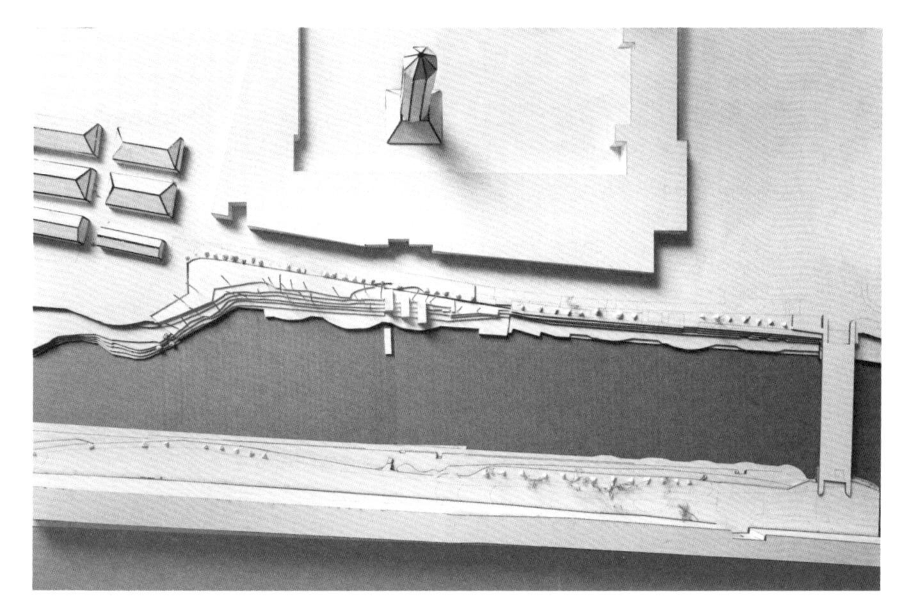

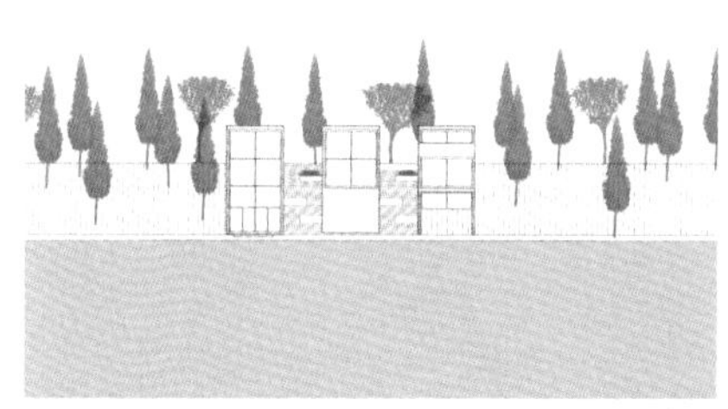

北立面

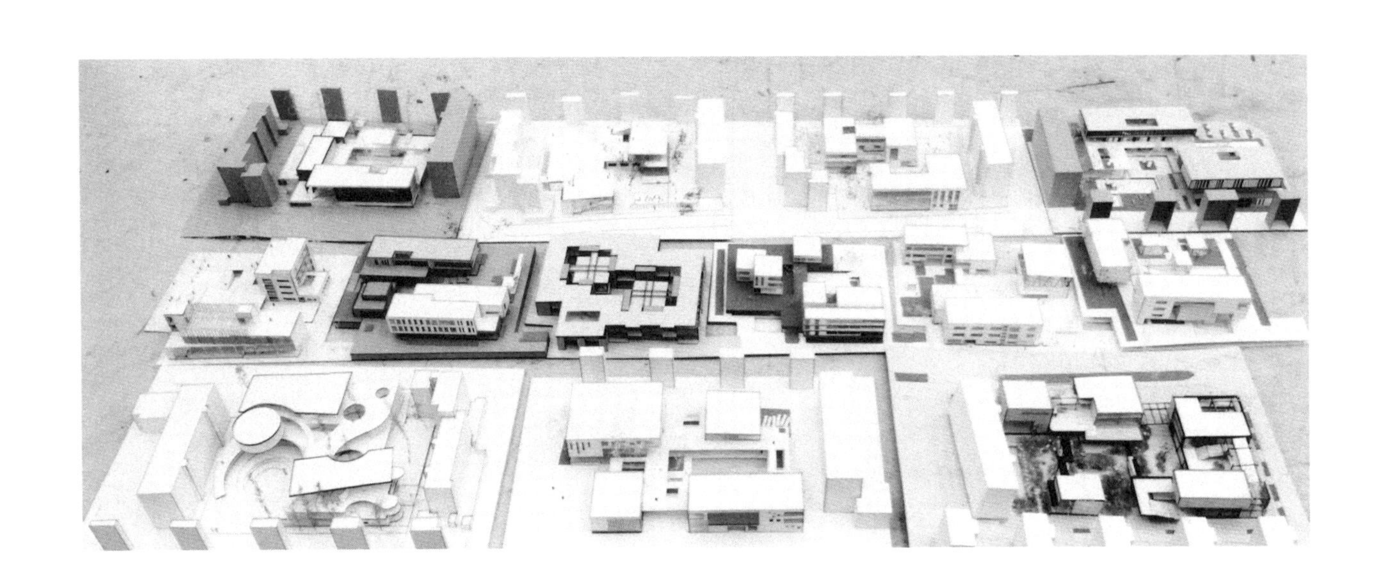

课题Ⅳ　综合空间：社区中心设计

（PHASE Ⅳ　SYNTHETIC SPACE：Community Center Design）

社区中心是“空间复合”训练的一个载体，反映了在城市环境的限定中建筑空间与周围环境之间协调互动的设计方法，及其所代表的一般公共建筑中场地、空间、功能和流线的组织方法。在现有的“城市社区”环境中，通过合作的方式展开对“城市环境”“社区公众”“空间复合”的研究。通过城市环境和社区生活的调研对社区的生活实态和生活需求进行深入了解，在此基础之上通过合理组织既定功能与附加功能来服务周边城市并激发社区活动，展开对社区中心的设计。

目的和要求

（1）在社区环境的限定中，建立建筑的形体空间与周围建筑、道路及环境之间互动的设计态度。

（2）掌握以社区中心为代表的一般公共建筑中不同空间功能和流线的组织，学习复杂空间关系的设计方法，并理解功能使用的规定性和弹性。

（3）理解结构系统、外壳等要素与内外空间的关系，学习不同材料结构应对内外空间的不同方法和机制。

（4）强化不同比例的手工模型研究，同时利用手工模型和电脑模型以及模型与图面作业的互动，建立相互之间的关联性思维。

一　课题背景：复杂城市环境视角下的社区中心设计

（Subject Background： Community Center Design from the Perspective of Complex Urban Environment）

1. 从建筑视角到复杂城市环境视角下的社区中心

社区中心设计是东南大学建筑学院二年级四个设计课程中的最后一个。按照二年级设计课程的整体教学框架，这个设计是“综合空间”训练的一个载体，设计的主题关注城市社区环境中的“空间复合”，体现了其所代表的一般公共建筑中场地、空间、功能和流线的组织方法，如图 4-1 所示。这个教学结构框架相对严整，但是我们每年都会对各个设计进行不断地调整和完善。例如，作为空间复合训练载体的建筑类型就经历了不断的调整和变化，从最初的大学校园中的专业图书馆到后来的社区图书馆，再到社区中心，虽然作为训练载体的建筑类型在不断变化，但是其所蕴含的综合空间的主线一直未变。

基于空间主线的相对稳定，近年来我们对这个框架所做的最大调整是不断加大对于建筑所处的城市环境重要作用的强调，强调建筑设计从建筑视角到城市视角的转换。我们在去年和今年又对社区中心的设计任务书进行了比较大的调整，更加强调真实而复杂的城市环境对于建筑设计的影响。在教案的制定以及教学过程中我们不断加强学科间的交叉合作，与城市规划、景观及技术背景的同事密切合作，不断研究和完善教案。

2. 社区中心教案的新尝试

立足真实而复杂的城市环境，强调通过城市视角来理解建筑问题，通过建筑设计与规划、技术和景观学科的密切合作来推进设计。在教案的制定过程中，建筑和规划及景观专业同事经过密切合作与讨论，赋予设计以真实而复杂的城市环境和社区问题，所涉及内容涵盖了从宏观至微观的不同层面，鼓励对于城市环境的调研、观察和思考，并通过设计寻求织补社区结构、激发人群活力的机会。在设计构思过程中，引导学生立足城市视角来思考建筑设计，通过社区和环境调研发现问题，并通过建筑与环境设计解决问题。在设计深化过程中，由建筑技术老师指导关于构造细节和空间表达的训练，由结构老师现场解答老师和学生提出的问题，对学生进行结构选型指导。各学科的交叉合作使得学生的设计不仅更加接地气，立足真实解决社区问题而产生设计，也使得设计更加扎实、易于深入。

图 4-1

任务书具有一定的开放性，强调通过调查研究发现问题，并通过设计解决问题。虽然全年级基本使用同一份任务书，但是各个指导老师会根据自己的专业、学术背景和研究兴趣的不同对任务书进行不同的诠释，例如，有的老师在现有任务书的基础上提出创客中心的主题，有的老师指导学生参加相关设计竞赛等。在近两年的课程设计中，社区中心由两部分组成，即社区中心＋健身中心。每组两位学生相互合作，两栋建筑的范围并无确定的边界，学生可以根据整体设计和空间组织在不断的研讨和妥协中确定整组建筑的关系。此外，每栋建筑的功能中都设有一个独立的“附加功能”部分，也是学生可以自由发挥的开放的部分，强调学生通过实地调研发现社区问题和社区需求，由此设定附加功能的内容，并通过设计解决相应的社区问题，提升社区环境。

这个设计的另一个亮点是强调合作设计和团队精神。近两年社区中心＋健身中心的设计基于每组两位学生共同合作，要求每两位同学共同完成一套完整的社区中心＋健身中心的规划设计，同时，每位同学在设计中具体负责完成社区中心和健身中心中的一个。这种有合有分的合作要求希望能够产生 1+1>2 的效果，使得设计更加多样和深入，也使学生在这个过程中学会合作的方法和团队精神。事实证明，同学们经过最初的兴奋，中间的激动、困惑、争论与妥协，以及最终的相互支持的完整过程后收益颇多，不仅激发了设计灵感、增加了多样性，而且极大地锻炼了相互合作、共同发展的意识和能力。

3. 复杂城市环境视角下的社区中心设计

1）基地简介

基地位于南京市太平北路和北京东路交界处的东南大学校东宿舍区游泳池地块，游泳池已经废弃。从城市整体环境来看，基地周边的城市环境处于不断更新的过程之中。一方面，周边的建筑环境和道路交通状况都处于不断更新和日趋复杂的过程之中。地块所处的十字路口地面交通十分繁忙，西侧道路对面还新建有地铁站出口和公交站点，未来还将是两条地铁线路的交汇点，人车交通十分复杂。另一方面，从内部环境来看，整个社区以前是东南大学教工及学生宿舍，房屋全部属于东南大学，整个社区实行封闭管理，游泳池便是原有社区中重要的配套服务设施。近年来随着住房改革的深入，社区中原有的公房已经卖给个人，并在房地产市场上进行流通，使得这里的居住人群趋于多元，社区物业也交由物业公司管理，以前封闭的单位大院日益成为与周围环境密切相连的城市社区。加之近来国家对于住区开放性的要求，使得游泳池和周边的整个社区都面临重新整合和改造的境遇（图 4-2、图 4-3）。

游泳池是基地中的核心要素之一。它曾经是服务于东南大学宿舍区和周边社区最重要的文体设施之一，为 50 m 的标准泳池，设有深水区和浅水区，深水区最深 1.8 m。游泳池东边是苗圃，面积约为 500 m^2。近年来由于各种原因游泳池已废弃。

2）设计任务

每两位学生在老师的指导下通过对城市环境和社区生活的调研对于社区的生活实态和生活需求进行深入了解，在此基础之上完成总体规划设计。然后选择适当的建筑类型及位置合作展开社区中心和健身中心的设计，重新理解和定义城市与社区的界面及相互关联，利用和改造原有的泳池（泳池可改造面积为原面积的 1/2），整合周边城市、建筑和景观资源，使这一区域重现生机。

在每栋建筑设计中，除了必要的功能单元之外，都配置有一个相对灵活的“附加单元”模块，面积占到总建筑面积的 1/4 左右，其具体内容由学生根据周边城市环境和社区调研发现社区的需求后自行确定，体现了学生对于周边城市环境和社区需求的直接回应。

3）教案主题词和教学进程

城市社区、人流活动和功能组织是总体规划设计和方案构思阶段的主题词，意在让学生通过调研来理解真实的城市社区环境和人流活动对建筑设计的影响，并通过建筑设计和功能组织来解决社区问题。技术系统和场景—空间则是方案深化过程中的主题词，意在让学生通过结构材料构造等技术系统的深入和场景空间效果的深入推敲来深化方案、完善构思。

整个教学进程历时九周，与教案主题词相对应，在每个时段中分别针对主题词的相应内容各有侧重，由浅入深逐步展开（图 4-4）。在第四周安排有一次中期评图，会有小组间的交流评图，以两个小组为单位，对学生方案构思中的大关系和总体问题进行交流和评价。事实证明，中期评图对于学生把握总体思路、理清设计想法和控制时间都起到积极的促进作用。在设计结束时是终期评图，会有来自其他年级、兄弟院校的同行以及国内外知名建筑师和教授一起进行交流，2016 年度的主要评委是美国宾夕法尼亚大学的大卫·莱塞巴罗（David Leatherbarrow）教授，在师生交流完之后还有重要的一环就是老师之间的交流和讨论，对于教案的情况、问题以及调整方向都有非常深入的研讨，也为教案的进一步调整奠定坚实的基础。

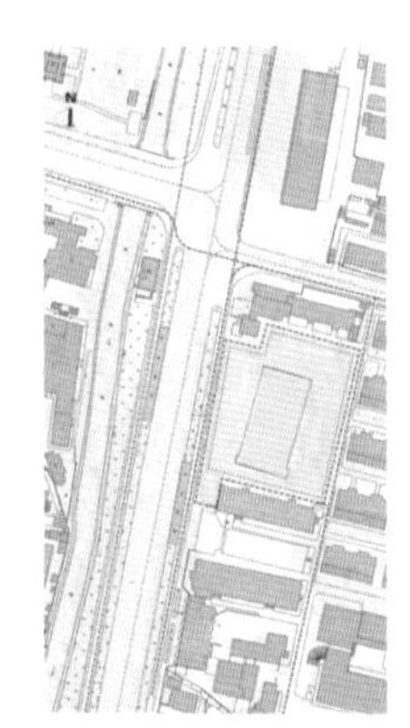

图 4-2

图 4-3

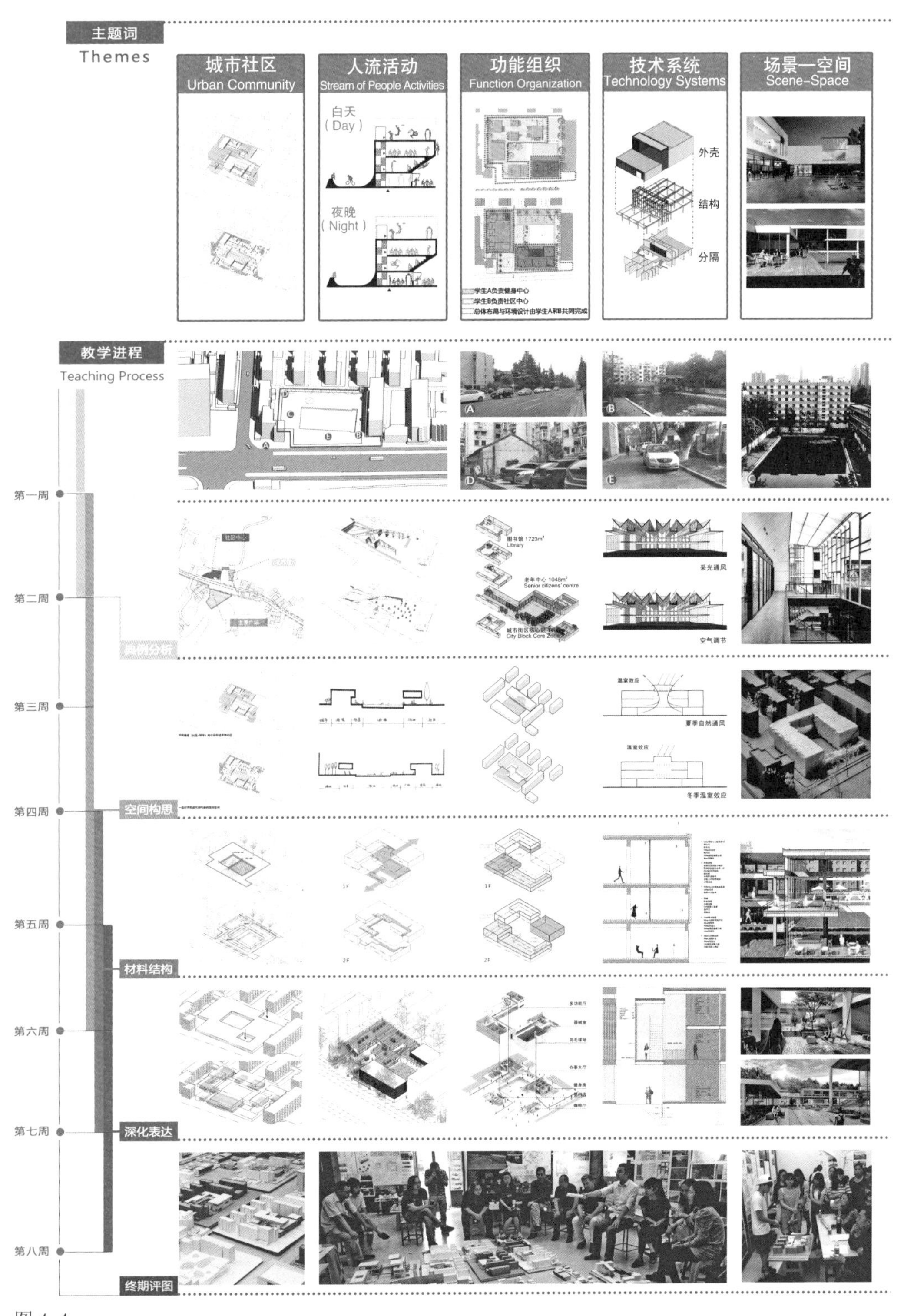
主题词
Themes
城市社区
Urban Community
人流活动
Stream of People Activities
白天
(Day)
夜晚
(Night)
功能组织
Function Organization
学生A负责健身中心
学生B负责社区中心
总体布局与环境设计由学生A和B共同完成
技术系统
Technology Systems
外壳
结构
分隔
场景—空间
Scene-Space
教学进程
Teaching Process
第一周
第二周
第三周
第四周
第五周
第六周
第七周
第八周
典例分析
空间构思
材料结构
深化表达
终期评图
图书馆 1723m²
Library
老年中心 1048m²
Senior citizens' centre
City Block Core Zone
采光通风
空气调节
温室效应
夏季自然通风
冬季温室效应

图 4-4

为期九周的最终设计成果显示：城市环境复杂、限制条件较多的场地条件也能成为通过设计提升社区生活的契机，同学们通过实地调研来感受城市生活、发现真实问题，由此激发灵感开始设计。然后他们的思维在城市社区生活和建筑设计之间不断切换，在现实体验与空间场景构想之间不断转换来深入设计。城市和建筑尺度的不断切换和设计体验的转换使得设计成果具有相当的丰富性和创造性，而合作设计加强了成果的这种丰富性和表达效率。“社区中心＋健身中心”设计成为织补社区结构、激发社区生活的发生器，也引起了校内外答辩评委和督导的热烈反响和肯定。

本教案在刚刚结束的评比中获 2016 年全国高等学校建筑学学科专业指导委员会优秀教案奖，所送审的两份学生作业均获优秀作业奖。

4. 对于社区中心 + 健身中心教案的进一步思考

在本教案的设置中，强调建筑设计中从建筑视角到城市视角的转换是核心，复杂城市环境视角下的建筑设计不仅让学生真实地面对具体城市和社区环境对建筑所提出的挑战，而且提供了一个机会，让学生对于抽象的空间设计因为有了一个具体的问题和目标而变得非常扎实和具体，便于操作，有助于让学生理解建筑所处环境的重要作用，以及如何通过设计来解决所面临的具体问题，而不仅是苑囿与空想的泥潭和形式主义的游戏。

事实还证明，为任务书设置一定的开放性和鼓励学生合作设计也是非常有效的方法，不仅在保证教案整体水准的前提下极大地丰富了教学内容、调动了师生的积极性，而且使设计成果更加丰富多样，体现了教学连贯性和多样性的统一。

（注：本节相关内容见吴锦绣，朱雷，史永高，等．“复杂城市环境视角下的社区中心设计”课程实践研究［J］．建筑学报，2017（1）：50-53）

参考文献

鲍家声，杜顺宝．公共建筑设计基础 [M]. 南京：南京工学院出版社，1986.

凤凰空间・北京．当代社区活动中心建筑设计 [M]. 南京：江苏人民出版社，2013.

图片来源

图 4–1、图 4–2 源自：研究生助教黄里达、郭一鸣根据教案整理 .

图 4–3 源自：研究生宋文颖拍摄 .

图 4–4 源自：研究生助教黄里达根据教案整理 .

二　案例分析（Case Study）

城市社区

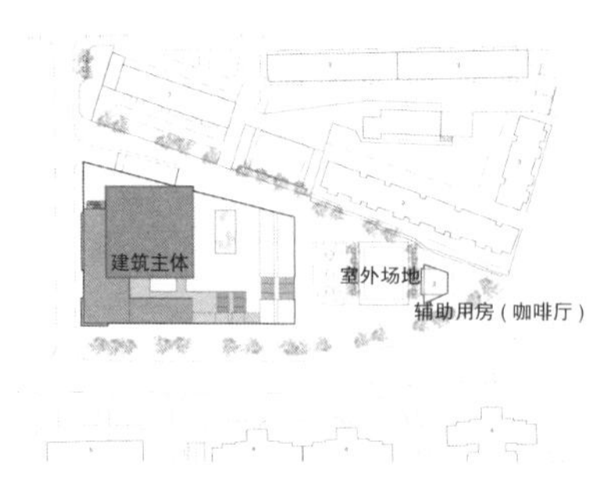

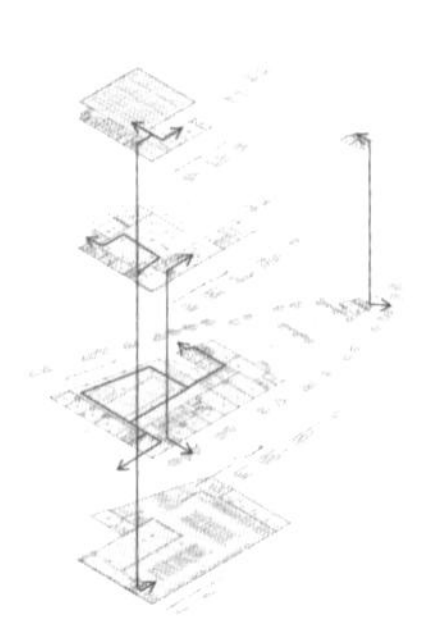

成都三瓦窑社区体育中心

设计：中国建筑西南设计研究院（CSWADI）

（图片来源：每日建筑网）

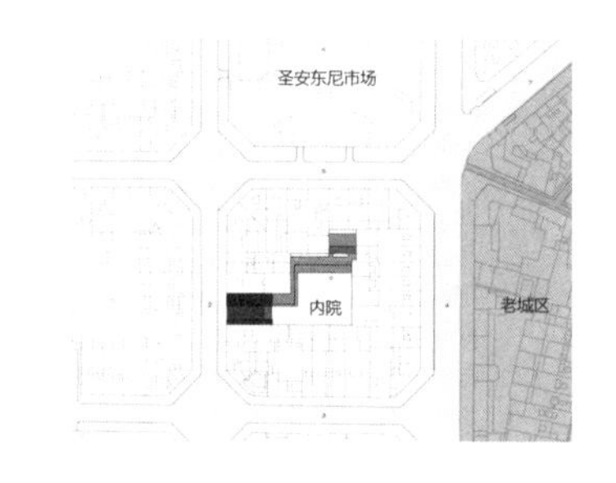

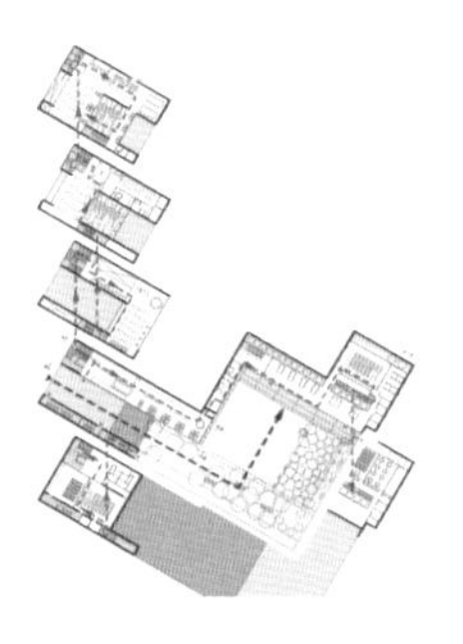

巴塞罗那圣安东尼区图书馆及老人活动中心

设计：RCR 建筑事务所

（图片来源：RCR 建筑事务所网站）

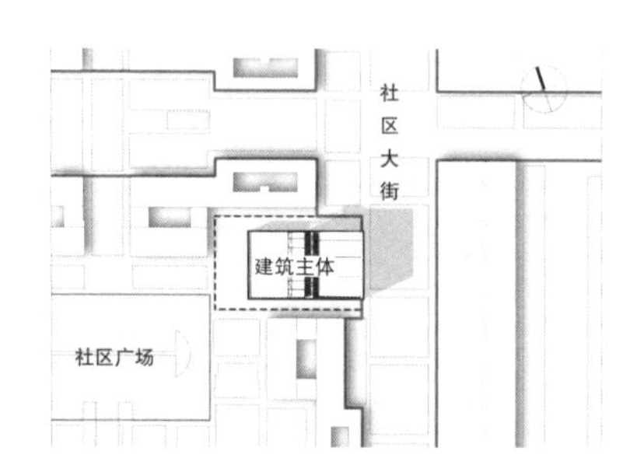

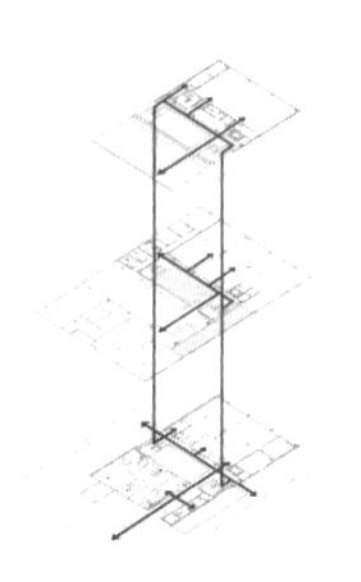

塞维利亚洛斯卢卡斯市政市民活动中心

设计：SECCION B 事务所

（图片来源：SECCION B 事务所网站）

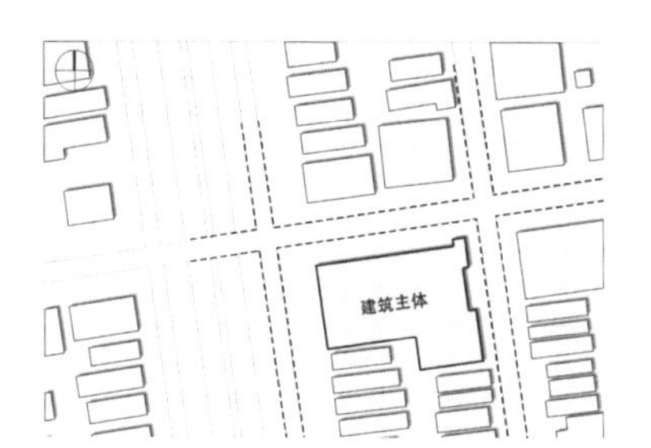

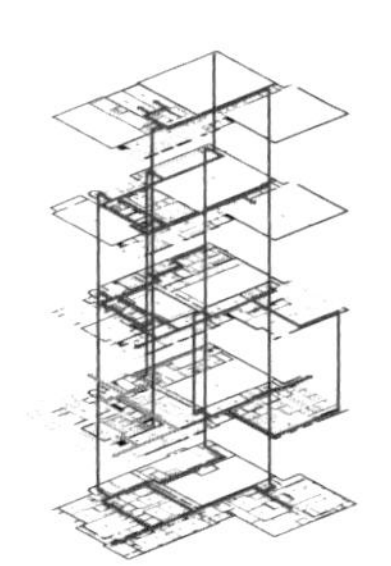

纽约斯发迪克社区中心　设计：BKSK 建筑事务所

（图片来源：BKSK 建筑事务所网站）

功能组织　　**技术系统**　　**场景—空间**

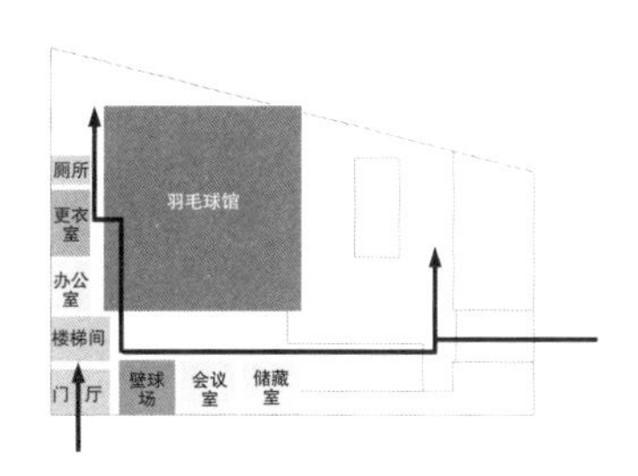

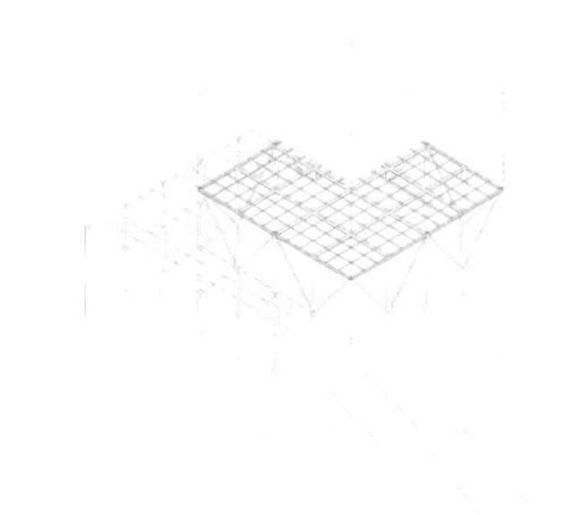

（图片来源：每日建筑网）

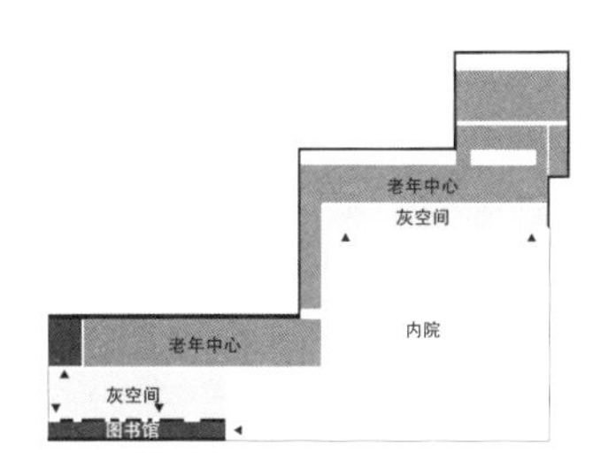

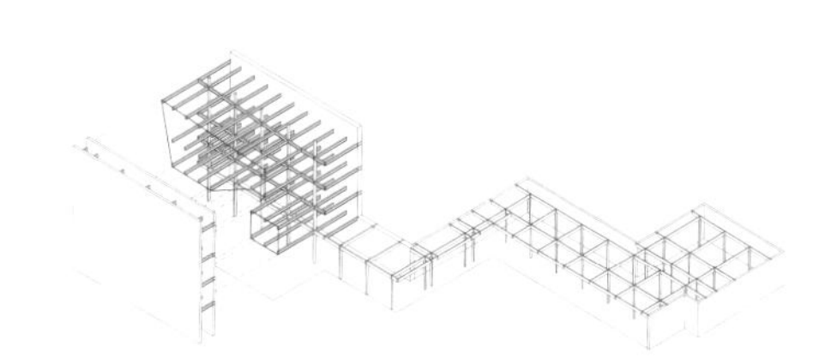

（图片来源：RCR 建筑事务所网站）

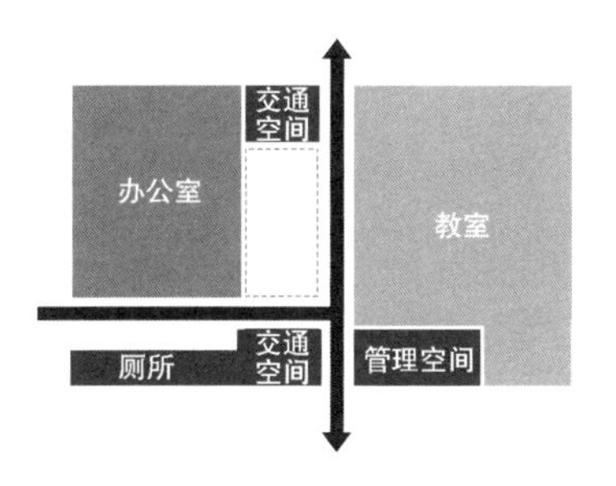

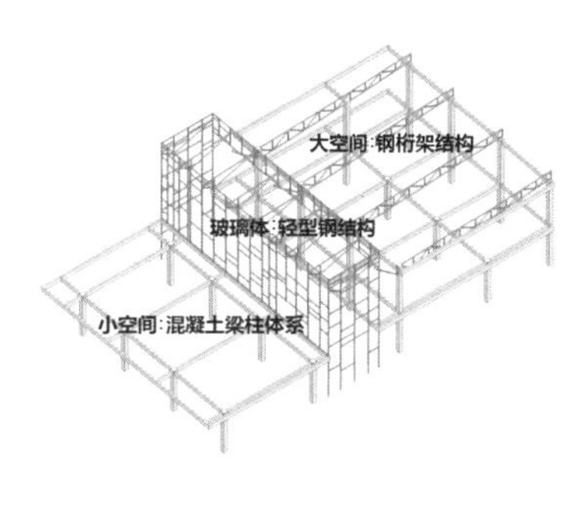

（图片来源：SECCION B 事务所网站）

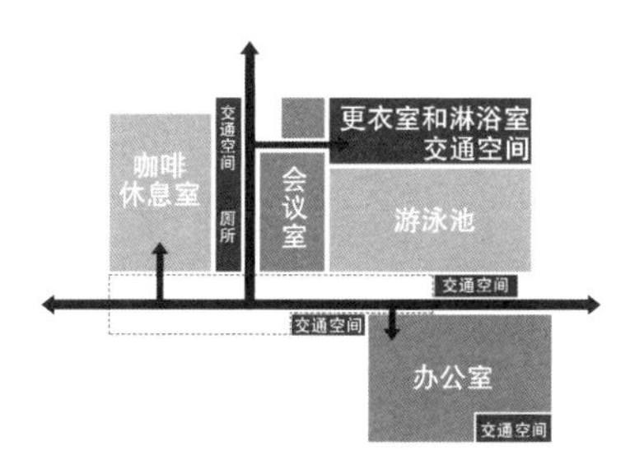

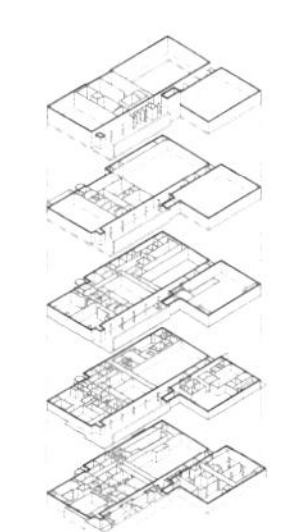

（图片来源：BKSK 建筑事务所网站）

城市社区　　　　**人流活动**

西班牙圣克鲁斯特西斯那拉社区中心
设计：GPY 建筑事务所
（图片来源：GPY 建筑事务所网站）

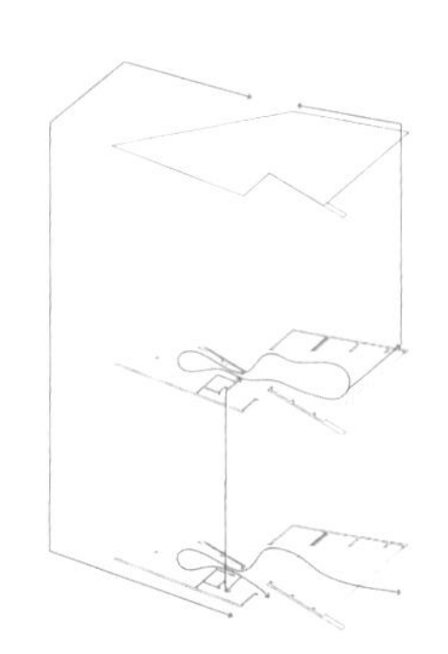

文化综合体（MECR）　设计：BIG 事务所
（图片来源：BIG 事务所网站）

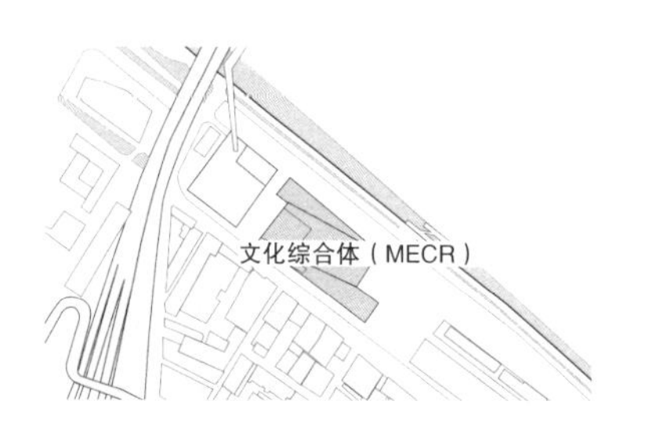

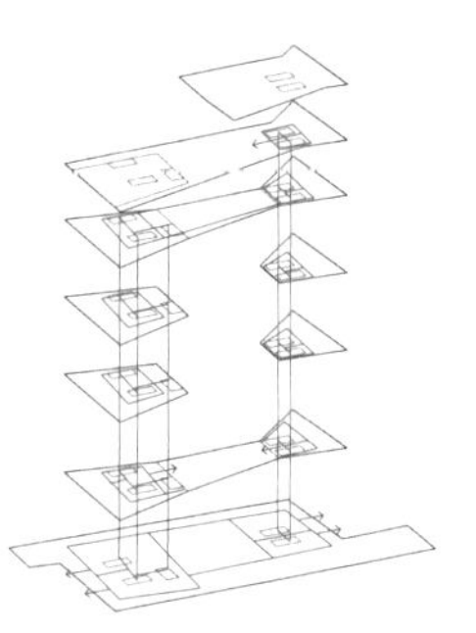

莱特雷独立社区中心
设计："白色讲席"工作营（Cátedra Blanca Workshop）
（图片来源：每日建筑网）

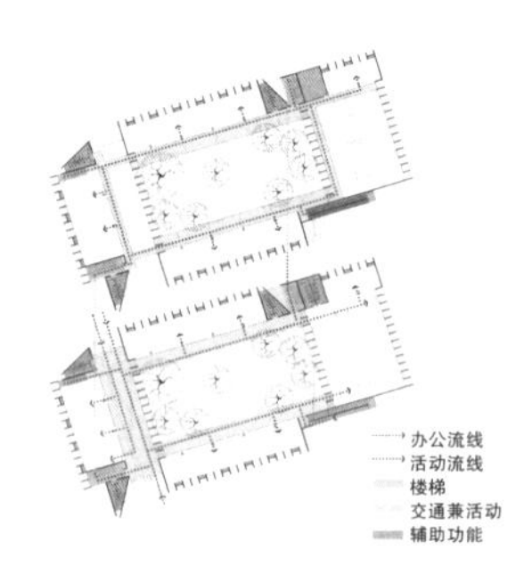

保罗维得图书馆和玛丽瓦尔社区中心
设计：古尔德·埃文斯与温德尔·伯内特（Gould Evans and Wendell Burnette）事务所
（图片来源：每日建筑网）

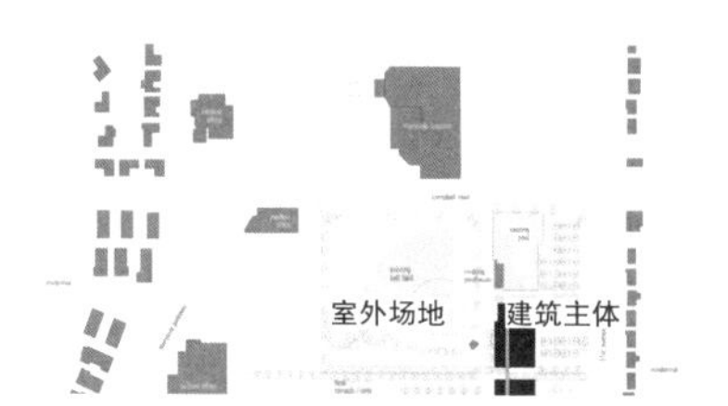

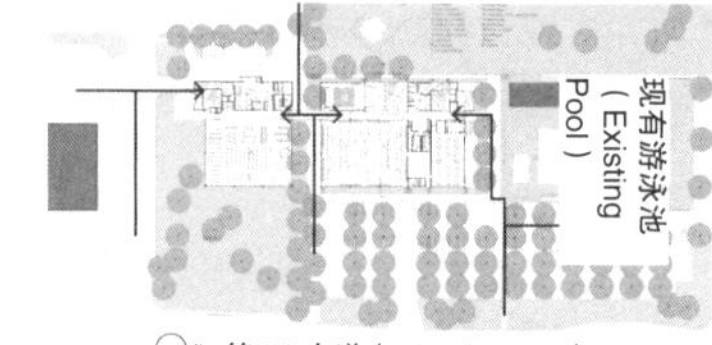

功能组织	技术系统	场景—空间

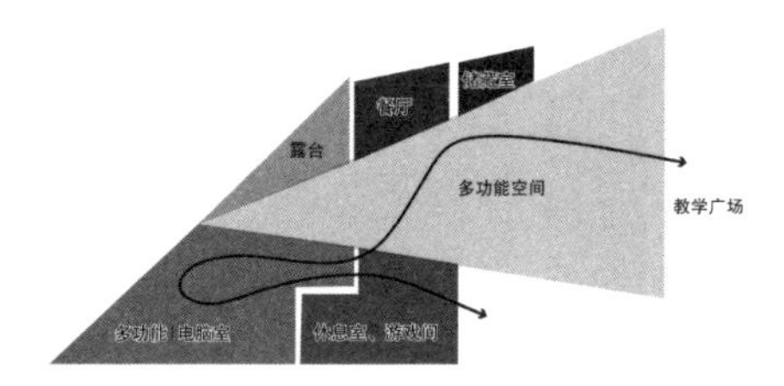

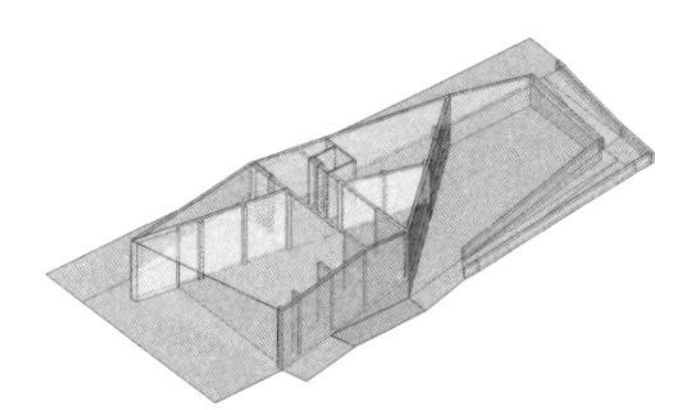

（图片来源：GPY 建筑事务所网站）

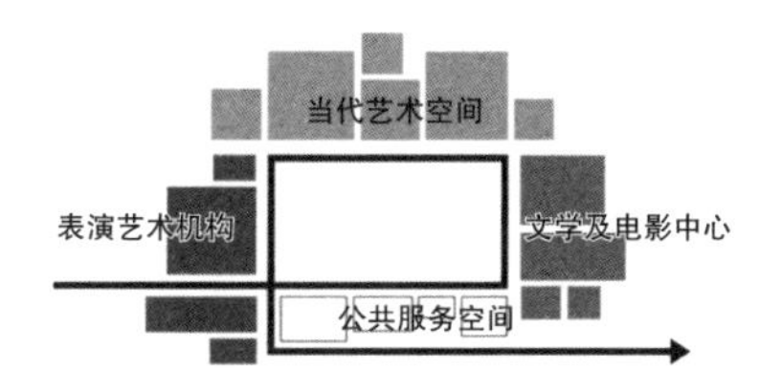

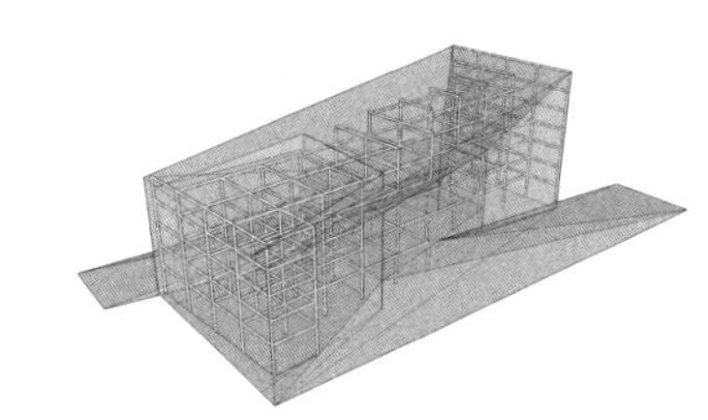

（图片来源：BIG 事务所网站）

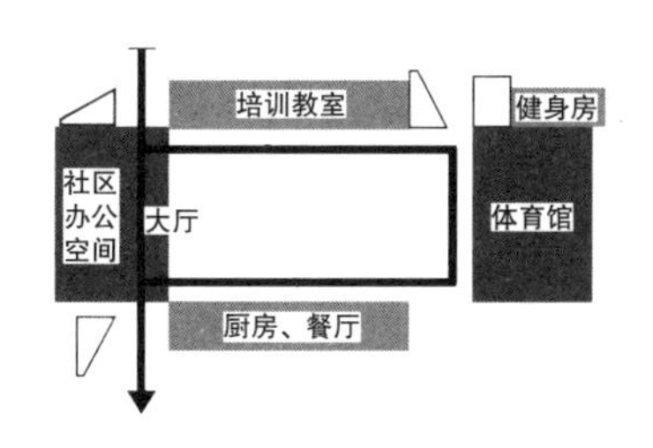

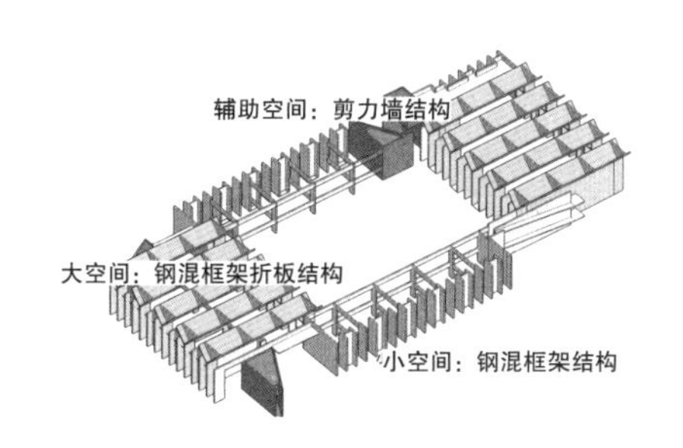

（图片来源：作者绘制）

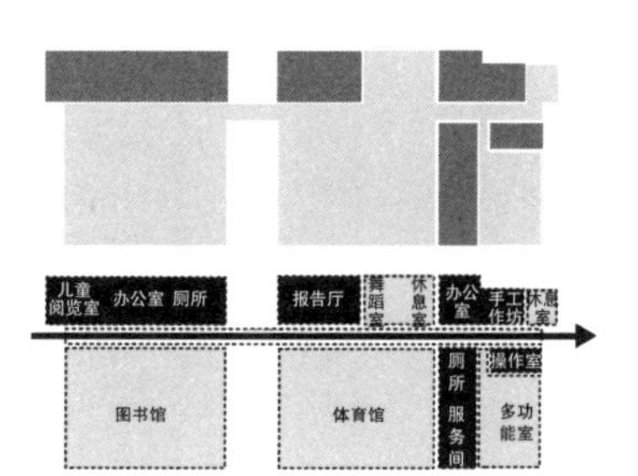

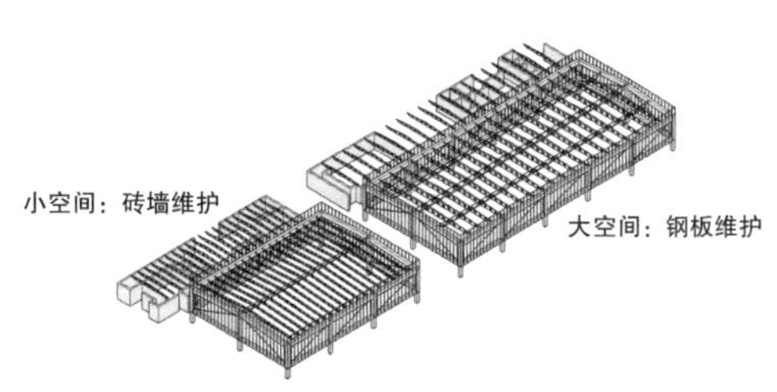

（图片来源：每日建筑网）

三　基地条件（Site Conditions）

基地是城市中间很典型的周边城市环境处于不断变化更新中的案例。不仅是随着城市化进程的深入，基地外部城市环境和交通状况日趋复杂和多变；而且在社区内部也面临着从以前封闭的单位大院向日益开放的城市社区的过渡。在这种背景之下，游泳池地块和周边社区都面临着新的整合和改造的机遇。

基地位于南京市太平北路和兰园交界处的东南大学校东宿舍区原有的游泳池地块。每两位学生在老师的指导下合作完成一个社区中心和一个健身中心设计，要求整体考虑与周边城市和社区的关系，并满足相关使用要求。

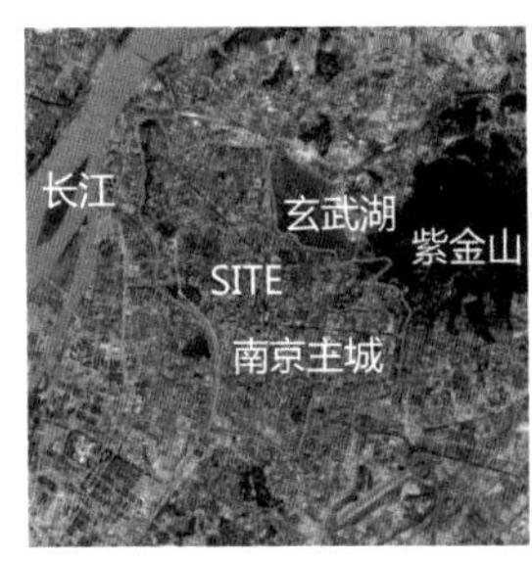

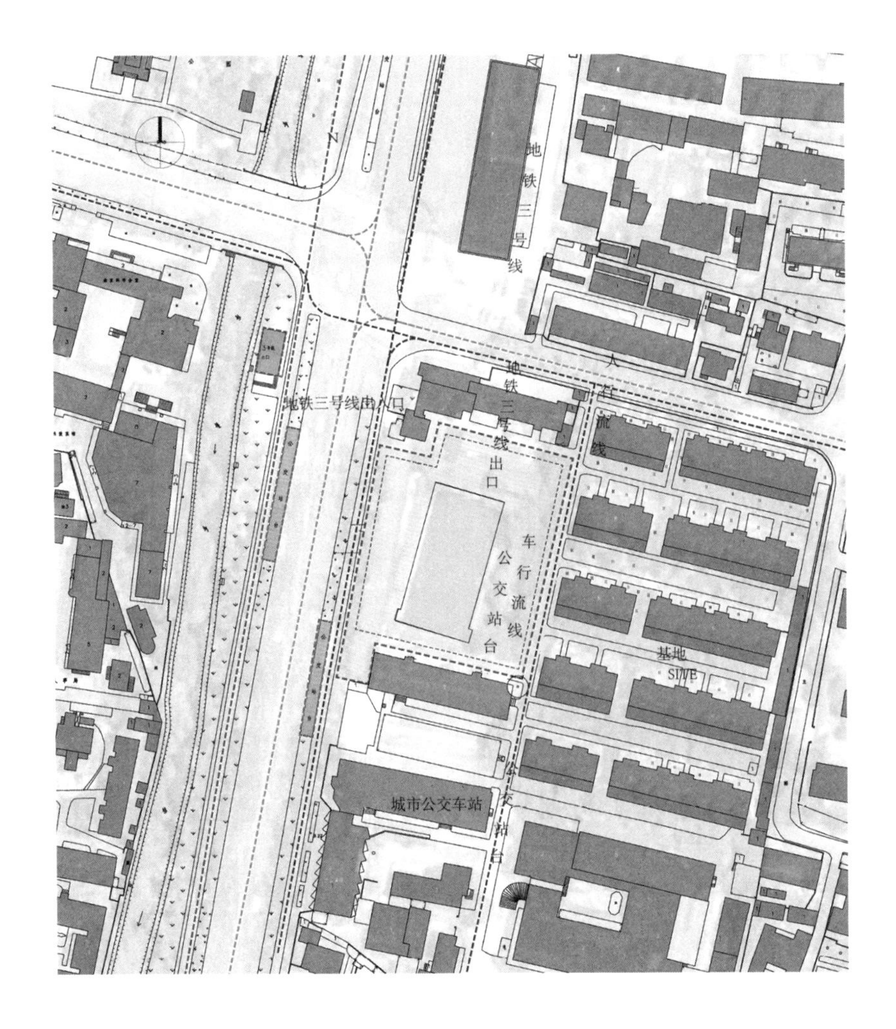

四　设计任务（Design Program）

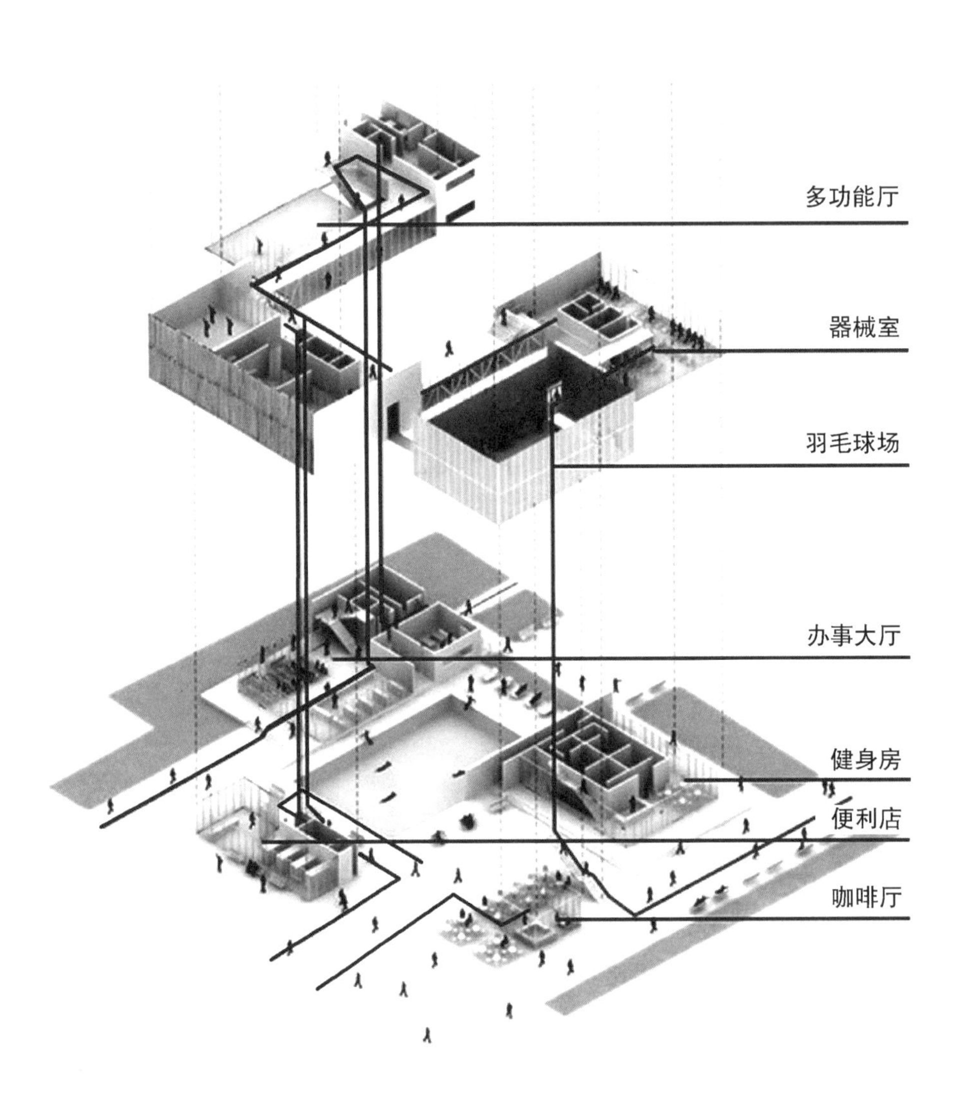

总体要求

- 基地面积：约 5400 m²。
- 建筑面积：共约 4000 m²，每栋约 2000 m²（±10%）。
- 建筑高度：≤ 24 m。
- 游泳池可改造或利用面积比例：≤ 1/3。
- 绿地面积：≥ 500 m²。

功能配置和面积要求

建筑类型	社区中心（2000 m²）	健身中心（2000 m²）
主体功能 1	社区工作用房模块：500 m² 社区办事大厅：200 m² 社区办公用房：300 m²（包括调解室、警务室、社会工作室、慈善物品保管室、社区办公室、辅助用房等）	游泳健身中心模块：500 m² 消毒间、更衣室、洗浴间：300 m² 管理及设备室：200 m²
主体功能 2	社区活动用房模块：500 m² 多功能室（供社区居民集会等相关社区活动）：250 m² 康复室：50 m² 其他：阅览室、社会组织活动室、文体活动室等	其他健身活动模块：500 m² 羽毛球馆（练习场，层高 7—9 m）：200 m² 其他健身用房根据自己的调研和空间计划灵活设置其他配套功能，要求体现社区特色，符合社区需求，并能兼顾城市需求
配套服务	附加功能用房：500 m² 根据自己的调研和空间计划灵活设置相关功能用房，例如，教育培训室、超市、咖啡店、书店、创意产业区等，要求体现社区特色，符合社区需求，并兼顾城市需求，能够独立管理和使用	附加功能用房：500 m² 根据自己的调研和空间计划灵活设置相关功能用房，例如，商店、超市、咖啡店、书店、创意产业区等，要求符合城市及社区需求，能够独立管理和使用
其他	可根据需要另外适当增加部分内容，如门厅、储藏间等。交通部分（楼梯、走廊等）及其面积根据需要自定	可根据需要另外适当增加部分内容，如门厅、储藏间等。交通部分（楼梯、走廊等）及其面积根据需要自定

五　操作过程（Operation Process）

讲课 1　社区中心设计
Lecture 1　Community Center Design

场地分析
Site Analysis
空间构思
Space Concept

场地模型 Site Model(1/500)
构思模型 Concept Model

调研成果 Investigation Results
计划图解 Programming Sketch
构思草图 Concept Sketch

讲课 2　案例分析
Lecture 2　Case Study

功能空间设计
Function & Space Design

空间模型 Space Model(1/200)

平面、立面、剖面图
Plan,　Elevation,　Section（1/200）
空间场景草图 Space Scene Sketch

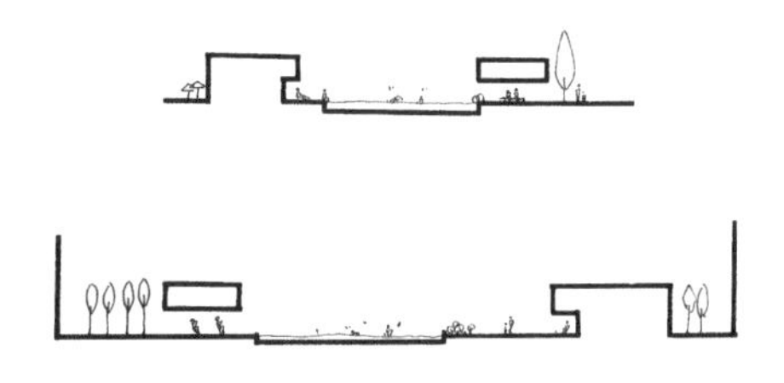

中期评图
Midterm Review

场地模型 Site Model（1/500）
构思模型 Concept Model（1/500）
空间模型 Space Model（1/200）

总平面图 Site Plan（1/500）
平面、立面、剖面图 Plan, Elevation, Section（1/200）
其他：照片、小透视、分析图等
Others: Photos, Perspectives, Diagrams

第一周

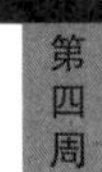

日常授课

小组讨论 1

中期评图

讲课 3　材料结构
Lecture 3　Material & Structure

设计调整 / 深化
Design Developing
空间建构
Space Tectonic

空间模型（Sketch Up 模型）
Space Model(1/200)

建筑绘图
Architectural Drawing（1/200；1/500）
剖透视、场景透视
Sectional Perspectives，Scene Perspectives

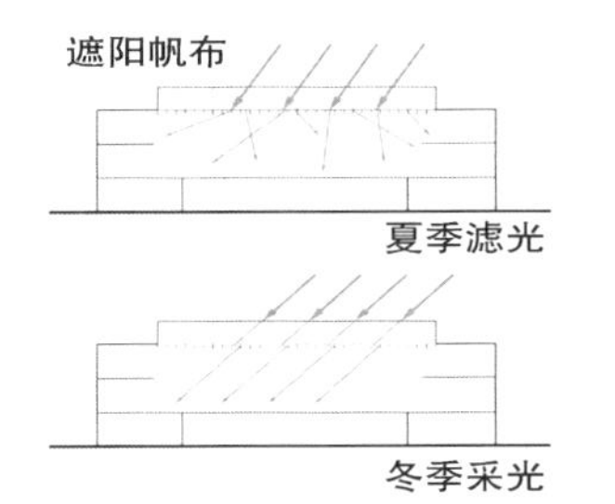

制图阶段
The Stage of Drawing

制图、排版
Drawing & Layout
模型整理
Model Making

空间模型（Sketch Up 模型）
Space Model(1/200)

建筑绘图
Architectural Drawing（1/200；1/500）
剖透视、场景透视
Sectional Perspectives，Scene Perspectives

终期评图
Final Review

场地模型 Site Model（1/200）
构思模型 Concept Plan（1/500）
空间模型 Space Model（1/200）

总平面图 Site Plan（1/500）
平面、立面、剖面图 Plan，Elevation，Section（1/200）
剖透视、场景透视
Sectional Perspectives，Scene Perspectives
其他：照片、小透视、分析图等
Others：Photos，Perspectives，Diagrams

第五周　第六周　第七周　第八周　第九周

小组讨论 2

小组讨论 3

终期评图

六　教学讨论（Discussion）

前期讨论：场地调研及空间构思（第一周）(2016-04-14)

讨论中场地分析需注意的问题：

（1）场地人流的分析（不同类型人群的使用情况，根据流线确定功能的排布位置，如进小学的人群，放学后如何行动，同社区中心的关系）。

（2）场地分析的重点在于分析刚性条件，如入口位置、数量、开敞空间的容量。

（3）宏观层面上，需要关注场地周边的建筑形态和城市机理。

（4）游泳池在场地中的位置以及重要性，可以由此出发推导设计策略以及功能组织的策略。

（5）对场地要素的选择：以能够导向设计为主，选择能使设计清晰的元素，提出功能愿景，使其成为功能组织的契机。

（6）空间建筑的可变性，空间的复合利用，如节日期间空间的开放，引入人流活动，或不同时间段空间的使用功能有所区别。

（7）通风、采光等建筑的基本问题。

对学生下一阶段方案的任务要求：

（1）提出两个以上的概念方案，用最简洁的方式说明其设计概念及建筑的应对方式。

（2）案例分析：从空间组织与社会城市的关系、与场地环境的关系、与空间之间的关系入手。

中期评图（第四周）（2016-05-05）

答辩小结及对作业的要求：

（1）功能排布的合理性，用相应的功能来控制室外的活动空间。

（2）场地与人流的关系。

（3）平面排布对人流的暗示。

（4）空间亮点的组织应该同功能、人流的使用特点相结合。

（5）流线中的空间序列、收放的节点要着重处理，应考虑流线中功能的关系与人的空间感受。

（6）对建筑的思考逻辑：功能、空间之间的联系，以及同室外环境的关系。

（7）保证绿地面积的归还。

（8）空间分化的过程中具有材料分化的暗示，结构与功能中均导入材料的要素。

终期评图与教案讨论（第九周）（2016-06-13）

大卫·莱塞巴罗
（建筑历史理论家，宾夕法尼亚大学设计学院建筑系研究生教学主任，教授，评图督导）

对基地的理解：注意城市与室内的联系、游泳池与公共空间的联系，通过“街区中的街区”“体块中的体块”来实现各种联系。此外也应关注不同尺度与质感之间的关系。

对方案的评析：注重城市层级的空间关系以及建筑层级的个性与细节。城市层级需要很清晰的入口以及与周边环境相对清晰的关系。建筑本身的黑与白、虚与实以及流线关系还有待进一步优化。

对表现的建议：希望学生能够更多地关注从室内向外观察的透视视角，而不是仅仅绘制单纯表现室外环境或室内空间的效果图。

葛明
（东南大学建筑学院副院长，教授，评图督导）

对基地的理解：注重保护基地南边居民楼的光照条件，关注对游泳池更好的保护和利用。

对方案的评析：就方案本身而言，希望创造舒适的室外活动空间，使其更像一个社区中心，同时，希望创造一种能吸引人来到这里聚会、交流的“精神中心”，使得大家都愿意到那里去，从而体现社区中心的价值。

对模型的强调：强调用模型推敲方案，注重实体模型在方案推进中的价值。

朱雷
（东南大学建筑学院建筑系副主任，教授，指导教师）

应更加关注外部环境，这可以作为建筑教学及学生设计的发展方向之一。

对方案的总结：学生作业大概有几种类型：第一种类型整体用较简单的方式来处理，做一些变化，既能向街角打开，局部又有重点；第二种类型是分散式的，一边相对封闭，另一边相对分散，来应对城市社区；第三种类型是用平台区分上下、连接建筑群，但要考虑是否能够有效利用，此外要注意北边的平台对周边住宅的不利影响。

吴锦绣
（东南大学建筑学院，教授，课程主讲）

真实而复杂的城市环境和社区问题对设计提出挑战，鼓励对于城市环境的调研、观察和思考，并通过设计寻求织补社区结构、激发人群活力的机会。

基地处于城市和社区的过渡地带，多数学生的方案理解了基地所面临的特殊问题，努力打造城市生活向社区生活过渡的“桥梁”。在设计过程中，能够立足城市视角来思考建筑设计，通过对社区和环境的调研发现问题，并通过建筑与环境设计解决问题。

本课程设计强调合作，要求每两位同学共同完成一套整体方案，同时，每位同学在设计中具体负责完成社区中心和健身中心中的一个。事实证明，同学们经过完整设计过程后收益颇多，不仅有助于激发灵感，而且极大地促进了同学之间的相互合作，对于培养学生的团队精神很有帮助。

七　作业选例
（Assignment Examples）

姓　　名：刘博伦　张皓博
指导教师：吴锦绣

教师点评：

该设计从城市与社区两个界面入手，解决原场地由于游泳池和既有建筑所造成的社区封闭，市民和社区居民缺少活动、休息和交流空间的问题。建筑呈环形包围着作为过往记忆延续的游泳池，沿街开辟广场以吸引城市居民进行活动；建筑面向社区打开通道的同时，将其拓宽为围合下的内部公园；在面向社区一侧采用底层架空的连廊，为社区提供活动场所。建筑形体上下两层错动，形成露天和入口处的灰空间。

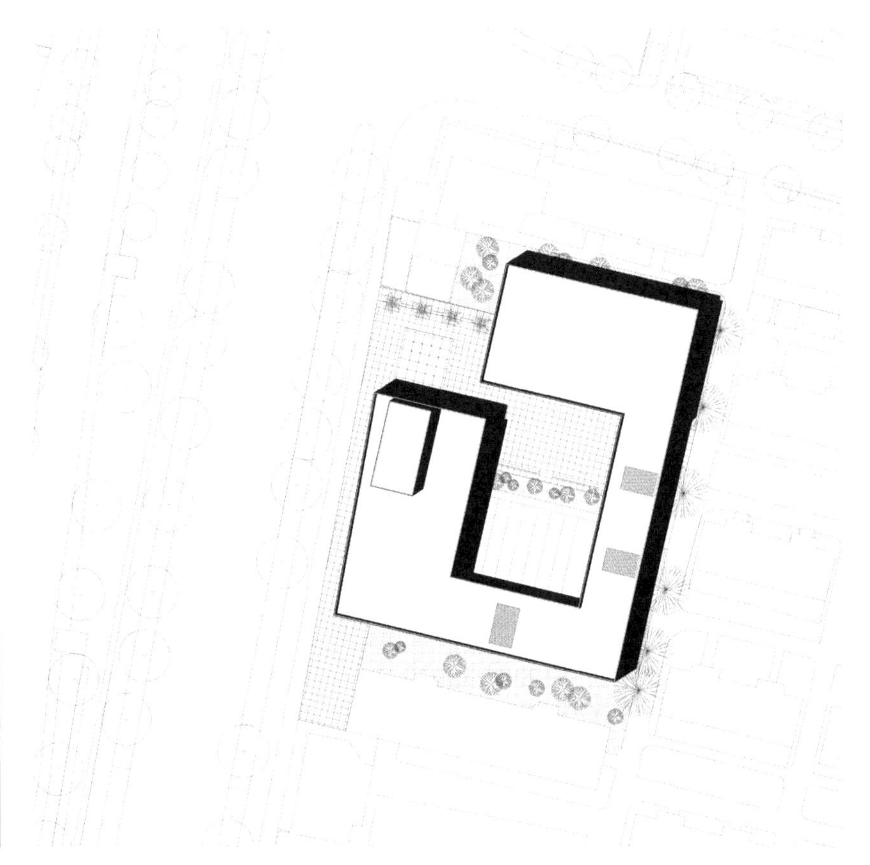

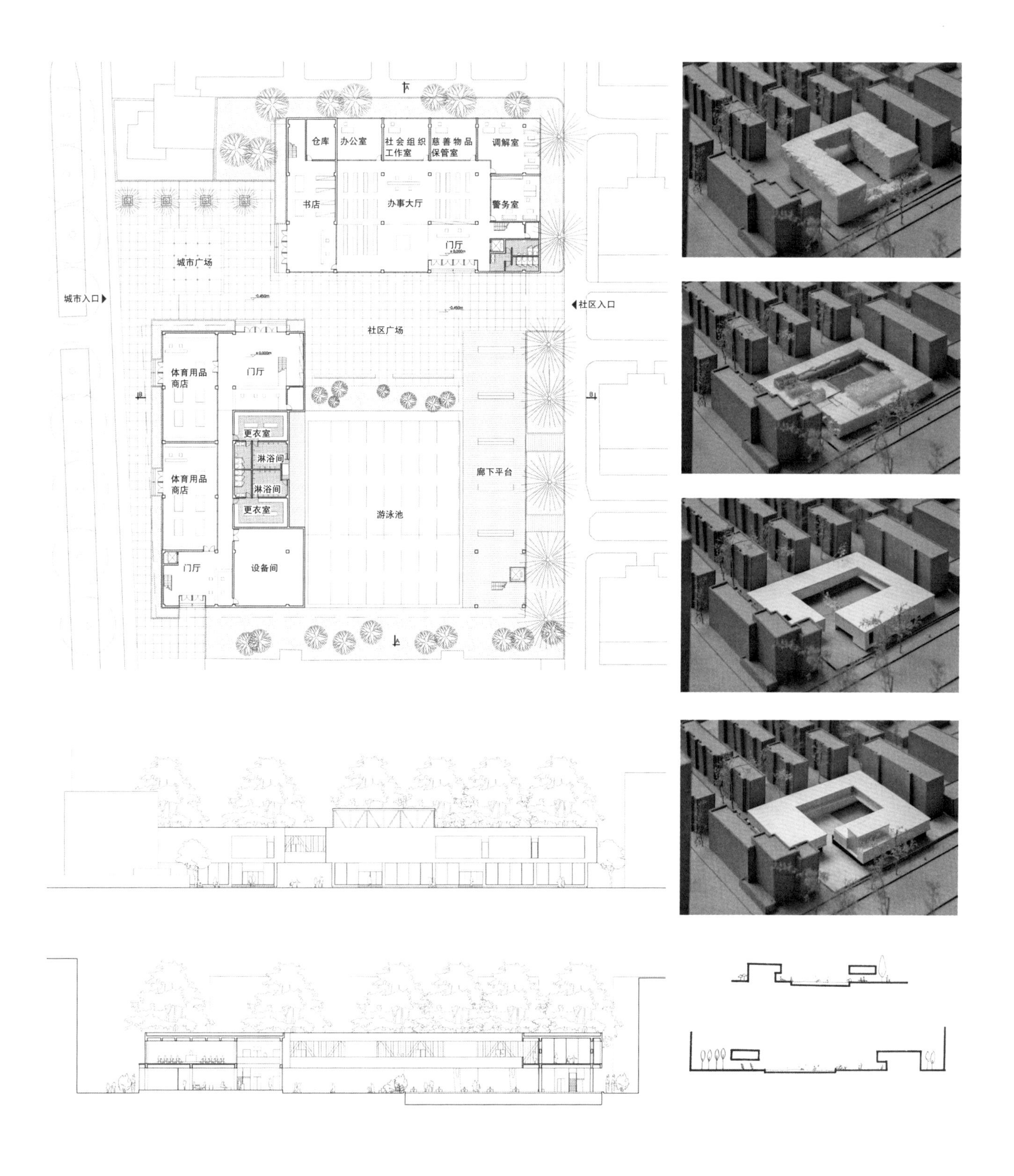
仓库
办公室
社会组织
工作室
慈善物品
保管室
调解室
书店
办事大厅
警务室
门厅
城市广场
城市入口
社区入口
社区广场
体育用品
商店
门厅
更衣室
淋浴间
淋浴间
更衣室
体育用品
商店
游泳池
廊下平台
门厅
设备间

姓　　名：吴承柔　柏韵树

指导教师：朱　渊

教师点评：

基地面对的社区界面是密集的住宿区，城市界面是车站和大量人流。在踏勘过程中，据当地老人讲，基地多年前原为开阔的社区公园，居民和路人都能在其中休息，随着新建筑拔地而起，闲适的公园生活就成了回忆。

该设计以恢复老人记忆中的公园印象为概念，在保留原有绿化的基础上，纵墙引导社区与城市间的人流活动，横墙界定不同属性的服务空间。社区中心和健身中心分别应对社区和城市，一层打开形成可静可动的联系社区和城市的流动空间；二层的公共平台贯穿公园和建筑，将闲置在场地中的树木、行道树、庭院与建筑结合，营造人们的穿行、停留体验，重现人们对社区公园美好生活的印象。

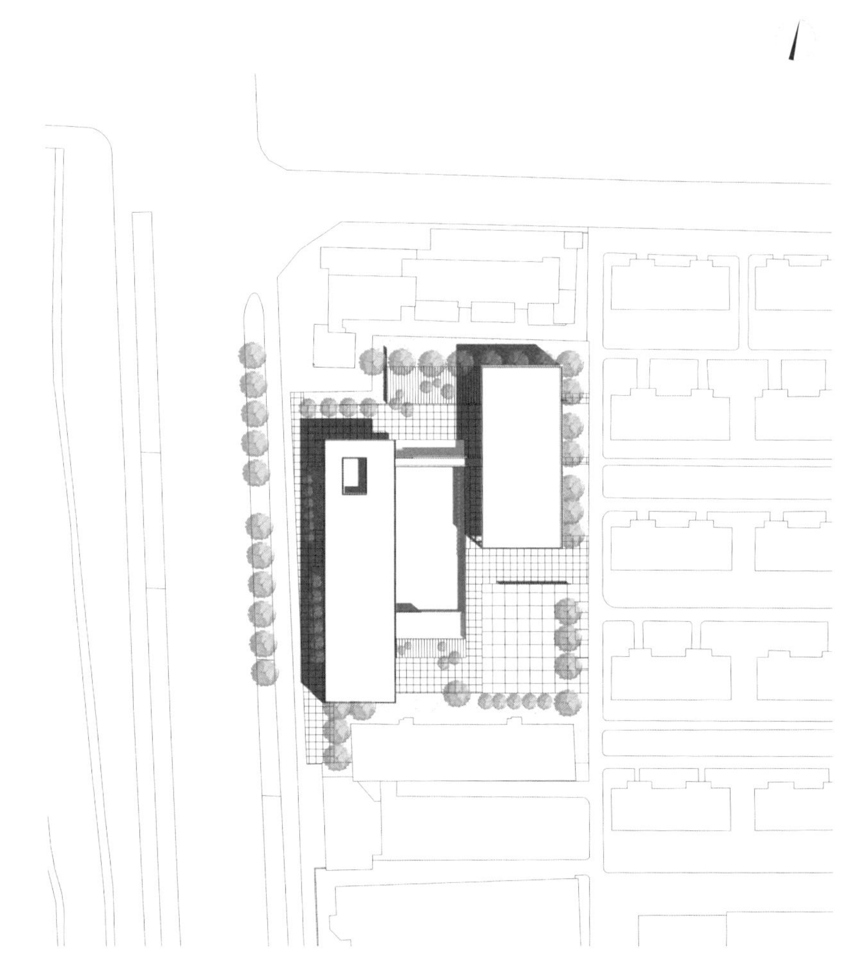

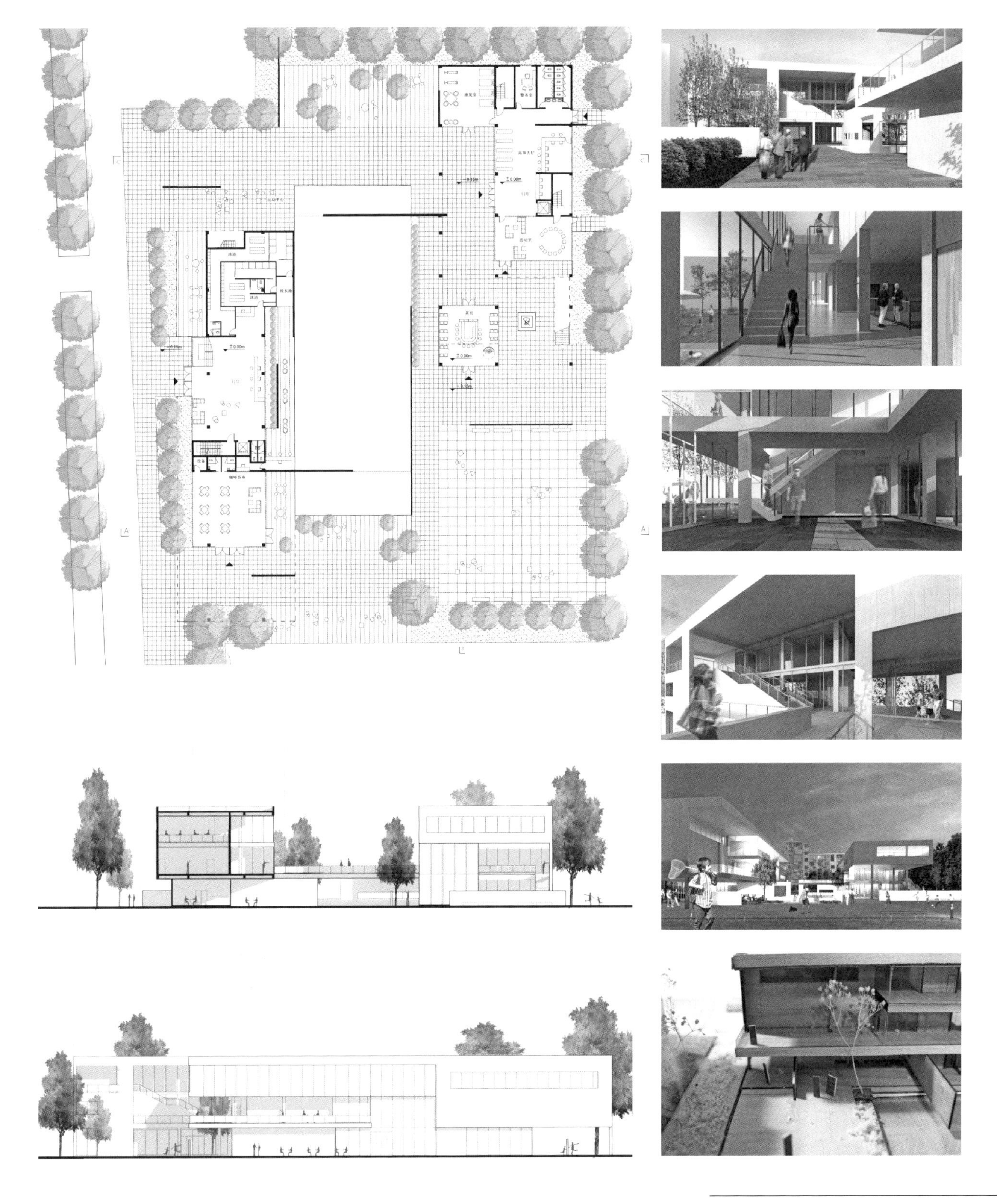

姓　　名：雷　达　邱　丰
指导教师：朱　雷

教师点评：

该设计来源于对原有校东宿舍区操场活动的观察，值得一提的是操场一侧宿舍楼下面架空的看台，平时是老人和小孩休息与活动的地方。这一场景被重新拼接到健身中心和社区中心中，两位同学各取所需，分别以略微凸起的看台和连续架空的一层地面，过渡和衔接了城市和社区的边界，共同面向游泳池，形成新的活动场所和内外空间的界面。

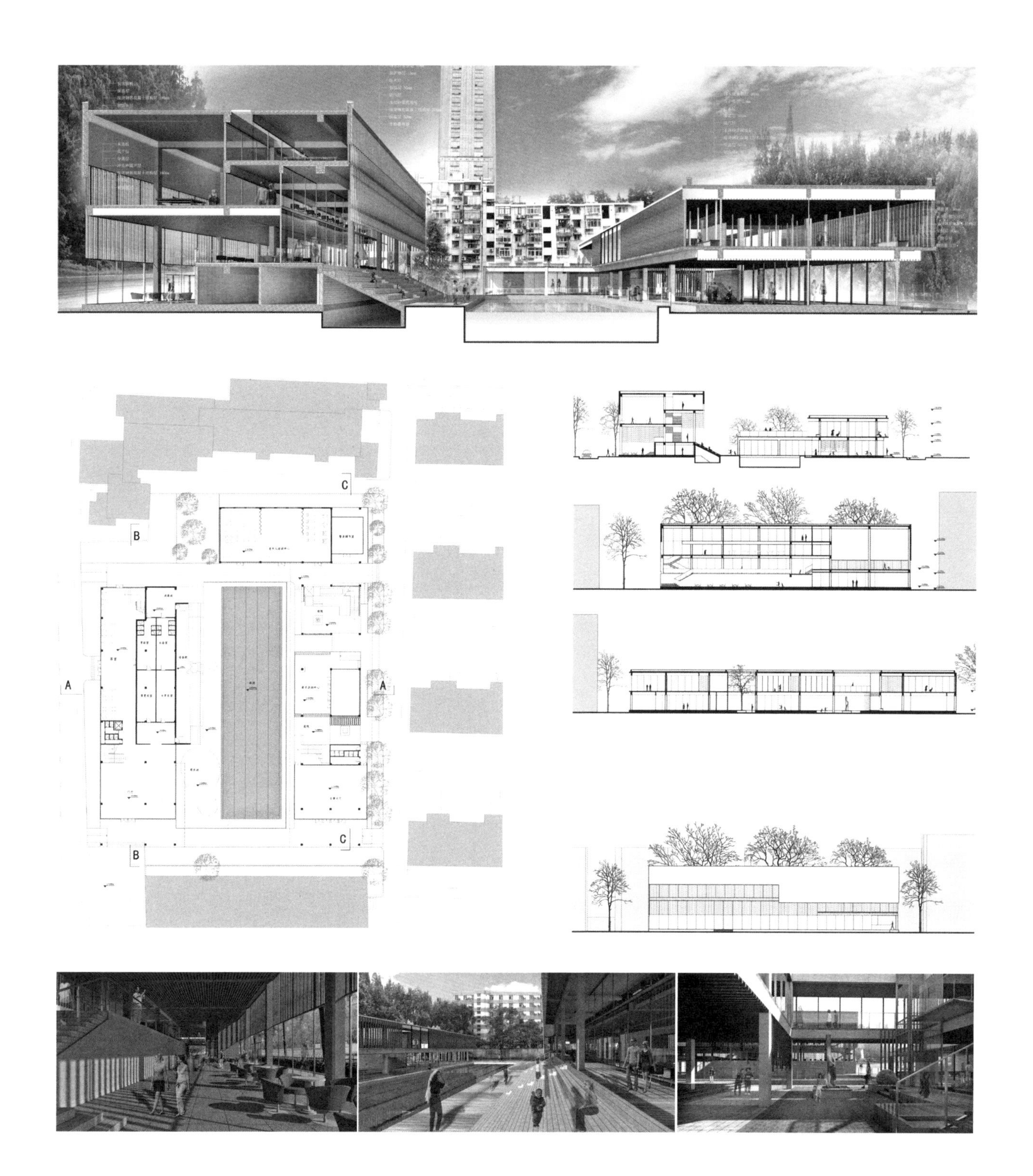
C
B
A
A
C
B

姓　　名：吴余馨　高亦超
指导教师：陈秋光

教师点评：

该设计在总体布局上，将公共健身和体育设施布置在用地西侧，沿街面展开，强化其城市建筑公共属性，将社区办事服务部分置于用地东侧及北侧，毗邻校园居民区，强调其社区服务属性。在建筑布局与现有建筑之间留出绿化场地，作为城市界面的过渡。

该设计作业在“集中与分散”“线性与网格”“领域与渗透”等空间设计手法上具有一定深度的表达，并在立面与剖面关系、构造方式与形式表达上都有新颖而完善的图纸表现，是一份以“现代主义”建筑教育为背景的现代“方盒子”建筑设计。

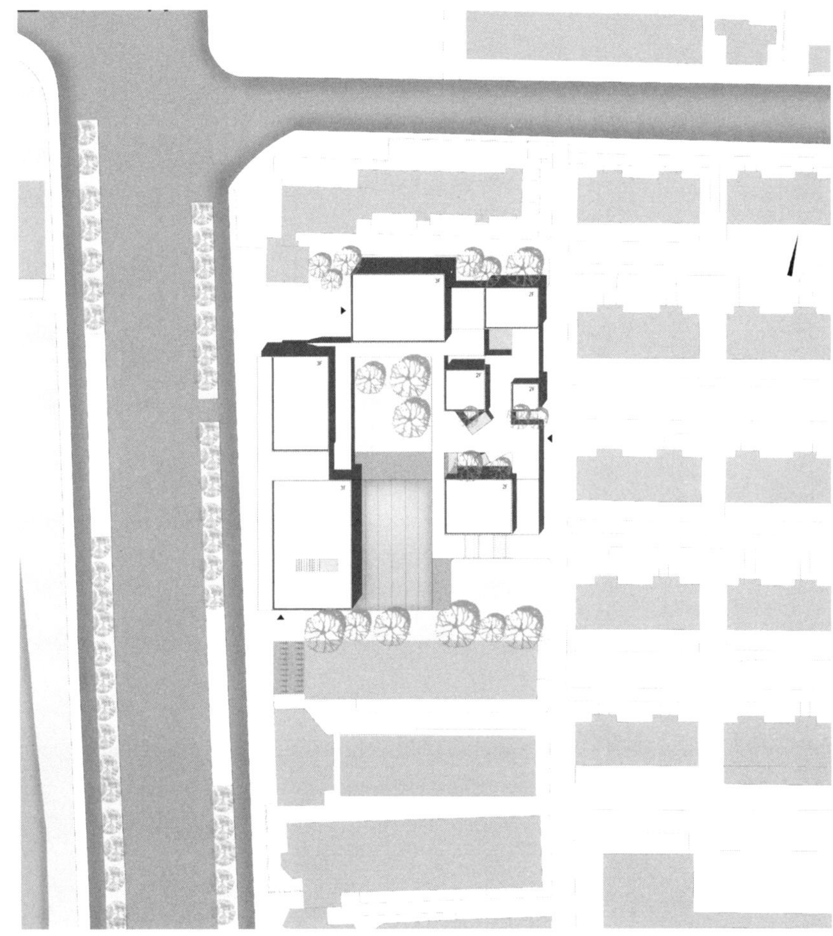

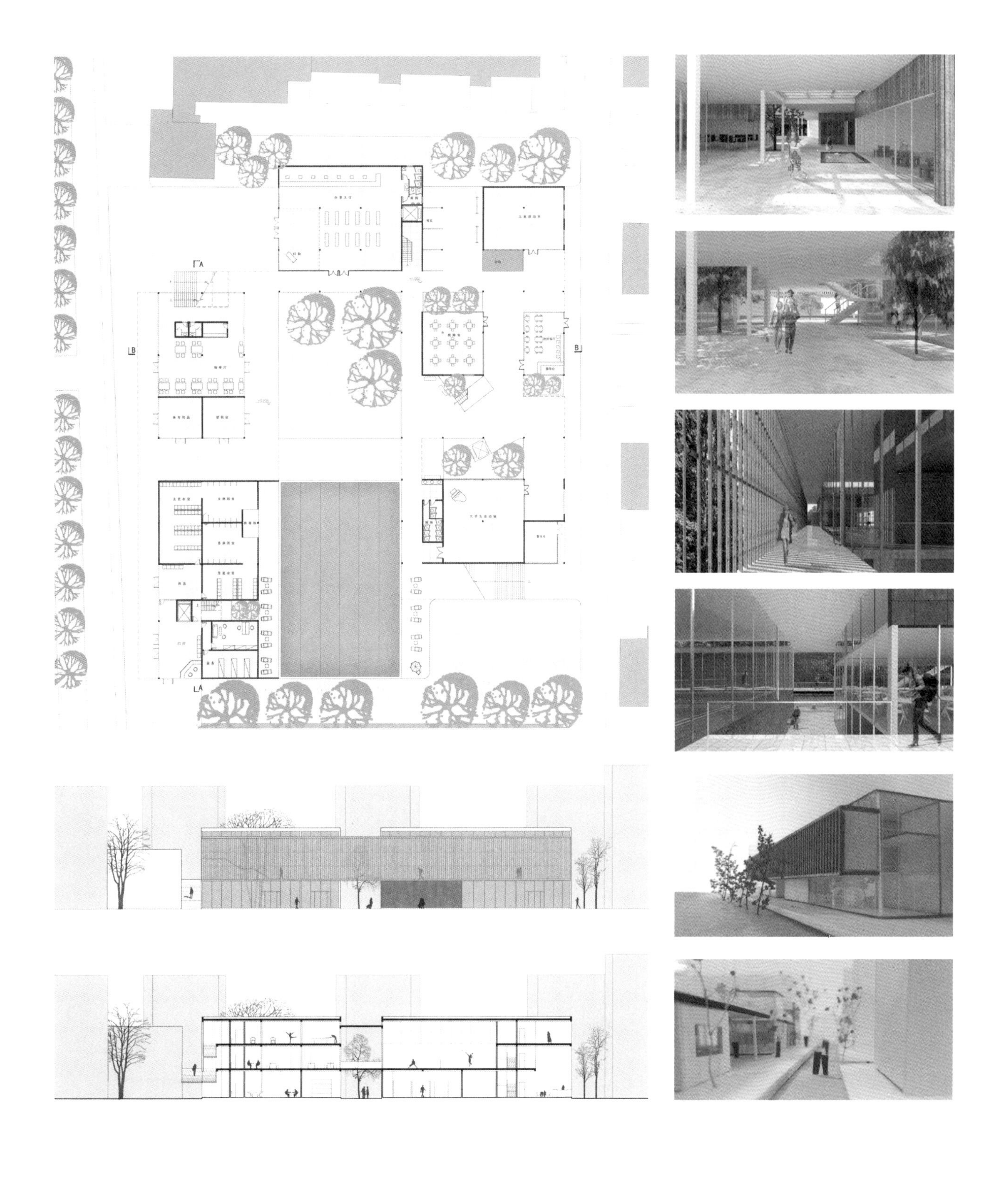

姓　　名：张　涵　管　菲
指导教师：蔡凯臻

教师点评：

通过城市环境分析和居民生活调研，紧扣原有游泳池优化利用的核心问题，挖掘场地空间潜力，明确设计线索和空间构思：增设社区出入路径，连接地铁和公交站点；利用部分游泳池设置下沉广场，结合茶室及休闲功能塑造核心空间；整合池底、地面、屋顶多个标高，联系健身、服务和活动模块，形成接地、连续、可达的户外空间。该设计的分析准确、构思独到、特点鲜明，塑造了契合环境特质的社区场所。

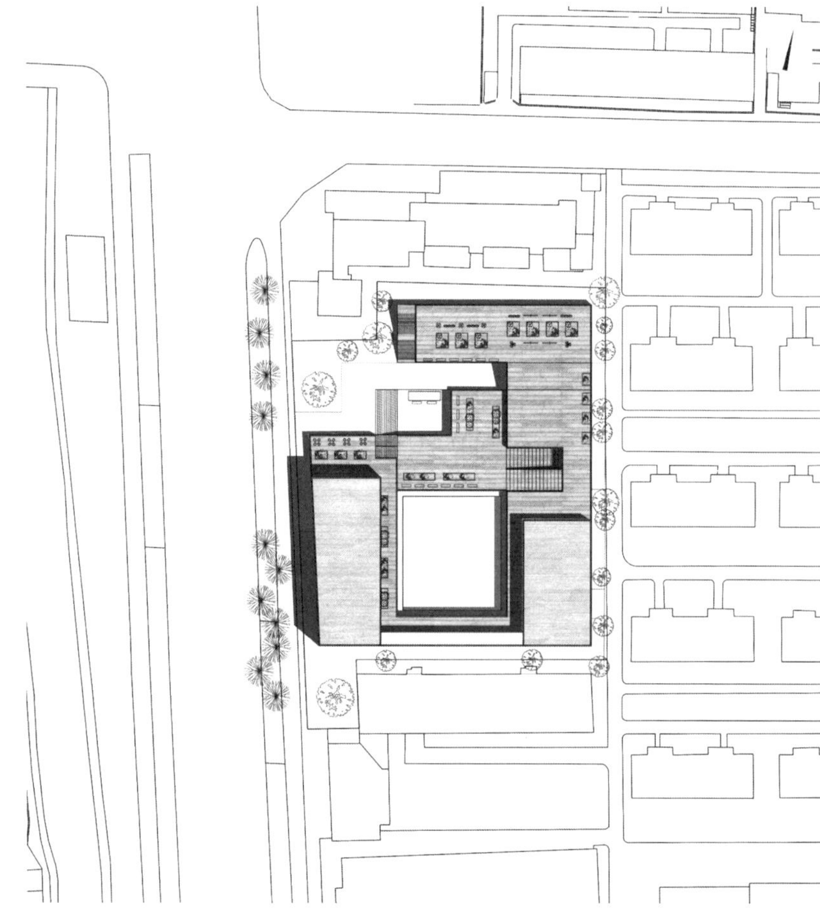

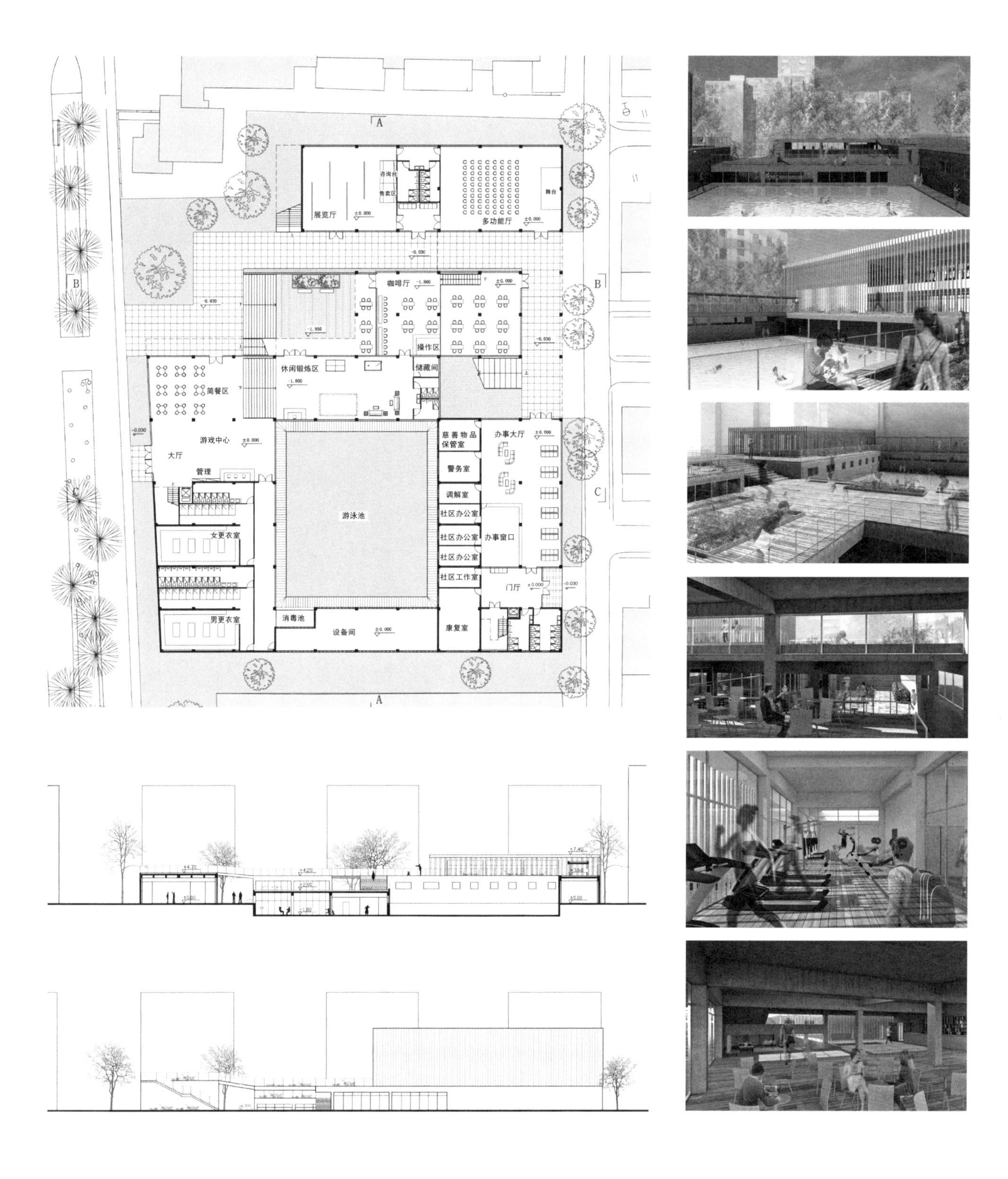
展览厅
咨询台
售卖区
多功能厅
舞台
咖啡厅
操作区
休闲锻炼区
储藏间
简餐区
游戏中心
大厅
管理
游泳池
女更衣室
男更衣室
消毒池
设备间
慈善物品保管室
办事大厅
警务室
调解室
社区办公室
办事窗口
社区工作室
门厅
康复室

姓　　名：詹佳佳　胡　蝶
指导教师：陈晓扬

教师点评：

该设计试图在街区环境与城市空间两个层次之间找到一种微妙的过渡。健身中心面向宽阔的城市街道，以一种外向的姿态和整齐的街道界面融入城市空间。社区中心以相对内向的姿态和散落的体量相容于街区环境。两部分东北结合处放大成入口广场，产生了一条东西贯穿的步行路线，加强了两者的整体性；保留的游泳池以及北面的看台以轴线的方式进一步把两者整合。整齐的体块加上剖面的变化产生了多样的空间体验，总体来看这是一组有活力的社区建筑。

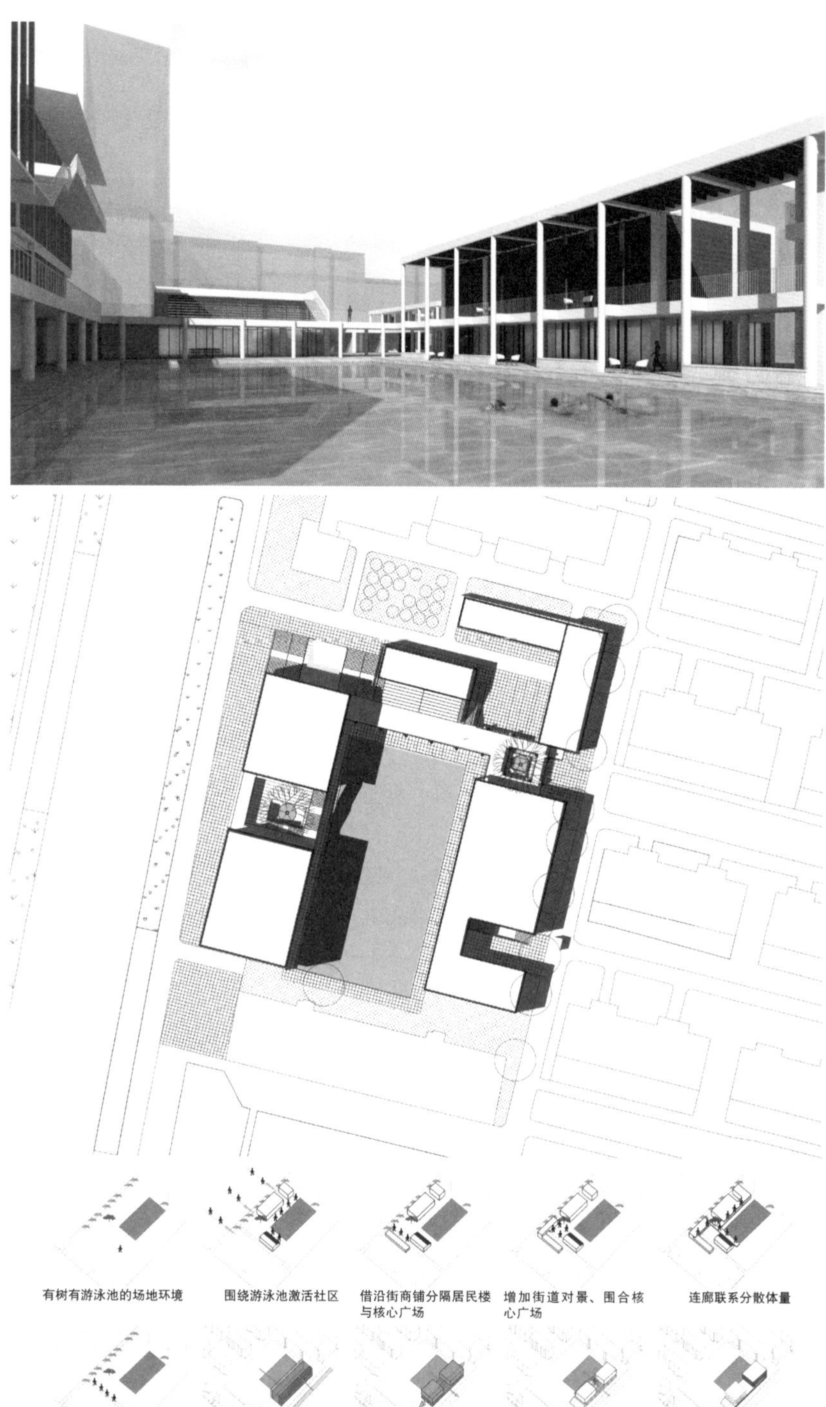

有树有游泳池的场地环境　围绕游泳池激活社区　借沿街商铺分隔居民楼与核心广场　增加街道对景、围合核心广场　连廊联系分散体量

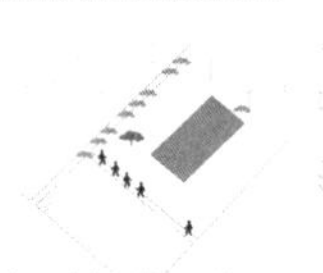

打通城市和社区间的通道

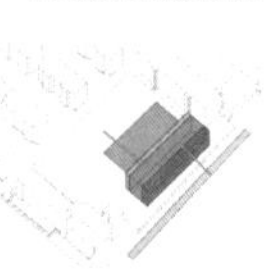

城市—健身—社区

功能—公共广场—功能

连廊提供穿梭体验

虚实分化

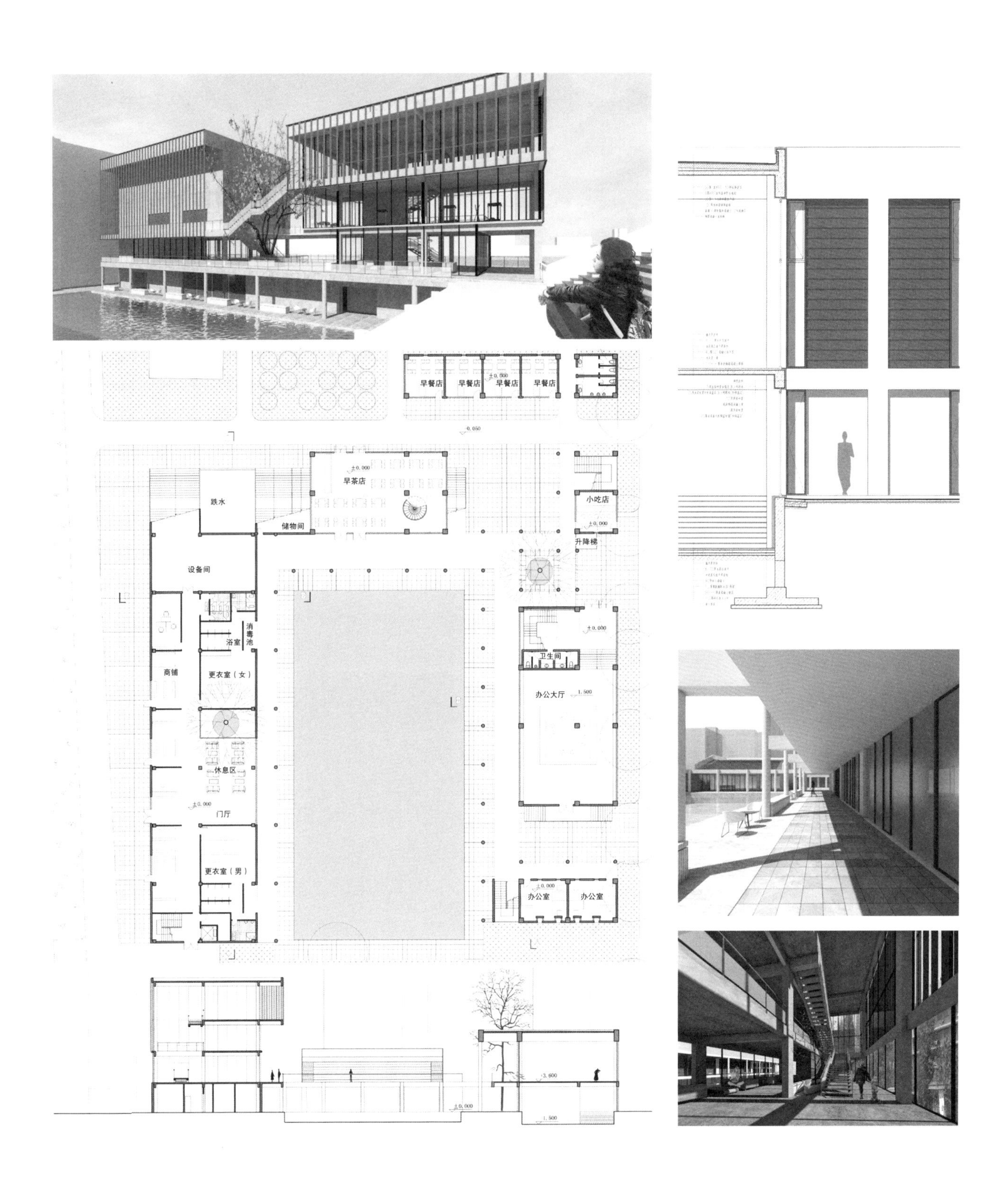
早餐店
早餐店
早餐店
早餐店
±0.000
-0.050
±0.000
早茶店
跌水
储物间
小吃店
±0.000
升降梯
设备间
消毒池
浴室
±0.000
卫生间
商铺
更衣室（女）
办公大厅
1.500
休息区
±0.000
门厅
更衣室（男）
±0.000
办公室
办公室
3.600
±0.000
1.500

姓　　名：曾兰淳　邸　衎
指导教师：葛文俊

教师点评：

在现有基地条件的基础上，该设计将设计课题延展为“创客社区”。

如何保留人们对场所的集体记忆？这是我和学生最初的讨论。

设计者将游泳池戏剧性地变更为下沉式“创客社区”，并保留游泳池深浅水区的高差变化以及马赛克铺装。“置身泳池中办公”的奇妙体验同时也唤醒了场所的记忆。

设计者将“创客社区”低矮的屋顶归还于城市，将其设计为滑板运动公园，延续前广场的公共性。屋顶的高窗和庭院解决了下层的采光与通风。

两个动作干净利落，效果显著。在国家大力支持年轻人创业的背景下，依托东南大学的人才资源和鸡鸣寺交通枢纽的便捷，“创客社区”这样的自我定位具有时代性和落地性。

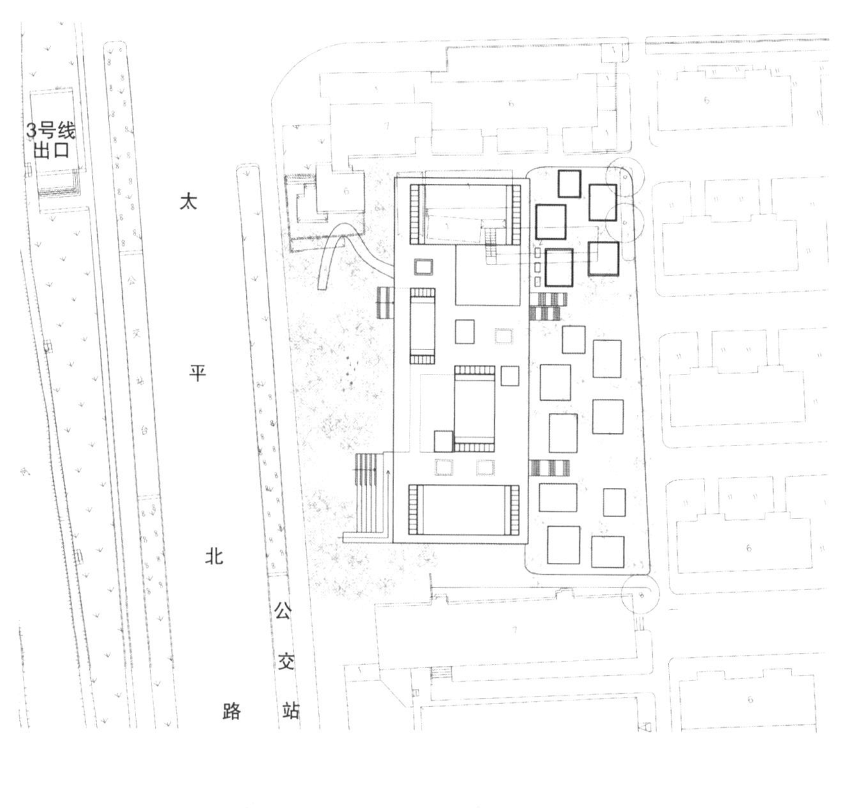

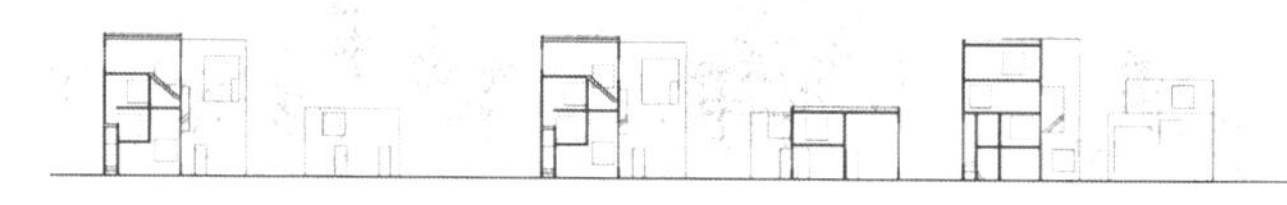

后记
AFTERWORD

设计教学是一个创造性的过程，创造性的秘密存在于设计工作室的机制和状态中。每次去工作室之前都会有教师问：这次课需要完成什么样的阶段成果？有哪些要求？而学生的状况永远会超出教师或教案的预料。每次设计课对于每位学生来说都是一场挑战，也是一次机遇，这是设计工作室最困难也是最具创造性之所在。由此，我也对一线教学的设计教师始终持有充分的敬意。

就个案而言，每个设计的诞生似乎都是由教师给出限定条件和任务，再由学生提出构思原点，接着由学生和教师共同发展完成。

这其中，统一教案所设置的限定条件和任务要求反映了对学科基本问题和要素的理解，具体的方案构思则基于学生自身的观察、理解、体验和发现。一个好的教学过程是对初始构思的不断反思、深入和发展，这一过程的讨论遵循自身的发展逻辑，在此基础上纳入各类基本建筑问题，综合发酵（或称为“化学反应”）后成为一个新的设计。

基于这样的理解，本书给出的教案更希望被视为开放的参照框架：它一方面承接现代主义建筑的背景和脉络，坚守建筑的基本语言和问题；另一方面则试图置入当代中国的具体现实环境，连接学生的感知和经验，由此通向新的问题和解答。

本书的写作基于近五年东南大学建筑学院本科二年级的建筑设计课程，由四个课题的主讲教师执笔。五年来共同参加教学的教师还包括：史永高、陈晓扬、王正、韩晓峰、蔡凯臻、蒋楠、费移山、焦键、贾亭立、华好、葛文俊、朱昊昊、孙茹雁、张弦、周妍琳、李向锋、张旭、高勤、虞刚、李京津、孙世界、易鑫、张弘、权亚玲、江泓、周文竹、刘博敏、孔令龙、李百浩、史宜、李哲、李雱、顾凯、徐宁、杨东辉。此外，还要感谢各个课题的评图老师，并特别致谢历次评图的校内外督导：韩冬青、大卫·莱塞巴罗（David Leatherbarrow）、龚恺、顾大庆、张彤、葛明、安田幸一、奥山信一、马克·德诺西欧（Marco Trisciuoglio）、许懋彦、单踊、鲍莉、周凌、刘宇波、刘晖、阎波。

书中的图片整理和排版由多位研究生助教参与，在此致谢：熊子楠、杨伟伟、陈涵、陈乐、顾祎敏、刘海芊、孙柏、杨洋、林允琦、马丹红、朱思洁、曹俊、湛洋、马如月、冯玉青、宁昱西、郭一鸣、黄里达、胡逸飞、刘宇鹏、吴弈帆、肖葳、夏思飏。

感谢东南大学出版社徐步政和孙惠玉老师及其同仁的支持，本书才得以呈现。

朱雷

本书作者

朱雷，男，江苏扬州人。东南大学建筑设计及理论博士，东南大学建筑学院教授，国家级优秀教学团队成员。主要研究方向为建筑设计理论与方法。发表论文 30 余篇，出版著作 5 部。获全国及省部级设计奖 10 余项，“中国建筑学会青年建筑师奖”获得者，江苏省首批紫金文化创意人才。

吴锦绣，女，安徽安庆人。东南大学建筑设计及理论博士，东南大学建筑学院教授，住房和城乡建设部绿色建筑评价标识专家、中国建筑学会绿色校园学组委员。主要研究方向为绿色建筑设计与更新、建筑与环境的一体化设计、传统村落活态化保护利用等。发表论文 40 余篇，出版著作 8 部。

陈秋光，男，黑龙江哈尔滨人。东南大学建筑设计及理论硕士，东南大学建筑学院教师。主要研究方向为公共建筑及居住建筑理论与教学。发表论文 6 篇，参与撰写著作 4 部。获各类设计竞赛及教学指导奖 10 余项。

朱渊，男，江苏南京人。东南大学建筑设计及理论博士，东南大学建筑学院副教授。主要研究方向为城市建筑一体化设计、乡村营建、日常设计理论等。发表论文 30 余篇，出版著作 4 部。获全国及省级设计奖 10 余项，全国优秀博士论文获得者，“中国建筑学会青年建筑师奖”获得者，江苏省首批紫金文化创意青年人才。